新视野电子电气科技丛书

单片机原理及应用技术

基于C语言的51单片机程序设计

于天河　兰朝凤　韩玉兰　郭小霞　编著

清华大学出版社
北京

内 容 简 介

80C51 系列单片机应用广泛，是较好的学习单片机技术的系统平台，本书从基础软硬件实例入手，注重实用性，以 C 语言的形式给出 Proteus 仿真实例，并提供丰富的电子资源及案例讲解。

本书共 14 章，其中第 1～5 章介绍 51 单片机结构基础、汇编语言与 C 语言编程基础及仿真软件；第 6～11 章介绍单片机内部资源的使用、外部资源的扩展及设计；第 12～14 章设计了三个实用性较强的应用案例。本书结构新颖，案例具有较强的实用性和层次性，注重理论与实践相结合，着重加强实践性与工程性的训练。

本书可作为高等院校电子信息类、测控通信类、自动化类、计算机类专业的教材，还可作为大学生课外电子制作、电子设计竞赛和相关工程技术人员的实用参考书与培训教材。

图书在版编目（CIP）数据

单片机原理及应用技术：基于 C 语言的 51 单片机程序设计/于天河等编著.—北京：清华大学出版社，2022.6

　（新视野电子电气科技丛书）

　ISBN 978-7-302-60030-5

Ⅰ．①单… Ⅱ．①于… Ⅲ．①单片微型计算机－程序设计 Ⅳ．①TP368.1

中国版本图书馆 CIP 数据核字（2022）第 021629 号

责任编辑：文　怡
封面设计：王昭红
责任校对：郝美丽
责任印制：宋　林

出版发行：清华大学出版社
　　　　　网　　　址：http://www.tup.com.cn，http://www.wqbook.com
　　　　　地　　　址：北京清华大学学研大厦 A 座　　　邮　　编：100084
　　　　　社 总 机：010-83470000　　　　　　　　　　邮　　购：010-62786544
　　　　　投稿与读者服务：010-62776969，c-service@tup.tsinghua.edu.cn
　　　　　质量反馈：010-62772015，zhiliang@tup.tsinghua.edu.cn
　　　　　课件下载：http://www.tup.com.cn，010-83470236
印 装 者：三河市金元印装有限公司
经　　销：全国新华书店
开　　本：185mm×260mm　　　印　张：20.5　　　　字　　数：499 千字
版　　次：2022 年 7 月第 1 版　　　　　　　　　　　印　　次：2022 年 7 月第 1 次印刷
印　　数：1～2000
定　　价：65.00 元

产品编号：090653-01

FOREWORD

本书针对信息化社会中单片机应用领域不断扩大的趋势,结合目前高等院校单片机教学的案例式教育理念的需要编写而成。案例式的教学模式注重学生综合能力的培养,在教学过程中以学生未来职业角色为核心,以社会需求为导向,兼顾理论内容与实践技术内容的个性化培养方案,将课内教学与课外实践活动融为一体,形成课内理论教学和课外实践活动良性互动。通过教学实践表明,这种教学模式对培养学生的创新思维和提高学生的实践能力具有很好的作用。

本书第 1～2 章介绍 51 单片机的概念及结构基础;第 3～5 章介绍汇编语言程序设计、C51 语言程序设计、Keil 编程软件、Proteus 仿真软件使用;第 6～8 章介绍单片机的内部资源,包括时钟、中断、串行口的设计及使用;第 9～11 章介绍 51 外部资源 A/D、D/A 转换器接口芯片设计使用、51 外部存储器扩展、常用串行接口芯片的使用;第 12～14 章提供了三个具体的项目案例的设计实现。本书以案例的形式讲述了众多贴近生活的单片机应用技术,希望通过学习本书,使读者了解和掌握多种单片机系统的组成,并具有一定的单片机系统软、硬件设计能力。

本书的主要特色:

1. 突出设计能力的培养,突破传统教材内容编排的局限,根据实际项目开发步骤,让读者在完成任务的过程中学习相关知识。以项目案例为载体,实践、实验与理论相结合,相互渗透,相互推动,有利于掌握单片机系统设计技术。

2. 主要章节采用项目案例式设计,首先详细介绍相关的基础知识、拟采用的硬件设备;然后根据设计要求,给出具体设计方案,以及相关软件仿真。从实际应用出发,有利于激发读者的学习兴趣,开拓读者思路。

3. 本书最后提供了三个单片机系统的案例应用,通过电路原理图搭建、器件的应用分析以及 C 语言编写的程序(配以详细的说明和注释),帮助读者理解和掌握系统设计的思想。

4. 案例选自生活中常用的系统,对于初学单片机设计的读者,建议按章节循序渐进地阅读。章节内容是按由易到难的顺序编排的,各个例题及项目相对独立,相关教师可以根据实际教学情况和学时进行选取。

5. "单片机原理及应用"是一门应用性较强的课程,本书以单片机的应用特性为主,原理讲解精炼,注重实用性和实施性,并在硬件相关章节给出了典型的应用实例。每章都配有思考题,便于教学。

本书由于天河主编。第 1～2 章及第 12～14 章由于天河编写,第 3～5 章由韩玉兰编写,第6～8章由郭小霞编写,第9～11章由兰朝凤编写。本书由吴海滨院长主审。本书的编写得到了哈尔滨理工大学测控及与通信工程学院的大力支持,在此表示感谢。本书在编写时也参考了许多同行专家的相关文献,在此向这些文献的作者深表感谢。

  由于编写时间仓促及水平有限,书中难免有错误与不足之处,恳请专家和广大读者批评指正。

编　者

2022 年 5 月

教学课件＋仿真模型＋习题答案

CONTENTS

第1章

概　述

　　现代人的生产和生活都离不开计算机,计算机自从诞生以来,已被广泛应用于科学计算、数据(信息)处理和过程控制等领域。学好计算机的原理知识对于用好计算机很重要。本章主要介绍微处理器的发展历史,基于冯·诺依曼计算机设计思想组成的计算机的五大部件,计算机的工作原理及过程,计算机系统组成和计算机信息的表示。重点掌握计算机中数字信息的表示方法和运算规则。通过本章的学习,读者可以了解计算机程序的执行过程、信息表示和计算方法,为后续指令和程序的学习打下基础。

1.1　微处理器的发展历史

　　计算机是由各种电子器件组成的,能够自动、高速、精确地进行逻辑控制和信息处理的现代化设备,它是 20 世纪人类最伟大的发明之一。自 20 世纪 40 年代第一台电子计算机问世以来,已经历了电子管、晶体管、中小规模集成电路、大规模及超大规模集成电路计算机这 4 个阶段。随着大规模集成电路的发展,计算机分别朝着巨型机、大型机和超小型机、微型机两个方向发展。

　　计算机以微处理器为核心,配上大容量的半导体存储器及功能强大的可编程接口芯片,连上外部设备,包括键盘、显示器、打印机和软驱、光驱等外部存储器,还有电源所组成的计算机,称作微型计算机,简称微型机或微机,有时又称为 PC(Personal Computer)或 MC(Micro Computer)。

　　微机是伴随着大规模集成电路的发展而诞生和发展起来的。微机在系统结构和基本工作原理上,与其他计算机没有本质差别,所不同的是,微机采用了集成度相当高的器件和部件,它的核心部分是微处理器。微处理器是指一片或几片大规模集成电路组成的、具有运算器和控制器功能的中央处理器(CPU)。

　　(1) 第一代 4 位或低档 8 位微处理器

　　1971—1973 年:代表产品为 Intel 4004/4040。字长为 4 位,集成度为 2300 管/片,时钟频率为 1MHz。1972 年英特尔公司推出的低档 8 位的 8008 就属于第一代微处理器。第一代微处理器的指令简单,运算能力差,速度慢,软件使用机器语言来编辑程序。

（2）第二代中高档8位微处理器

1973—1977年:代表产品有Intel 8080/8085、Zilog公司的Z80、摩托罗拉公司的MC6800。字长为8位,地址线为16根,集成度为1万管/片,时钟频率为2～4MHz。这个时期的微处理器集成度提高了1～4倍,运算速度提高了10倍,软件方面除了使用汇编语言之外,还使用了BASIC等高级语言。

（3）第三代16位微处理器

1978—1980年:代表产品有Intel 8086/8088、Motorola 68000和Zilog公司的Z8000。字长为16位,地址线为20根,集成度为(2～6)万管/片,时钟频率为4～8MHz。

1981—1984年:代表产品有Intel 80286和Motorola 68010。字长为16位,地址线为24根,集成度约为13万管/片,时钟频率为6～25MHz。主要微机有IBMP,我国的0530系列等。16位微处理器比8位微处理器的集成度提高了一个数量级,内部结构和功能得到进一步的完善。

（4）第四代32位微处理器

1985—1989年:代表产品有Intel 80386和Motorola 68020。字长为32位,地址线为32根,集成度为(15～50)万管/片,时钟频率为16～40MHz。1989年,Intel80486芯片由英特尔公司推出,集成了120万个晶体管,使用1μm的制造工艺。80486的时钟频率从25MHz逐步提高到50MHz。32位微处理器从结构、功能、应用范围等方面来看,可以说是20世纪80年代小型机的微型化水平。CPU的标准化和小型化都使得这类数字设备在现代生活中的出现频率远远超过应用有限的专用计算机。现代微处理器出现在汽车、手机、儿童玩具等各种物品中。

（5）第五代高档32位微处理器

1993—1994年:代表产品有英特尔公司的Pentium及AMD、Cyrix公司的M1等。集成度为350万管/片,时钟频率为50～166MHz。Pentium微处理器于1993年3月推出,它集成了310万个晶体管,使用多项技术来提高CPU的性能,主要包括采用超标量结构,内置应用超级流水线技术的浮点运算器,增大片上二级缓存的容量,采用内部奇偶效验以便检验内部处理错误等。

（6）第六代微处理器

1996年至今:CPU有了更大的飞跃,1996年Intel Pentium Pro微处理器被推出,Pentium Pro是基于32位数据结构设计的CPU,这是第一代Pentium产品,二级缓存有256KB或512KB,最大有1MB。所以Pentium Pro运行16位应用程序时性能一般。随后奔腾处理器Intel Pentium MMX推出,1997年之后,英特尔公司又推出了Pentium Ⅱ、Pentium Ⅲ和Pentium Ⅳ,其他公司的类似产品也同时出现。这些CPU的集成度已经达到1000万个晶体管,时钟频率1GHz以上。

2005年开始英特尔公司率先推出了采用双核设计的微处理器。其中,最高端型号为Pentium Extreme Edition 840。为了满足一般用户的需要,英特尔公司同时还推出了Pentium D 820、830、840三款处理器。随后AMD公司发布了Athlon64 X2系列处理器。双核就是2个核心,又称为双内核,双核处理器在一个处理器上集成两个运算核心,从而提高计算能力。

2008 年，英特尔公司重新设计了 Nehalem 架构，该架构包括重新设计的缓存控制器，每个核心的二级缓存降至 256KB，增加 4～12MB 的三级缓存，所有核心共享。Nehalem 系列 CPU 产品包括单核到四核，采用 45nm 工艺。英特尔公司还重新设计了 CPU 和系统其他部分的总线，停止使用 FSB 总线，取而代之的是全新的 QPI 和 DMI。英特尔公司同时将内存控制器和 PCIe 控制器一并集成到了 CPU 中，这项举措在增加带宽的同时降低了延迟，英特尔公司再一次增加了处理器的流水线，这次是 20～24 浮动，频率没有任何提升，这也是英特尔公司第一款采用睿频技术的处理器。改进后的 CPU 最高频率是 3.33GHz，可以短时在 3.6GHz 运行。Nehalem 标志着超线程技术的回归，得益于超线程技术和其他改进，Nehalem 与 Core2 相比在满负载情况下性能最高能提高一倍。

2011 年英特尔公司发布新的 Atom 处理器，通过缩小核心来改善 IPC 性能，但事实上收效甚微。Cedarview 的两项重大举措就是采用 32nm 工艺以及将频率提升至 2.13GHz，得益于改进后的内存控制器，可以支持频率更高的 DDR3 内存。

2013 年英特尔公司在 Ivy Bridge 发布后仅一年又发布了新的 Haswell 架构，这次仅仅能算是进步而不是革新。AMD 公司此时在高端产品无法与英特尔公司抗衡，所以英特尔公司继续挤牙膏，Haswell 与 Ivy Bridge 相比性能仅提高 10% 左右，与 Ivy Bridge 系列类似，Haswell 最大的吸引力在于能耗和 iGPU。Hsawell 在 CPU 中集成了电压管理模块，使 CPU 能够有更好的能耗表现，但电压管理模块导致 CPU 发热更大。与此同时，为了与 AMD 公司的 APU 抗衡，英特尔公司在高端 iGPU 中集成了 40 组 EU，同时通过增加 128MB L4 eDRAM 缓存，大幅提高了 iGPU 性能。

2015 年，在 Broadwell 桌面端发布后不久，英特尔公司发布了下一代产品 Skylake 架构，平台的变化可以说比 CPU 本身更重要。首先是支持 DDR4 内存，能够提供更高的带宽，还有全新的 DMI 3.0 总线，升级的 PCIe 控制器，支持更多设备连接的同时 iGPU 也得到了升级。最高端型号为 Iris Pro Graphics 580(Skylake-R 系列)，包含 72 组 EU 和 128MB L4 eDRAM 缓存，但大部分 CPU 搭载的是包含 24 组 EU 的核显，其架构与上一代 Broad 架构相似。

中国的 CPU 芯片也处于发展阶段，具有多种体系结构。龙芯 2002 年由中国科学院计算技术研究所开始研发，当时可选择的方向有四个：一是做 X86 架构处理器，但是 X86 处理器太难制造，要经过 AMD 公司或者英特尔公司直接或间接的授权，并进行技术指导才可以；二是做 ARM 架构处理器，当时 ARM 主要面向移动终端，与中科院想做 PC 处理器的初衷不相符；三是自主研发架构，难度更大；四是做 MIPS 架构处理器，当时在科研单位和大学中也有广泛的使用基础。因此当时中科院计算所选择了第四条路，MIPS 体系处理器，再搭配 Linux 系统，打造国产个人计算机。经过多年的发展，现在龙芯已经完全是自主研发，不受他国制约。

龙芯 3B4000 属于龙芯服务器 CPU 产品线，支持双路、四路服务器，即在一台服务器主板上安装 2 个或者 4 个龙芯 3B4000 芯片，一台服务器最多包含 16 个处理器核。所有 CPU 之间通过高速总线接口直接互联，共享物理内存。龙芯 3B4000 专门优化了 CPU 之间的高速互连总线，跨片访存实际带宽提升 400% 以上。

目前龙芯的发展势头良好，实现了国内的自给自足，公司的业务包括太空芯片销售、高温芯片销售、对外 IP 授权销售、嵌入式方案销售和党政军采购。2019 年，使用龙芯的笔记本、一体机、服务器、云终端、网络安全设备、工业控制计算机等产品已经应用于我国的各行各业。

世界上除了英特尔公司和 AMD 公司以外,第三家拥有 X86 授权的公司是威盛(VIA),上海兆芯集成电路有限公司取得了威盛 VIA X86 处理器的授权。早期兆芯处理器只是威盛处理器的简单仿制产品,经过多年研发,兆芯公司已经研发出 KX-6000 系列处理器,基于 16nm 制程,主频可达 3GHz,有 4 核/8 核可选,集成核显,支持双通道 DDR4 内存,性能与英特尔公司酷睿七代 i5 处理器看齐。目前 KX-6000 系列的 KX-U6780A 已经进入零售市场。产品搭配深圳芯杰英(Cjoyin)公司开发的国产主板品牌"C1888"主板一起销售,价格为 4300 元,考虑到处理器的性能,产品性价比还是比较低的。

目前国内发展 ARM 处理器体系的公司主要有华为海思、飞腾、展讯。国产 CPU 性价比还相对较低,但这个问题会随着产品量产、销量提高而得到解决。这是一个积极的信号,随着产品不断发展,在不久的将来国产各类 CPU 处理器可以足够优秀,将能够与世界一流厂商正面对决,并最终取代进口产品,实现计算机核心芯片的完全国产化。

1.2　计算机的常用术语

一台微机的功能是由系统结构、硬件组成、指令系统、软件配置等多方面来决定,而不是根据一两个指标来判断的。不同的性能代表了计算机的不同功能,通常也用各种技术指标来评价微机的性能优劣。一般情况下,选用和设计微机时应考虑以下多个主要的性能指标。

1. 字长

字是计算机一次处理的指令和数据的基本单位,一般由若干字节组成。CPU 内部各部件传输数据,CPU 与输入输出设备、存储器之间传输数据,都是通过总线进行的。总线一次可以同时传输多个二进制位,这些二进制位组合在一起,就构成一个字。一个字用来存放一条指令或一个数据,通常作为一个整体参加运算或处理。

一个字中所包含的二进制位数的多少称为字长(word)。不同的计算机系统,字长是不同的。常用的字长有 8 位、16 位、32 位和 64 位等,这时也称相应的计算机系统为 8 位机、16 位机、32 位机和 64 位机等。字长是衡量计算机性能的一个重要标志。字长越长,一次处理的数字位数就越大,速度也就越快。现在主流微型计算机的字长是 64 位。

2. 主频

CPU 的主频(Main Frequency),即 CPU 内核工作的时钟频率(CPU Clock Speed)。通常所说的 CPU 是多少兆赫的,就表示 CPU 的主频。CPU 的主频是指 CPU 内数字脉冲信号振荡的速度,与 CPU 实际的运算速度有关。主频越高,一个时钟周期内完成的指令就越多,CPU 的速度就越快。

3. 运算速度

单字长定点指令平均执行速度(Million Instructions Per Second,MIPS),即每秒处理的百万级机器语言指令数。例如 Intel 80386 计算机可以每秒处理 300 万到 500 万机器语言指令,即 80386 是 3~5MIPS 的 CPU。MIPS 是衡量 CPU 运算速度性能的指标。

4. 主存容量

主存容量(Memory)是指主存储器能够存储信息的总字节数。主存容量越大,可容纳的程序和数据就越多,处理问题的能力就越强。同时,也使计算机与外存之间交换信息的次数减少,从而加快运算速度。计算机的最大主存容量是由 CPU 的地址总线位数来决定的。地址总线为 20 位时,CPU 的最大寻址空间为 1MB;地址总线为 32 位时,CPU 的最大寻址空间为 4GB。

5. 位

计算机所能处理的最小数据单位,表示二进制中的 1 位,即只能存储一个 0 或一个 1。如果将计算机的基本存储元件想象为一个小灯泡,那么 1 位的数值对应的是一个小灯泡,0、1 表示亮灭状态。1 位也称为 1bit。

6. 字节

计算机的存储器存储容量大,里面有着数量庞大的存储单元。为了方便对数据的存储和管理,将这些存储单元划分成一些不同级别的单位。字节(Byte)常简写为 B,将八位二进制数表示成一个字节。字节是计算机存取数据最基本的存储单元。为了方便存取数据,计算机按线性顺序对每个字节进行编号,这个编号就是存储单元的地址,这就像一座大厦里的每个房间都有一个房间号一样。CPU 根据地址访问存储单元中的信息。

下面是常用的存储容量单位之间的换算公式:

$$1B = 8bit \quad 1KB = 2^{10}B = 1024B \quad 1MB = 2^{10}KB = 1024KB$$

$$1GB = 2^{10}MB = 1024MB \qquad 1TB = 2^{10}GB = 1024GB$$

7. 总线

总线(Bus)是计算机各种功能部件之间传送信息的公共通信干线,它是由导线组成的传输线束,按照计算机所传输的信息种类,计算机的总线可以分为数据总线、地址总线和控制总线,分别用来传输数据、数据地址和控制信号。总线是一种内部结构,它是 CPU、内存、输入输出设备传递信息的公用通道,主机的各个部件通过总线相连接,外部设备通过相应的接口电路再与总线相连接,从而形成了计算机硬件系统。

1.3　计算机系统的组成及工作过程

程序存储思想是由冯·诺依曼和他的同事在 1946 年提出的,他们依据这个原理设计出了一个完整的现代计算机模型,并确定了程序存储式计算机的五大组成部分和基本工作方法。几十年来,计算机技术飞速发展,早已改变了早期计算机效率低下的程序执行方式。电路技术和体系结构的进步,使计算机形态功能日新月异。不过计算机的基本工作原理和基本组成部分仍未脱离冯·诺依曼的计算机设计思想。

冯·诺依曼提出的计算机设计思想,可以简要地概括为以下三点:①计算机应包括运算器、存储器、控制器、输入设备和输出设备五大基本部件。②计算机内部应采用二进制来表示指令和数据。每条指令一般具有一个操作码和一个地址码。③采用程序存储的方式,指令自动执行,计算机无须操作人员干预,能自动逐条取出指令和执行指令。

计算机的硬件系统是指组成计算机的各种电子设备。比如主机、显示器、键盘、鼠标、打印机、扫描仪、光盘驱动器、音箱和调制解调器等。软件系统则是指计算机运行所需的各种程序和数据及其相关资料的集合。软件存储在计算机的存储器中,是客观存在的,而硬件是物质基础,是软件的载体,两者相辅相成,缺一不可,硬件犹如躯体,软件则是灵魂。一台没有安装软件的计算机是没有办法进行任何工作的。

无论是微型计算机还是大型计算机、巨型计算机,尽管它们的形态各异,但从功能角度上看,各种计算机系统的硬件系统都是由五个基本部分构成的,分别是运算器、控制器、存储器、输入设备、输出设备。其中,存储器又分为内存储器和外存储器。五大部件中,运算器和控制器是计算机的核心,一般称为中央处理单元,简称CPU。一般将CPU和内存储器合起来称为主机,主机有时还包括外设控制器,它们通常放在主机柜中。当然,这种划分主要是对大型机而言。对于微型计算机,控制器和运算器合起来集成为一块CPU芯片,此时称为微处理器,从外观上看,二者更像是一个部件。部件之间是通过总线传输信息的,而总线也是一种硬件设备,是计算机内部传输指令、数据和各种控制信息的高速通道。

计算机系统的组成如图1-1所示,其中软件系统由系统软件和应用软件组成。

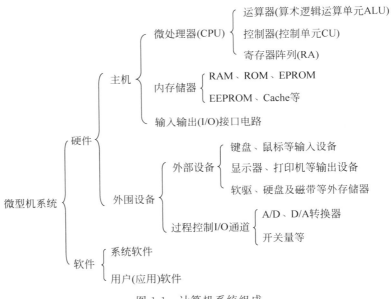

图 1-1　计算机系统组成

下面对计算机硬件系统各部件作具体介绍。

(1) 运算器。运算器主要由算术逻辑单元(Arithmetic Logic Unit,ALU)和一些寄存器构成。它的功能就是进行算术运算和逻辑运算。算术运算是指加、减、乘、除等操作;而逻辑运算一般泛指非算术性质的运算,例如比较大小、移位、逻辑加、逻辑乘等。在执行程序指令时,各种复杂的运算往往先分解为一系列的算术运算和逻辑运算,再由运算器去执行。运算器的数据存取,是在控制器的控制下,在内存储器或内部寄存器中完成的,设置内部寄存器是为了减少CPU对内存储器的访问,以便节省时间。

(2) 控制器。控制器是计算机的指挥中心。一般由指令寄存器、指令译码器、时序部件和控制电路等组成。它的主要功能是按时钟提供的统一节拍,从内存储器中取出指令,并分析执行,使计算机各个部件能够协调工作。在执行程序时,计算机的工作是周期性的,取指令、分析指令、执行指令,周而复始地进行。这一系列的操作顺序,都需要精确定时,时序部件是产生定时信号的部件,类似计算机的脉搏。大致的过程是,控制器首先按照程序计数器中的地址从内存中取出指令,并对指令进行分析,然后根据指令的功能向有关部件发出控制信号,指挥它们执行相应的操作;再取出下一条指令,重复上述过程。这样逐一执行程序指令,就能完成程序所设定的任务。

（3）存储器。存储器是计算机用来存储程序和数据的设备,由一系列的存储单元组成。每个存储单元按顺序进行编号,这种编号称为存储单元的地址。如同一座楼房的房间编号一样,每个存储单元都对应着唯一的地址。有了存储器,计算机才有记忆功能,才能存储程序和数据,使计算机能够自动工作。

注意：存储器分为内存储器和外存储器两种,内存储器简称内存,外存储器简称外存。当计算机执行程序时,相应的指令和数据就会送到内存中,再由 CPU 读取执行,处理的结果也会首先放置到内存中,再输送到外存储器来保存。一般将 CPU 和内存储器合起来称为主机。外存储器用来存储暂时用不到的程序和数据,并可长期保存。分类上,外存储器也可以作为输入输出设备。

（4）输入设备。输入设备用来将外部数据(如文字、数值、声音、图像等)转变为计算机可识别的形式(二进制代码),输入到计算机中,以便加工、处理。最常用的输入设备是键盘。对于微型计算机,由于一般使用的是图形用户界面,鼠标已经成为和键盘同等重要的输入设备。随着计算机多媒体技术的发展,出现了多种多样的输入设备,常用的有扫描仪、光笔、手写输入板、游戏杆、数码相机等。

（5）输出设备。输出设备的作用是将计算机处理的结果用人们所能接受的形式(如字符、图像、语音、视频等)表示出来。显示器、打印机、绘图仪等都属于输出设备。输入输出设备通常放置于主机外部,故也称为外部设备。它们实现了外部世界与主机之间的信息交换,提供了人机交互的硬件环境。

图 1-2 给出了计算机的硬件结构框图。在计算机中,各部件之间传输的信息可分成三种类型：地址、数据(包括指令)和控制信号。大部分计算机(特别是微型计算机)的各部件之间是通过总线来传输信息的。图中的实线表示地址或数据总线,虚线表示控制总线,是和控制器相连接的总线。

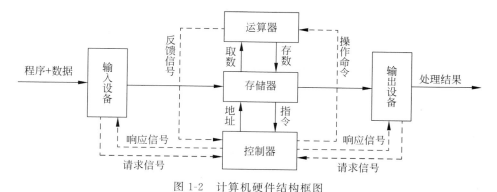

图 1-2　计算机硬件结构框图

1. 微处理器的工作原理

CPU 是电子计算机的主要设备之一,由控制器和运算器组成。其功能主要是解释计算机指令以及处理计算机软件中的数据。CPU 是计算机中的核心配件,只有火柴盒那么大,几十张纸那么厚,但它却是一台计算机的运算核心和控制核心。计算机中所有操作都由 CPU 负责读取指令,对指令进行译码并执行。

CPU 的主要工作原理,是执行程序里的一系列指令。在此讨论的是普遍意义上的原理。程序以一系列数字存储在存储器中。CPU 的工作原理可归纳为四个阶段:提取指令、分析指令、执行指令和写回结果。

(1)提取指令,从存储器中检索指令,即一系列二进制数。由程序计数器指定程序存储器的位置,保存供识别目前程序位置的数值。程序计数器记录了 CPU 正在执行程序的踪迹。

(2)分析指令,指令被拆解为有意义的片断。根据 CPU 的指令集定义将信息解译为指令。一部分指令的数值为运算码,它们指示要进行哪些运算。其他的数值通常供给指令必要的信息,如一个加法运算的运算目标。在提取和解码阶段之后,接着进入执行阶段,连接到各种能够进行所需运算的 CPU 部件。

(3)执行指令,如要做一个加法运算,算术逻辑单元将会连接一组输入和一组输出。输入提供了要相加的数值,输出将含有运算结果。算术逻辑单元内含许多逻辑电路,输出端完成简单的算术运算和逻辑运算。

(4)写回结果,以一定格式将执行阶段的结果简单地写回。运算结果经常被写进 CPU 内部的寄存器,以供随后指令的快速存取。在执行指令并写回结果后,程序计数器的值会递增,重复以上整个过程,下一个指令周期正常地提取下一个顺序指令。如果完成的是跳转指令,程序计数器将会修改成跳转到的指令地址,且程序继续正常执行,有的 CPU 可以一次提取多个指令,并解码和执行。

CPU 的功能可以归纳为以下四方面:

(1)指令控制。程序是指令的顺序集合,指令的先后次序不能任意颠倒,必须严格地按规定的顺序执行。因此,保证计算机按顺序执行程序(指令)是 CPU 的首要任务。

(2)操作控制。一条指令的功能通常是由若干个操作信号组合起来实现的。执行指令的微观过程就是完成一个相应的微操作序列。这些微操作的产生、组合、传送和管理,完全由 CPU 指挥和控制,从而协调各个功能部件按指令的要求完成任务。

(3)时间控制。对各种操作实施时间上的控制,称为时间控制。一方面,各种指令的操作信号均受到时间的严格控制;另一方面,一条指令的执行过程也受到时间的严格控制。只有这样,计算机才能有条不紊地自动工作。

(4)数据加工。数据加工是指对计算机数据进行算术运算和逻辑运算,将原始数据加工处理成最终结果,这是 CPU 的根本任务。

2. 指令执行过程

计算机硬件系统最终只能执行由机器指令组成的程序。程序在执行前必须首先装入内存,程序执行时 CPU 负责从内存中逐条取出指令,分析识别指令,最后执行指令,从而完成了一条指令的执行周期。CPU 就这样周而复始地工作,直至程序完成。启动一个程序的执行只需将程序的第一条指令的地址置入程序计数器 PC 中,之后的工作流程如图 1-3 所示。可以看出,程序执行的流程就是"取指令→分析指令→执行指令"的循环过程。假定程序已经由输入设备存放到内存中,当计算机要从等待状态进入运行状态时:

（1）程序启动之后，PC 把指令地址发给地址寄存器，将指令从内存中取出送到指令寄存器（Instruction Register，IR）中；

（2）将取出的指令送到指令译码器，以确定要进行的操作；

（3）读取相应的操作数，即操作对象；

（4）执行指令；

（5）存放执行结果；

（6）一条指令执行完成后，PC 自身加 1，转入下一条指令的读取阶段。这样的循环直到程序遇到了停止指令才结束。

图 1-3 是一个简单的实例，读取第一条指令的工作过程示意图。编写一个求 $5+8=?$ 的程序，机器码和汇编语言的程序如下：

机器码	助记符
10110000 00000101	MOV A,5；第一个操作数 5 送到累加器
00000100 00001000	ADD A,8；5 与第二个数 8 相加，结果送到累加器
11110100	HLT；停止

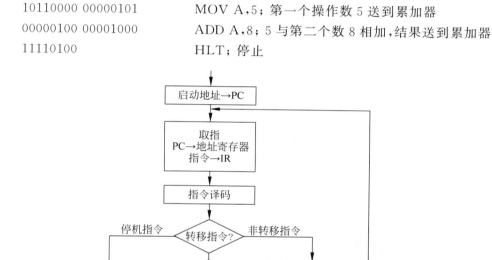

图 1-3　计算机取指令示意图

注意：本例题中的程序指令不需理解，只需理解程序指令执行的过程即可。

取第一条指令的过程如下：

（1）指令的地址 00000000 赋给 PC 并送到地址寄存器（AR）中。

（2）PC 自动加 1，由 00000000 变成 00000001，AR 的内容不变。

（3）把地址寄存器的内容 00000000 放到地址总线上，经过地址译码选中相应的 00000000 内存单元。

（4）CPU 的控制器发出读取命令。

（5）在读取命令时，把所选的第一条指令操作码 10110000 读到数据总线（DB）上。

（6）经过 DB 把指令 10110000 进一步送到数据寄存器（DR）中。

（7）把操作指令送到指令译码器（ID）中，等待执行。

这样,第一条指令读取完成。后续的指令也同样读取并译码执行,每次的指令不同,译码之后的操作也是不同的。如图1-4所示是读取指令示意图。

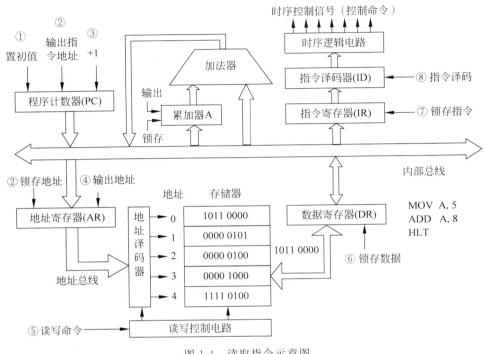

图1-4　读取指令示意图

1.4　计算机的信息表示

计算机使用二进制进行编码,而不是我们所熟悉的十进制,最重要的原因是二进制物理上更容易实现,电子器件大多具有两种稳定状态,比如晶体管的导通和截止,电压的高和低,磁性的有和无等,而找到一个具有十个稳定状态的电子器件是很困难的。使用二进制还有运算简单的优点。

1.4.1　数制转换

在计算机内的数值信息用二进制数来表示。为了运算简单,在不同的场合采用了“原码”和“补码”等不同的编码方法,而且还采用“定点数”和“浮点数”的方式来分别表示整型数和实型数。人们日常生活中最熟悉的是十进制数,但在使用计算机时,会接触到二进制数、八进制数、十六进制数。无论哪种数制,它们的共同之处都是进位计数制。下面将依次介绍各种数制之间的转换规则。

1. 数的进位规则

这几种数制尽管表示不同,但计数原理都是一致的,都属于进位计数制。形象地说,比如对书的数量进行统计,二进制就是两本书装一盒,两盒装一箱,两箱装一柜,以此类推记录数值。如果是一柜一箱一盒零一本书,书的数量用二进制就表示为 1111,而十进制的表示则是 15。

一种进位数制都要包含两个条件:一是有 R 个基本数字;二是逢 R 进一的计数规则。这时将这种数制称为 R 进制,将 R 称为它的基数。比如十进制有 $0\sim9$ 十个基本数字,是逢十进一的,基数为 10。其他各种进制都遵从这样进位的计数规则,只不过基数不一样。由于习惯了十进制,所以别的数制也常常借用它的基本数字来表示。在书写一个 R 进制数时,一般形式是将数制的基数标识在数值的右下角,比如 $(123)_{10}$ 表示的是一个十进制数。

具体表示一个数时,数位和权是经常用到的概念。数位就是数字在数中的具体位置,权和数位相关联,一个数位上的权表示这个数位上的一个 1 所代表的大小。比如 $(555)_{10}$,三个 5 的含义并不一样,实际上分别表示 500、50 和 5。这是因为它们所在数位的权不一样,习惯上,将这个十进制数的 3 个数位称为百位、十位、个位。换句话说,就是这 3 个数位的权分别是 100、10、1,一个数字再乘以它所在数位的权,这个乘积才表示它真正的大小。所以,$(555)_{10}$ 具体的含义是 $5\times100+5\times10+5\times1$。一般地,十进制每个数位的权,是用 10 的幂次来表示的,即 $10^0,10^1,10^2,10^3,\cdots$。推而广之,一个 R 进制数中的数字也要乘以数位的权,才表示它真正的大小,数位的权是用 R 的幂次来表示的,即 $R^0,R^1,R^2,R^3,\cdots$。

2. 二进制和十进制之间的转换

在计算机中都采用二进制的编码形式。即使是图形、声音等信息,也必须转换成二进制编码形式,才能存入计算机中,这是为什么呢? 因为在计算机内部,信息的表示依赖于机器硬件电路的状态,信息采用什么表示形式,直接影响到计算机的结构与性能。

采用二进制表示信息,有以下几个优点:

(1) 易于物理实现。因为具有两种稳定状态的物理器件是很多的,如门电路的导通与截止,电压的高与低,而它们恰好对应表示 1 和 0 两个符号。

(2) 运算简单。数学推导证明,进行算术求和或求积运算时,二进制运算规则仅有 3 种,因而简化了运算器等物理器件的设计。

(3) 机器可靠性高。由于电压的高低、电流的有无等都是两种分明的状态,因此二进制的传递抗干扰能力强,鉴别信息的可靠性高。

(4) 通用性强。二进制适用于各种非数值信息的数字化编码。特别是 0 和 1 两个符号正好与逻辑命题的"真"与"假"两个值相对应,从而为计算机实现逻辑运算和逻辑判断提供了方便。

二进制的特点是有两个基本数字:0、1,并且是逢二进一的。由于二进制的计数原理和十进制是相同的,所以很快可以找出它们之间的转换规律。二进制数所有的偶数都是以 0 结尾的,奇数则相反。而 2、4、8、16 等 2 的幂次数对应的二进制数都是一个 1 后面接一串 0 的形式。二进制数 $(111)_2$,各个数位上的 1 含义是不一样的,分别应该是 1 个 4、1 个 2 和 1 个 1。所以 $(111)_2$ 的值为 $1\times4+1\times2+1\times1$,即等于 7。

1) 二进制转换成十进制

概括地说,一个二进制数转换成十进制数,只要将它的每个数字乘以所在数位的权,再将这些乘积相加求和,和值就是相对应的十进制数。这种方法称为**按权展开法**。二进制数的权以小数点为基准,整数部分依次是 $2^0,2^1,2^2,2^3,2^4,\cdots$,小数部分依次是 $2^{-1},2^{-2}$,$2^{-3},2^{-4},\cdots$。

例如，$(1101101.0101)_2 = 1 \times 2^0 + 0 \times 2^1 + 1 \times 2^2 + 1 \times 2^3 + 0 \times 2^4 + 1 \times 2^5 + 1 \times 2^6 + 0 \times 2^{-1} + 1 \times 2^{-2} + 0 \times 2^{-3} + 1 \times 2^{-4} = (109.3125)_{10}$

一般地，将一个 R 进制数转换成十进制数，同样可以套用按权展开法。只不过 R 进制数的数位的权应该是 R 的幂次。

2）十进制转换成二进制

十进制数转换成二进制数，可将整数和小数分别进行转换，最后再连接成相对应的二进制数。整数部分的转换，十进制整数转换成二进制的整数，实际上可以从按权展开法得到启发。比如 $(13)_{10}$ 对应的按权展开式是 $1 \times 2^3 + 1 \times 2^2 + 0 \times 2^1 + 1 \times 2^0$，更直观地，可以写成 $1 \times (2 \times 2 \times 2) + 1 \times (2 \times 2) + 1 \times (2) + 1$。将每个和权相乘的系数取出来。可以看出，将这个表达式除以 2，得到的余数就是权为 2^0 的数位上的二进制数字。将商的整数部分再继续除以 2，取其余数，就是权为 2^1 数位上的二进制数字。以此类推，可以得到各个数位上的二进制数字。这样，相应的二进制数也就求出来了。

这个方法称为除 2 取余法，具体地说，就是对于十进制数，不断地除以 2，依次取出每一步的余数，直到商为 0 时为止，最后将这些余数逆序排列，所得就是要求的二进制数。

【例 1-1】 （基础实例）将 $(57)_{10}$ 转换成二进制数。

【解】 转换过程如下：

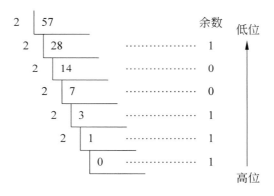

由此得到 57 对应的二进制数是 111001。类似地，如果将十进制数转换成 R 进制数。方法是除 R 取余法，即将十进制数不断除以 R，取出每一步的余数，逆序排列就得到所求结果。

小数部分的转换，十进制的小数转换成二进制小数，方法是乘二取整法，原理与整数的转换方法相同。比如 0.3125 的按权展开式是 $0 \times 2^{-1} + 1 \times 2^{-2} + 0 \times 2^{-3} + 1 \times 2^{-4}$，可以看到，不断乘以 2 就能得到和每个权相乘的系数。具体来说，对于十进制小数，连续乘以 2，将每步计算的乘积的整数部分取出，直到乘积的小数部分为 0 时停止。最后将这些整数按顺序排列，就得到了相应的二进制小数。

【例 1-2】 （基础实例）将 $(0.3125)_{10}$ 转换成二进制数。

【解】 转换过程如下：

注意：十进制小数 0.3125 对应二进制小数是 0.0101，并不是所有有限的十进制小数都可以转换成有限的二进制小数，比如十进制小数 0.3，不断乘以 2，小数部分可能永远也不会为 0，这时对应的二进制小数则是无限小数，一般具体取值时达到所要求的精度即可。同

$$
\begin{array}{r}
0.3125 \\
\times \qquad 2 \\
\hline
0.625 \quad \cdots\cdots\cdots\text{取整数部分}0 \\
\times \qquad 2 \\
\hline
1.25 \quad \cdots\cdots\cdots\text{取整数部分}1 \\
\times \qquad 2 \\
\hline
0.5 \quad \cdots\cdots\cdots\text{取整数部分}0 \\
\times \qquad 2 \\
\hline
1.0 \quad \cdots\cdots\cdots\text{取整数部分}1
\end{array}
$$

高位

低位

样,如果是十进制小数转换成 R 进制小数,方法是乘 R 取整,具体不再赘述。

3. 二进制数的运算

二进制数表示分为无符号数和有符号数两种。无符号数不考虑数据的符号,数中的每一位 0 和 1 都是有效数据。有符号数则不同,在最高位的 0 或 1 表示的是数据的正负。下面首先介绍无符号数的计算。

1) 无符号数的计算

无符号数一般用来表示存储单元的地址。加法运算例题如下。

【例 1-3】　(基础实例)用二进制数计算 $8+12=$?

【解】　8 的二进制表示是 1000B,12 的二进制表示是 1100B。

$$
\begin{array}{r}
1000 \\
+ \quad 1100 \\
\hline
\text{CF}=1 \quad 0100
\end{array}
$$

若用 4 位运算器,只能存放 4 位结果,CF=1 表示进位这种状况。4 位二进制数只能表示 $0\sim15$ 的数,而 $8+12=20$,超出了 4 位二进制数所能表示的数值范围,即产生了进位。结果 0100B 只是计算结果的一部分,也就是说,$8+12=4$ 是错误结果,若把最高位产生的进位(其权值是 16)计算在内,结果就对了,即 $8+12=4+16$。这时,应把 4 位结果扩展为 5 位或以上,得到 10100B,运算器中设有加法器,由硬件电路直接取得加法运算的结果。减法运算例题见例 1-4。

【例 1-4】　用二进制数计算 $8-12=$?

【解】　$8=1000\text{B}$,$12=1100\text{B}$,

$$
\begin{array}{r}
1000 \\
- \quad 1100 \\
\hline
\text{CF}=1 \quad 1100
\end{array}
$$

这个结果同样是错误的,显然,$8-12$ 不等于 12。但若把最高位向上的借位(其权值是16)计算在内,则 $16+8-12=12$ 就对了。因此,减法运算应设置一个借位标志 CF。有借位时，CF＝1；否则，CF＝0，该例中的 CF＝1。实际计算机中，通常把 CF 用同一标志来指示，统称为进位标志，在加法运算中，它是进位标志；在减法运算中，它是借位标志。

2）有符号数的计算

在计算机系统中，数值一律用补码表示（存储）。主要原因：使用补码，可以将符号位和其他位统一处理；同时，减法也可按加法来处理。另外，两个用补码表示的数相加时，如果最高位（符号位）有进位，则进位被舍弃。补码与原码的转换过程几乎是相同的。

补码的运算规则如下：

补码加法的运算规则：$[X＋Y]_补＝[X]_补＋[Y]_补$

补码减法的运算规则：$[X－Y]_补＝[X]_补－[Y]_补＝[X]_补＋[－Y]_补$

这里已知$[Y]_补$，如何求$[－Y]_补$，有如下两种方法：把符号也看成数一同参加运算，先将$[Y]$求补，得出$[Y]_补$，再将$[Y]_补$的每一位取反（包括符号位）加 1，则结果就是$[－Y]_补$。

【例 1-5】 （基础实例）$X＝＋65，Y＝－50$，求$[X＋Y]_补$。

【解】 先求出 X 和 Y 的补码：

$$X＝[＋65]_{10}＝(＋1000001)_2 \qquad [X]_补＝01000001$$
$$Y＝[－50]_{10}＝(－0110010)_2 \qquad [Y]_补＝11001110$$

再求$[X]_补＋[Y]_补$：

$$
\begin{array}{r}
01000001 \\
+\ 11001110 \\
\hline
1\quad 00001111
\end{array}
$$

自然丢失

所以$[X＋Y]_补＝00001111＝(＋15)_{10}$。

【例 1-6】 （基础实例）$X＝＋50，Y＝＋65$，求$[X－Y]_补$。

【解】 先求出 X 和 Y 的补码：

$$X＝[＋50]_{10}＝(＋0110010)_2 \qquad [X]_补＝00110010$$
$$－Y＝[－65]_{10}＝(－1000001)_2 \qquad [－Y]_补＝10111111$$

$[X－Y]_补＝[X]_补＋[－Y]_补$，求$[X]_补＋[－Y]_补$：

$$
\begin{array}{r}
00110010 \\
+\ 10111111 \\
\hline
11110011
\end{array}
$$

所以$[X－Y]_补＝11110011$。

由补码运算规则可知，两个补码相加的结果为和的补码，现在和的符号位为 1，表示和为负数，按照负数的补码转换真值，即符号位用"－"表示，数值部分按位取反加 1，得出真值$－00001111$，所以通过补码相加后的和为十进制数$－15$。

有符号数的范围：

对于 8 位二进制数，原码、反码和补码所能表示的范围如下：

原码 11111111B～01111111B（$－127$～$＋127$）；

反码 10000000B～01111111B（$－127$～$＋127$）；

补码 10000000B～01111111B(−128～+127)。

对于 16 位二进制数,原码、反码和补码所能表示的范围如下:

原码 FFFFH～7FFFH(−32767～+32767);

反码 8000H～7FFFH(−32767～+32767);

补码 8000H～7FFFH(−32768～+32767)。

无符号数的范围:

对于 8 位二进制数,范围为 00000000B～11111111B(0～255);

对于 16 位二进制数,范围为 0000H～FFFFH(0～65535)。

3) 二进制数计算的溢出问题

对于无符号数的加减运算,若最高有效位向更高位有进位或有借位(CF=1),则产生溢出。例如:11111111B+00000001B=00000000B,最高位向更高位有进位,结果出现了溢出。255+1=256,8 位无符号数的范围不能表示 256,结果已经超出无符号 8 位二进制数的表示范围。

两个有符号数相加减时,如果运算结果超出有符号数表示的范围,就会发生溢出错误。溢出出现在同符号数相加或异符号数相减的情况下,判断有符号数运算溢出的情况如下:①两个有符号数运算时,若结果的次高位向最高位有进位或借位,而最高位向上无进位,则结果产生溢出。②若次高位向最高位无进位或借位,而最高位向上有进位,则结果也产生溢出。可以归纳为,最高位和次高位如果一个有进位一个无进位,结果即产生溢出(OF=1)。

【例 1-7】 (基础实例)用二进制补码计算(+70)+(+100)=?

【解】 先求出(+70),再求(+100)的补码:

$$(+70)_{10} = (+1000110)_2 \quad (+1000110)_{补} = 01000110$$
$$(+100)_{10} = (+1100100)_2 \quad (+1100100)_{补} = 01100100$$

$$
\begin{array}{r}
01000110 \\
+\ 01100100 \\
\hline
10101010
\end{array}
\qquad
\begin{array}{r}
+70 \\
+\ +100 \\
\hline
-86
\end{array}
$$

错误:两个正数相加结果变成了负值。

原因:是+70+(+100)=+170>(+127)已经超出了 8 位二进制数补码范围,结果产生溢出,从而导致出错。在计算中,从最高位无进位而次高位有进位的事实就可以判断出结果是溢出的。

【例 1-8】 (基础实例)用二进制补码计算(−83)+(−82)=?

【解】 先求出(−83)(−82)的补码:

$$(-83)_{10} = (-1010011)_2 \quad (-1010011)_{补} = 10101101$$
$$(-82)_{10} = (-1010010)_2 \quad (-1010010)_{补} = 10111110$$

$$
\begin{array}{r}
10101101 \\
+\ 10101110 \\
\hline
1 \leftarrow 01011011
\end{array}
\qquad
\begin{array}{r}
-83 \\
+\ -82 \\
\hline
+91
\end{array}
$$

错误:两个负数相加结果变成了正值。

原因：$(-83)+(-82)=-165<(-128)$已经超出了 8 位二进制数补码范围,结果产生溢出错误。

以上两个例题计算中,是两个同符号数相加的情况,从最高位无进位而次高位有进位的事实就可以判断出结果是溢出的。而对于两个异符号数相减也有可能产生溢出错误。

由以上分析可知,无符号数与有符号数计算产生溢出错误的条件因各自表示数的范围不同而不同。无符号数的溢出判断只看最高位是否有进位或借位,而有符号数的计算是否有溢出要看次高位和最高位两位的进位和借位的情况,两位都有或都没有进位或借位,则无溢出;否则有溢出。在运算时产生溢出,其结果肯定是错误的。在溢出产生时,计算机一般产生一个中断,去执行其他的服务程序。

4. 八进制

八进制数的两个基本特点是:①有八个基本数字。②进位方式是逢八进一。八进制的 8 个基本数字是从十进制借来的,即 0～7。

由于 $2^3=8$,因而它们之间的转换比较容易。实际上一位八进制数字恰好可以对应三位二进制数字。比如 3 对应的二进制数是 011。八进制数的最大数字是 7,对应的二进制数 111 也是三位二进制数字所能表示的最大值。7 如果再加 1,则向上产生进位。同样,111 加 1 也正好向上产生进位。

二进制数在转换成八进制数时,要以小数点为基准,向左向右分别进行,每三位二进制数字划分成一组,不足三位的要添 0 补齐。将每组二进制数字转换成一位八进制数字,然后再将这些八进制数字按原来顺序排列,即得结果,这个方法称为三位一并法。

【例 1-9】 (基础实例)将$(1011010.1)_2$转换成八进制数。

【解】 转换过程如下:
$$(1011010.1)_2=(\underline{001}\ \underline{011}\ \underline{010}\ .\ \underline{100})_2=(132.4)_8$$

反过来,将一个八进制数转换成二进制数,将上面的方法逆过来推导即可,这个方法称为一分为三法。

【例 1-10】 (基础实例)将$(25.63)_8$转换成二进制数。

【解】 转换过程如下:
$$(25.63)_8=(\underline{010}\ \underline{101}.\underline{110}\ \underline{011})_2=(10101.110011)_2$$

5. 十六进制

十六进制的两个基本特点是:有 16 个基本数字,逢十六进一。

十六进制的前 10 位基本数字是从十进制借过来的,即 0～9,其余 6 个基本数字,则是用字母表示,用 A～F 分别表示 10～15。

由于 $2^4=16$,所以二进制与十六进制之间的转换也与八进制类似,只不过 1 位十六进制数字恰好与 4 位二进制数字相对应,比如十六进制数 A 对应的是二进制数 1010。类似地,二进制转换成十六进制的方法是四位一并法,十六进制转换成二进制的方法是一分为四法。

【例 1-11】 (基础实例)将$(8A.E)_{16}$转换成二进制数。

【解】 转换过程如下:
$$(8A.E)_{16}=(\underline{0100}\ \underline{1010}.\underline{1110})_2=(1001010.111)_2$$

计算机中常用的二进制数、十进制数和十六进制数之间的关系如表 1-1 所示。

表 1-1 二进制数、十进制数和十六进制数的对应关系表

二进制数	十进制数	十六进制数	二进制数	十进制数	十六进制数
0000	0	0	1000	8	8
0001	1	1	1001	9	9
0010	2	2	1010	10	A
0011	3	3	1011	11	B
0100	4	4	1100	12	C
0101	5	5	1101	13	D
0110	6	6	1110	14	E
0111	7	7	1111	15	F

那么,将十进制数转换为基数是 R 进制的等效表示时,可将此数分成整数和小数两部分分别进行转换,然后再拼接起来即可。十进制整数转换成 R 进制的整数,可用十进制数连续地除以 R,余数即为 R 进制的各位系数。此方法称为"除 R 取余法"。十进制小数转换成 R 进制数时,可连续地乘以 R,直到小数部分为 0 或达到所要求的精度为止(小数部分可能永远不为零),得到的整数即组成 R 进制的小数部分,此法称为"乘 R 取整"。

1.4.2 计算机的数字编码

一个数值在计算机中的表示形式称为机器数,机器数所表示的实际值称为真值。一个机器数在存储时可能占用一个或多个字节。如果这个机器数表示的是无符号数,那么它所占用的位都可用来表示数值。如果表示的是有符号数,这时数值有正负之分,正负号也必须用二进制数表示。通常用机器数的最高位作为符号位,若该位为 0,则表示正数;若为 1,则表示负数。

【例 1-12】 (基础实例)$(38)_{10}$ 对应的二进制数是 $(100110)_2$,求加上正负号的机器数的表示形式。

【解】 加上正负号的机器数的表示形式如下:

$$(+38)_{10} = +100110(真值) = 0\ 0100110(机器数)$$

$$(-38)_{10} = -100110(真值) = 1\ 0100110(机器数)$$

计算机中有符号的数有三种表示方法,即原码、反码和补码。它们均由符号位和数值部分组成,符号位的表示方法相同,都是用 1 表示"负",用 0 表示"正"。下面以 8 位字长为例来说明。

1. 原码

在表示带符号数时,正数的符号位为"0",负数的符号位为"1",数值位表示数的绝对值,这样就得到了数的原码表示形式。例如在 8 位微型计算机中 +42 和 -42 的原码表示:

原码的 0 有两种不同的表示形式,即 +0 和 -0。$[+0]_原 = 00000000$,$[-0]_原 = 10000000$。原码表示简单易懂,与真值之间的转换较为方便。在 8 位微型计算机中,原码可

表示数的范围为 $-127 \sim +127$。并且原码在进行两个异号数相加或两个同符号数相减时，需做减法运算。由于微型计算机中一般只有加法器而无减法器，所以，为了把减法运算转变为加法运算就引入了反码和补码。

2. 反码

正数的反码表示与原码相同。负数的反码，可将负数原码的符号位保持不变、数值位按位取反得到，或者将负数看作正数求原码，再将所有位按位取反得到。因此，在 8 位机器数的计算机中，数 $+42$ 和 -42 的反码定义为

8 位反码可表示数的范围与原码相同，8 位二进制反码表示的范围仍是 $-127 \sim +127$。0 的反码也有两种表示法，$[+0]_{反} = 00000000$，$[-0]_{反} = 11111111$。由于数值 0 的表示不唯一，所以引入补码来表示带符号的数。

3. 补码

在计算机中，对二进制的运算，可以将乘法运算转换为加法和左移运算，而除法运算则可以转换为减法和右移运算，故加、减、乘、除运算最终可以由加、减运算和移位运算来完成，而补码中的减法运算可以转换成加法运算，所以最终变成了加法和移位运算。引进补码就是为了把减法运算转换成容易实现的加法运算。

正数的补码就是它本身，等于原码，只有负数才存在求补码问题。负数的补码等于反码加 1，即 $[x]_{补} = [x]_{反} + 1$。

【例 1-13】　（基础实例）求 $+42$ 和 -42 的补码。

【解】　$+42$ 和 -42 的补码为

即一个负数 x 的补码等于其原码中除符号值保持不变外，其余各位按位求反，再在最低位加 1。$[+0]_{补} = [-0]_{补} = 00000000$，8 位二进制数补码表示的范围是 $-128 \sim +127$，在微型计算机中所有有符号数都是由补码表示的，所以结果也是由补码来表示。

数值有整数与小数之分，计算机并不是用某个二进制位来表示小数点，而是用隐含规定它的位置来表示。通常有两种约定，一种是规定小数点的位置固定不变，这时机器数称为定点数；另一种是小数点的位置可以浮动，这时机器数称为浮点数。微型计算机多选用定点数。

除了数值计算，计算机还要处理各种字符，比如英文字母、汉字、标点符号、运算符号等。这些字符也必须用二进制代码表示计算机才能识别，这种表示形式称为编码。生活中电话局给每个用户分配一个电话号码，也是一种编码形式。只不过在计算机中，任何数据的编码都是二进制代码形式的。编码的方式很多，容易引起混乱和不便，一般要制定编码的国家标准或国际标准，这样不同计算机可以采用统一的编码方式，表示或处理数据就方便得多。下面介绍几种常用的编码标准。

4. BCD 码

BCD 码编码形式利用四个二进制位来表示一个十进制的数码,使二进制和十进制之间的转换得以快捷地进行。这种编码技巧,最常用于会计系统的设计,因为会计制度经常需要对很长的数字串做准确的计算。相对于一般的浮点式记数法,采用 BCD 码,既可保存数值的精确度,又可避免计算机做浮点运算时所耗费的时间。此外,对于其他需要高精确度的计算,BCD 编码也很常用。BCD 码是一种特定字符集的编码标准,它只对 0~9 进行编码,不要和二进制数与十六进制数转换混淆。对应表如表 1-2 所示。

表 1-2　BCD 码和十进制数的对应关系表

十 进 制 数	BCD 码	十 进 制 数	BCD 码
0	0000	5	0101
1	0001	6	0110
2	0010	7	0111
3	0011	8	1000
4	0100	9	1001

5. ASCII 码

ASCII 码的全称是 American Standard Code for Information Interchange,即美国标准信息交换码。它是目前使用最普遍的字符编码,包含了日常应用的大多数常用字符。其中除了数字、字母这样的可打印字符外,还有 33 种控制字符,如回车符、换行符等。一个字符的 ASCII 码通常用 7 位二进制数的编码组成,占用 1 字节,最左的一位用 0 填充,所以 ASCII 码最多可表示 128 个不同的符号。

例如,数字 0 的 ASCII 码是 0110000,十六进制的表示形式是 30H。字母 A 的 ASCII 码是 1000001,对应的十六进制是 41H。ASCII 码也用来表示 0~9 这十个数字,而不是将它们按数值编码。这是因为这些数字有时是当作字符来处理的,比如身份证号或电话号码等,虽然是由数字组成,但通常不对它们进行计算,所以这样的字符一般是用 ASCII 码来表示的。常用字符的 ASCII 码见表 1-3。

6. 汉字编码

计算机处理汉字要复杂得多。一方面,键盘更适宜输入西文字符;另一方面,汉字属于象形文字,数量庞大,常用的汉字就有 3000 个以上。用二进制数表示汉字,1 字节显然是不够的。目前的汉字编码方案有多种,有 2 字节的,也有 3 字节甚至 4 字节的。大陆通行的汉字编码标准是《国家标准信息交换用汉字编码》(GB 2312—1980 标准),简称国标码,也称为 GB 码。中国台湾和港澳地区通行的编码标准则是 BIG5 码,而欧美地区通用的是 HZ 码。下面主要对国标码的编码形式做介绍。

目前国标码共收入 6763 个汉字,其中又根据出现频率分为一级汉字、二级汉字,另外还包括西文字母、图形符号等共 682 个。国标码是用两个 7 位二进制数表示一个汉字,占用 2 字节。

比如"啊"的国标码是"00110000 00010010",用十六进制表示则是 3012H。

在计算机内部,汉字编码和西文字母编码是共存的,为了使它们不被混淆,必须有不同的表示形式。所以实际在计算机内部存储汉字时,需要对国标码稍加变动,一般是将国标码

表 1-3　常用字符的 ASCII 码（十六进制表示）

字符	ASCII 码	字符	ASCII 码	字符	ASCII 码	字符	ASCII 码	字符	ASCII 码
NUL	00	.	2F	C	43	W	57	k	6B
BEL	07	0	30	D	44	X	58	l	6C
LF	0A	1	31	E	45	Y	59	m	6D
FF	0C	2	32	F	46	Z	5A	n	6E
CR	0D	3	33	G	47	[	5B	o	6F
SP	20	4	34	H	48	\	5C	p	70
!	21	5	35	I	49	]	5D	q	71
"	22	6	36	J	4A	↑	5E	r	72
#	23	7	37	K	4B	'	5F	s	73
$	24	8	38	L	4C	←	60	t	74
%	25	9	39	M	4D	a	61	u	75
&	26	:	3A	N	4E	b	62	v	76
'	27	;	3B	O	4F	c	63	w	77
(	28	<	3C	P	50	d	64	x	78
)	29	=	3D	Q	51	e	65	y	79
*	2A	>	3E	R	52	f	66	z	7A
+	2B	?	3F	S	53	g	67	{	7B
,	2C	@	40	T	54	h	68	|	7C
−1	2D	A	41	U	55	i	69	}	7D
/	2E	B	42	V	56	j	6A	~	7E

的 2 字节的最高位均设为 1。前面提到 ASCII 码所占字节最高位为 0，这样计算机就可以区分汉字和西文字符了。

经过变动的这种国标码称为机内码，简称内码，是汉字在计算机内部的实际表示形式。比如"啊"字的机内码是"10110000 10010010"，十六进制的表示形式则是 B092H。

另外一个问题是，汉字如何输入到计算机中。常用的输入设备键盘，并不直接支持汉字的输入。所以必须利用键盘上的按键对汉字进行编码，这种编码称为汉字输入码。汉字输入码有几百种以上，曾被比喻为"万码奔腾"，如区位码、全拼、五笔字型、智能 ABC 等，都是汉字输入码，相对内码来说，它们属于外码。按照编码规则，汉字输入码主要分为 4 大类，即顺序码、音码、形码、音型或型音组合码。目前使用频率比较高的智能 ABC 属于音码，五笔字型属于形码。除了利用键盘输入，汉字还可以通过手写、语音等多种形式录入。不过后面这些形式多少都有些限制，在输入汉字的速度和准确性上，还不能与键盘输入相比拟。

汉字存储在计算机内部，用的是机内码，但显示和打印汉字时，必须要转换成熟悉的汉字形式。这样，每个汉字必须有相应的模型存储在计算机内，这种字的模型也要用二进制数来表示，称为字形码。常用的字型码是用点阵方式表示的，称为点阵字模码，就是将汉字像图像一样置于网状方格上，每格是存储器中的一位。16×16 点阵就是在纵向 16 点、横向 16 点的网状方格上写一个汉字，如图 1-5 所示，有笔画的格对应 1，无笔画的格对应 0。汉字点阵的集合就是通常所说的字库。

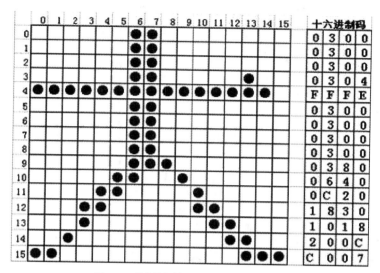

图 1-5 "大"字的 16×16 点阵字模码

所以,汉字的处理过程大致如图 1-5 所示,当用某一种输入法输入一个汉字后,汉字管理模块将它转换成 2 字节的国标码,同时将国标码的每个字节的最高位置为 1,即转换成机内码。当计算机输出汉字时,首先根据机内码找到汉字在字库中的地址,然后将该汉字的点阵字型在屏幕上输出。

1.5 单片微型计算机

单片机作为微型计算机的一个分支,产生于 20 世纪 70 年代,经过几十年的发展,在各行各业中已经广泛应用。

单片机因为具有体积小、重量轻、抗干扰能力强、对环境要求不高、价格低廉、可靠性高、灵活性好等优点,所以广泛应用于工业控制、智能仪器仪表、机电一体化产品、家用电器等领域中。

1.5.1 单片机概念及分类

单片机是把微型计算机中的微处理器、存储器、I/O 接口、定时/计数器、串行接口、中断系统等电路集成到一个集成电路芯片上形成的微型计算机。因而称为单片微型计算机,简称单片机。

单片机集成了微型计算机中的大部分功能部件,工作的基本原理是相同的,但具体结构和处理方法不同。微型计算机由微处理器 CPU、存储器、I/O 接口三大部分通过总线有机连接而成,各种外部设备通过 I/O 接口与微型计算机连接,各个功能部件分开,功能强大。

单片机是应测控领域的需要而诞生的,用以实现各种测试和控制。它的组成结构既包含通用微型计算机中的基本组成部分,又增加了具有实时测控功能的一些部件。在主芯片上集成了大部分功能部件,另外,可在外部扩展 A/D 转换器、D/A 转换器、脉冲调制器等用于测控的部件,而且现在一部分单片机已经把 A/D、D/A 转换器及 HSO、HIS 等外设集成在单片机中,以增强处理能力。

单片机按照用途,可分为通用型和专用型两大类。

(1) 通用型单片机的内部资源丰富,性能全面,适应能力强。用户可以根据需要设计各种不同的应用系统。

(2) 专用型单片机是针对各种特殊场合专门设计的芯片。这种单片机的针对性强,设计时根据需要来设计部件。因此,它能实现系统的最简化和资源的最优化,可靠性高、成本低,在应用中有很明显的优势。

按总线结构可分为总线型和非总线型,这是按单片机是否提供并行总线来区分的。总线型单片机普遍设置有并行地址总线、数据总线、控制总线,引脚用以扩展并行外围器件,可通过串行口与单片机连接。另外,许多单片机已把所需要的外围器件及外设接口集成在一个片内,因此在许多情况下不需要并行扩展总线,从而大大减少封装成本和芯片体积,这类单片机称为非总线型单片机。

1.5.2　单片机的发展及其主要品种

1971 年英特尔公司制造出世界上第一块微处理器芯片 4004 不久,就出现了单片微型计算机,之后几十年,单片机技术飞速发展,先后经历了 4 位机、8 位机、16 位机、32 位机等发展阶段。

1. 4 位单片机

自 1975 年 TI 公司首次推出 4 位单片机 TMS-1000 后,各个计算机生产公司相继推出 4 位单片机,4 位单片机的主要生产国是日本,如 Sharp 公司的 SM 系列、东芝公司的 TLCS 系列、NEC 公司的 Ucom75XX 系列等。我国有 COP400 系列单片机。4 位单片机结构简单,价格便宜,非常适合用于控制单一的小型电子类产品,如 PC 用的输入装置(鼠标、游戏杆)、电池充电器、遥控器、电子玩具、小家电等。

2. 8 位单片机

1976 年 9 月,英特尔公司首先推出 MCS-48 系列 8 位单片机,使单片机的发展进入了一个新的阶段。随后各个计算机公司先后推出各自的 8 位单片机。例如,仙童公司(Fairchild)的 F8 系列,摩托罗拉公司的 6801 系列,Zilog 公司的 Z8 系列,NEC 公司的 uPD78XX 系列。

1978 年以后,集成电路水平有所提高,出现了一些高性能的 8 位单片机,它们的寻址能力达到了 64KB,片内集成了 4～8KB 的 ROM,片内除了带并行 I/O 接口外,还有串行 I/O 接口,甚至有些还集成了 A/D 转换器。这类单片机称为高档 8 位单片机。如英特尔公司的 MCS-51 系列,摩托罗拉公司的 6801 系列,Zilog 公司的 Z8 系列,NEC 公司的 uPD78XX 系列。

8 位单片机由于功能强、价格低廉、品种齐全,广泛用于工业控制、智能接口、仪器仪表等各个领域。特别是高档 8 位单片机,是目前品种最为丰富、应用最为广泛的单片机。8 位单片机主要分为 51 系列及非 51 系列单片机。51 系列单片机以其典型的结构、众多的逻辑位操作功能,以及丰富的指令系统,得到广大用户的认可。

3. 16 位单片机

1983 年以后,集成电路的集成度可达到十几万管/片,出现了 16 位单片机。16 位单片机把单片机性能又推向了一个新的阶段。它内部集成多个 CPU,8KB 以上的存储器,多个并行接口,多个串行接口等,有的还集成高速输入输出接口、脉冲宽度调制输出、特殊用途的监视定时器等电路。如英特尔公司的 MCS-96 系列、美国国家半导体公司的 HPC16040 系列和 NEC 公司的 783XX 系列。

16 位单片机往往用于高速复杂的控制系统。16 位单片机操作速度及数据吞吐能力在性能上比 8 位单片机有较大提高。目前,应用较多的有 TI 公司的 MSP430 系列、凌阳公司的 SPCE061A 系列、摩托罗拉公司的 68HC16 系列、英特尔公司的 MCS-96/196 系列等。

4. 32 位单片机

近年来,各个计算机厂家已经推出更高性能的 32 位单片机。与 51 系列单片机相比,32 位单片机的运行速度和功能大幅提高,随着技术的发展以及价格的下降,将会与 8 位单片机并驾齐驱。32 位单片机主要由 ARM 公司研制,因此,提及 32 位单片机,一般均指 ARM 单片机。严格来说,ARM 不是单片机,而是一种 32 位处理器内核,实际使用的 ARM 芯片有很多型号,常见的 ARM 芯片主要有飞利浦公司的 LPC2000 系列、三星公司的 S3C/S3F/S3P 系列等。

1.5.3 单片机的主要品种

单片机种类繁多,不同种类单片机的内部结构不同,集成的功能部件不一样,指令系统和使用方法各不相同,主要有以下几种。

1. 8051 单片机

MCS-51 单片机是指由英特尔公司生产的一系列单片机的总称,包括 8031、8051、8751、8032、8052、8752 等,其中 8051 是最早最典型的产品,该系列的其他单片机都是在 8051 的基础上进行功能的增、减、改变而来的,所以人们习惯于用 8051 称呼 MCS-51 系列单片机。MCS-51 内核使用权以专利互换或出让方式给了世界许多著名 IC 制造厂商,如飞利浦、NEC、Atmel、AMD、Dallas、Siemens、Fujitsu、OKI、华邦、LG 等。在保证与 MCS-51 单片机兼容的基础上,这些公司融入了自身的优势,扩展了满足不同测控对象要求的外围电路,如满足模拟量输入的 A/D、满足伺服驱动的 PWM、满足高速输入输出控制的 HSL/HSO、满足串行扩展总线 I^2C、保证程序可靠运行的 WDT、引入使用方便且价廉的 Flash ROM 等,开发出上百种功能各异的新品种。这样 MCS-51 单片机就变成了众多芯片制造厂商支持的大家族,统称为 MCS-51 系列单片机。客观事实表明,MCS-51 单片机已成为 8 位单片机的主流,成了事实上的标准 MCU 芯片。

2. AVR 单片机

AVR 单片机是 Atmel 公司在 20 世纪 90 年代推出的精简指令集 RISC 的单片机,与 PIC 类似,使用哈佛结构,是增强型 RISC 内载 Flash 的单片机,芯片上的 Flash 存储器附在用户的产品中,可随时编程与再编程,使用户的产品设计容易,更新换代方便。AVR 单片机采用增强的 RISC 结构,具有高速处理能力,在一个时钟周期内可执行复杂的指令,每 MHz

可实现 1MIPS 的处理能力。AVR 单片机的工作电压为 $2.7 \sim 6.0V$，可以实现耗电最优化。AVR 单片机广泛应用于计算机外部设备、工业实时控制、仪器仪表、通信设备、家用电器、宇航设备等各个领域。AT91M 系列是基于 ARM7TDMI 嵌入式处理器的 Atmel 16/32 位微处理器系列中的一个新成员，该处理器用高密度的 16 位指令集实现了高效的 32 位 RISC 结构且功耗很低。

3. PIC 单片机

Microchip 单片机的主要产品是 PIC16C 系列和 17C 系列 8 位单片机。CPU 采用 RISC 结构，分别仅有 33,35,58 条指令，采用哈佛双总线结构，运行速度快，工作电压低，功耗低，较大的输入输出直接驱动能力，价格低，一次性编程，体积小，适用于用量大，档次低，价格敏感的产品。在办公自动化设备，消费电子产品，电讯通信，智能仪器仪表，汽车电子，金融电子，工业控制等不同领域都有广泛的应用。PIC 系列单片机在世界单片机市场份额排名中逐年提高，发展非常迅速。

4. TI 公司的 MSP430 单片机

MSP430 单片机采用冯·诺依曼架构，通过通用存储器地址总线（MAB）与存储器数据总线（MDB）将 16 位 CPU、多种外设以及高度灵活的时钟系统进行了完美结合。MSP430 能够为当前与未来的混合信号应用提供很好的解决方案。所有 MSP430 外设都只需最少量的软件服务。例如，模数转换器均具备自动输入通道扫描功能和硬件启动转换触发器，一些还带有 DMA 数据传输机制。这些卓越的硬件特性使用户能够集中利用 CPU 资源，实现目标应用所要求特性，而不必花费大量时间用于基本的数据处理。这意味着能以更少的软件与更低的功耗实现更低成本的系统。主要应用范围：计量设备、便携式仪表、智能传感系统。

5. 基于 ARM 技术的单片机

ARM（Advanced RISC Machines）公司是微处理器行业的一家知名企业，该公司设计了大量性能高、价廉、耗能低的 RISC 处理器、相关技术及软件。ARM 公司的产品具有性能高、成本低和功耗低的特点，适用于多个领域，比如嵌入控制、消费/教育类多媒体、DSP 和移动式应用等。ARM 公司将其技术授权给世界上许多著名的半导体、软件和 OEM 厂商，每个厂商得到的都是一套独一无二的 ARM 相关技术及服务。利用这种合伙关系，ARM 公司很快成为许多全球性 RISC 标准的缔造者。目前，总共有 30 家半导体公司与 ARM 公司签订了硬件技术使用许可协议，其中包括英特尔、IBM、LG 半导体、NEC、SONY、三星、飞利浦和美国国家半导体这样的大公司，典型的产品如 CPU 内核 ARM7、ARM9 等。

在前面介绍的单片机产品中，其中英特尔公司的 MCS-51 系列及其兼容产品是目前最常用的一种单片机类型，其引进历史较长，学习资料齐全，影响面较广、应用成熟，已被单片机控制装置的开发设计人员广泛接受。本书将以这种单片机产品为主，介绍单片机的结构原理、指令系统、编程应用及接口电路等内容。

1.5.4　单片机的应用

单片机由于具有体积小、功耗低、易于产品化、面向控制、抗干扰能力强、适用温度范围广、可以方便地实现多机和分布式控制等优点，因而被广泛地应用于各种控制系统和分布式系统中。主要在以下领域应用单片机。

（1）工业控制

在自动化技术中,单片机广泛应用在各种过程控制、数据采集系统、测控技术等方面,如数控机床、自动生产线控制、电机控制和温度控制。新一代机电一体化处处都离不开单片机。

（2）智能仪器仪表

单片机技术运用到仪器仪表中,使得原有的测量仪器向数字化、智能化、多功能化和综合化的方向发展,大大地提高了仪器仪表的精度和准确度,减小了体积,易于携带,并且能够集测量、处理、控制功能于一体,从而使测量技术发生了根本的变化。

（3）计算机外部设备和智能接口

在计算机系统中,很多外部设备都用到了单片机,如打印机、键盘、磁盘、绘图仪等。通过单片机来对这些外部设备进行管理,既减小了主机的负担,也提高了计算机整体的工作效率。

（4）家用电器

目前家用电器的一个重要发展趋势是不断提高智能化程度,如电视机、录像机、电冰箱、洗衣机、电风扇和空调机等家用电器中,都用到了单片机或专用的单片机集成电路控制器。单片机的使用,增加了家用电器的功能,操作更加方便,故障率更低,而且成本更加低廉。

（5）汽车电子

单片机在汽车电子中的应用非常广泛,例如汽车中的发动机控制器,基于 CAN 总线的汽车发动机智能电子控制器、GPS 导航系统、ABS 防抱死系统、制动系统、胎压检测等。

（6）网络和通信

现代的单片机普遍具备通信接口,可以很方便地与计算机进行数据通信,为在计算机网络和通信设备间的应用提供了极好的物质条件,通信设备基本上都实现了单片机智能控制,从手机、电话机、小型程控交换机、楼宇自动通信呼叫系统、列车无线通信,再到日常工作中随处可见的移动电话、集群移动通信、无线电对讲机等。

单片机芯片本身是按工业测控环境要求设计的,能够适应于各种恶劣的环境,有很强的温度适应能力。按对温度的适应能力,可以把单片机分成以下三个等级。

（1）民用级或商用级

温度适应能力为 $0\sim70℃$,代号为 C,适用于机房和一般的办公环境。

（2）工业级及汽车工业级

温度适应能力为 $-40\sim85℃$,工业级代号为 I,适用于工厂和工业控制中,对环境的适应能力较强。汽车工业级是在工业级上的扩展,有的代号是 E(Microchip),有的代号是 S(TI),一般工作温度为 $-40\sim125℃$,强调的是高温性能。

（3）军用级

由于战争环境复杂,使用的电子器件要有足够的温度适应性,例如导弹、卫星、坦克、航母里面的电子元器件。军用级的芯片是较先进的,价格较贵,精密度较高,工作温度为 $-55\sim150℃$。军用级芯片代号为 M,应用于环境条件苛刻、温度变化很大的野外及航空航天的极端环境中。

1.6　本章小结

本章对计算机的软硬件基础知识做了讲解,讲述了CPU的历史和计算机的工作过程。CPU是微型计算机的核心,它是将运算器和控制器集成在一片硅片上而制成的集成电路芯片。存储器用来存储程序或数据,计算机要执行的程序以及要处理的数据都要事先装入内存中才能被CPU执行或访问。本章介绍了有关位、字节、字、字长、存储单元地址、存储容量等概念以及内存读写操作原理等。计算机中的信息是用二进制来表示的,因为计算机电子器件的两个状态用二进制表示更为方便,进一步讲述了八进制、十进制和十六进制之间的转换,数值编码和数值计算规则,还介绍了BCD码和ASCII码的编码规则。

只有懂得计算机的工作方式,再学习软件的应用操作,读者才能在遇到一些问题时进行简单的判断和分析。总之,通过本章学习,应对微型计算机的基本概念、基本组成及工作过程有一个基本了解,建立计算机整机概念,为后续各章节的学习打下良好的基础。

习题

一、选择题

1. 最早的计算机是用来进行_____的。
   A. 科学计算　　　B. 系统仿真　　　C. 自动控制　　　D. 信息处理
2. 在计算机中采用二进制是因为_____。
   A. 电子元件只有两个状态　　　　B. 二进制的运算简单
   C. 系统部件少,可以增加稳定性　　D. 以上三个原因
3. 存储器的存储单位是_____。
   A. 比特(bit)　　　　　　　　　B. 字节(byte)
   C. 字(word)　　　　　　　　　D. 字符(character)
4. 内存储器中的每个存储单元都被赋予一个唯一的序号,称为_____。
   A. 单元号　　　B. 下标　　　C. 编号　　　D. 地址
5. 下列数中最小的一个是_____。
   A. $(100)_2$　　　B. $(8)_{10}$　　　C. $(12)_{16}$　　　D. $(11)_8$
6. 已知小写字母的ASCII码值比大写字母大32,而大写字母A的ASCII码为十进制数65,则小写字母d的ASCII码是二进制数_____。
   A. 1100100　　　B. 1000100　　　C. 1000111　　　D. 1110111
7. 计算机能直接执行的程序设计语言是_____。
   A. C　　　B. BASIC　　　C. 汇编语言　　　D. 机器语言

二、填空题

1. 11001010B=_____ D=_____ O=_____ H。
2. 10111.1101B=_____ D=_____ O=_____ H。

3. 111001.0101B=_____ D=_____ O=_____ H。

4. 235.25D=_____ B=_____ H。

5. −1110011B 的反码为_____,补码为_____。

6. −71D 的原码为_____,补码为_____。

7. +1001001B 的原码为_____ B,补码为_____。

8. 带符号数 10110101B 的反码为_____,补码为_____。

三、简答题

1. 计算机内部为什么要采用二进制编码表示?

2. 简述冯·诺依曼型计算机的组成与工作原理。

3. 计算机中有哪些常用的数制和码制? 如何进行数制之间的转换?

4. 为什么要采用补码运算有符号数?

5. 有符号数运算的溢出如何判断?

6. $X=-1110111B,Y=+1011010B$,求$[X+Y]_{补}$。

7. $X=56D,Y=-21D$,求$[X+Y]_{补}$。

8. $X=-1110111B,Y=+1011010B$,求$[X-Y]_{补}$。

第2章

单片机的基本原理

英特尔公司在 1980 年推出的高性能 8 位单片机 MCS-51 系列单片机,以典型的结构、完善的总线、特殊功能寄存器的集中管理方式、位操作系统和面向控制的指令系统,为单片机的发展奠定了良好的基础。它包含 51 和 52 两个子系列。

对于 51 子系列,主要有 8031、8051、8751 三种机型,它们的指令系统与芯片引脚完全兼容,仅片内程序存储器有所不同,8031 芯片不带 ROM,8051 芯片带 4KB 的 ROM,8751 芯片带 4KB 的 EPROM。众多单片机芯片生产厂商以 8051 为基核开发出的 CHMOS 工艺单片机产品统称为 MCS-51 系列,如 MCS-51/87C51/80C31。

在功能上,该系列单片机有基本型和增强型两大类,通常以芯片型号的末位数字来区分。末位数字为"1"的型号为基本型,如 8051/8751/8031。末位数字为"2"的型号为增强型,如 8052/8752/8032、80C52/87C52/80C32。在产品型号中凡带有字母"C"的,即为 CHMOS 芯片;不带有字母"C"的,即为 HMOS 芯片。HMOS 芯片的电平与 TTL 电平兼容,而 CHMOS 芯片的电平既与 TTL 电平兼容,又与 CMOS 电平兼容。所以,在单片机应用系统中应尽量采用 CHMOS 工艺的芯片。

本章将以 51 子系列的 8051 为例,来介绍 MCS-51 单片机的基本原理。

2.1 51 系列单片机的结构原理

虽然 51 系列单片机的芯片有多种类型,但它们的基本组成相同。51 单片机的基本结构如图 2-1 所示。51 子系列单片机的主要内部资源:8 位 CPU;片内带振荡器,频率范围是 1.2～12MHz;片内带 128B 的数据存储器;片内带 4KB 的程序存储器;程序存储器的寻址空间为 64KB;片外数据存储器的寻址空间为 64KB;128 个用户位寻址空间;拥有 21 字节特殊功能寄存器(SFR);4 个 8 位的并行 I/O 接口:P0、P1、P2、P3;两个 16 位定时/计数器;两个优先级别的 5 个中断源;1 个全双工的串行 I/O 接口,可多机通信;111 条指令;采用单一的+5V 电源。52 子系列与 51 子系列相比,大部分相同,不同之处在于:片内数据存储器增至 256B;8032 芯片不带 ROM,8052 芯片带 8KB 的 ROM,8752 芯片带 8KB 的

EPROM；有 3 个 16 位定时/计数器；6 个中断源。

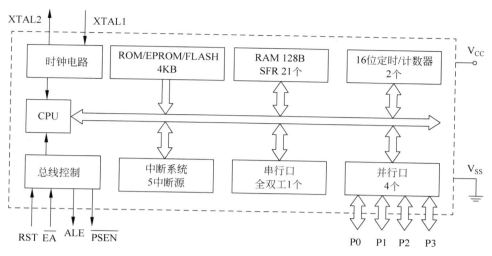

图 2-1　MCS-51 单片机的基本结构

MCS-51 集成了 CPU、存储器系统（RAM 和 ROM）、定时/计数器、并行接口、串行接口、中断系统及一些 SFR。它们通过内部总线紧密地联系在一起。它的总体结构仍是通用 CPU 加上外围芯片的总线结构，只是在功能部件的控制上与一般微机的通用寄存器加接口寄存器控制不同。CPU 与外设的控制不再分开，采用了 SFR 集中控制，使用更方便。内部还集成了时钟电路，只需外接石英晶体，就可形成时钟。另外注意，8031 和 8032 内部没有集成 ROM。

2.2　51 系列单片机的外部引脚

在 MCS-51 系列单片机中，各种芯片的引脚是互相兼容的，它们的引脚情况基本相同，不同芯片之间的引脚功能只是略有差异。如图 2-2 所示，图 2-2(a)为方形封装，图 2-2(b)为双列直插。

1. 输入输出引脚

（1）P0 口（39～32 引脚）。P0.0～P0.7 统称为 P0 口。在不接片外存储器和不扩展 I/O 接口时，作为准双向输入输出接口。在接有片外存储器或扩展 I/O 接口时，P0 口分时复用为低 8 位地址总线和双向数据总线。

（2）P1 口（1～8 引脚）。P1.0～P1.7 统称为 P1 口，可作为准双向 I/O 接口使用。对于 52 子系列，P1.0 与 P1.1 还有第二功能：P1.0 可用作定时/计数器 2 的计数脉冲输入端 T2，P1.1 可用作定时/计数器 2 的外部控制端 T2EX。

（3）P2 口（21～28 引脚）。P2.0～P2.7 统称为 P2 口，一般可作为准双向 I/O 接口使用；在接有片外存储器或扩展 I/O 接口且寻址范围超过 256 字节时，P2 口用作高 8 位地址总线。

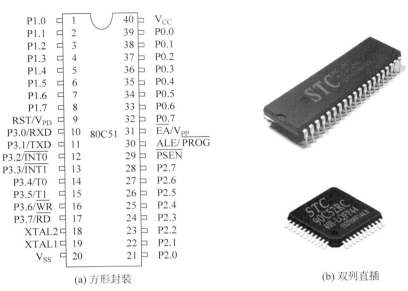

图 2-2　MCS-51 单片机引脚与外部总线结构

（4）P3 口（10～17 引脚）。P3.0～P3.7 统称为 P3 口。除作为准双向 I/O 接口使用外，每一个还具有独立的第二功能，P3 口的第二功能见表 2-5。

2．控制引脚

（1）ALE/$\overline{PROG}$（30 引脚）。地址锁存信号输出端。ALE 在每个机器周期内输出两个脉冲。在访问片外程序存储器期间，下降沿用于控制锁存 P0 输出的低 8 位地址；在不访问片外程序存储器期间，可作为对外输出的时钟脉冲或用于定时目的。但要注意，在访问片外数据存储器期间，ALE 脉冲会跳空一个，此时不可作为时钟输出。对于片内含有 EPROM 的机型，在编程期间，该引脚用作编程脉冲 $\overline{PROG}$ 的输入端。

（2）$\overline{PSEN}$（29 引脚）。片外程序存储器读选通信号输出端，低电平有效。在从外部程序存储器读取指令或常数期间，每个机器周期该信号有效两次，通过数据总线 P0 口读回指令或常数。在访问片外数据存储器期间，$\overline{PSEN}$ 信号不出现。

（3）RST/V_{PD}（9 引脚）。RST 即为 RESET，VPD 为备用电源。该引脚为单片机的上电复位或掉电保护端。当单片机振荡器工作时，该引脚上出现持续两个机器周期的高电平，就可实现复位操作，使单片机恢复到初始状态。上电时，考虑到振荡器有一定的起振时间，其他电路也要有一定的稳定时间，该引脚上高电平必须持续 10ms 以上才能保证有效复位。

该引脚可接上备用电源，当 V_{CC} 发生故障，降低到低电平规定值或掉电时，该备用电源为内部 RAM 供电，以保证 RAM 中的数据不丢失。

（4）$\overline{EA}$/V_{PP}（31 引脚）。$\overline{EA}$ 为片外程序存储器选用端，该引脚为低电平时，选用片外程序存储器，高电平或悬空时选用片内程序存储器。

对于片内含有 EPROM 的机型，在编程期间，此引脚用作 21V 编程电源 V_{PP} 的输入端。

3．主电源引脚

V_{CC}（40 引脚）：接＋5V 电源正端。

V_{SS}（20 引脚）：接＋5V 电源地端。

4. 外接晶体引脚

XTAL1、XTAL2(19、18 引脚):当使用单片机内部振荡电路时,这两个引脚用来外接石英晶体和微调电容。在单片机内部,它是一个反相放大器的输入端,这个放大器构成了片内振荡器。当采用外部时钟时,对于 HMOS 单片机,XTAL1 引脚接地,XTAL2 接片外振荡脉冲输入(带上拉电阻);对于 CHMOS 单片机,XTAL2 引脚接地,XTAL1 接片外振荡脉冲输入(带上拉电阻)。

2.3 51 系列单片机的 CPU

MCS-51 单片机由微处理器(含运算器和控制器)、存储器、I/O 接口以及 SFR(图中用加黑方框和相应的标识符表示)等构成,内部逻辑结构如图 2-3 所示。

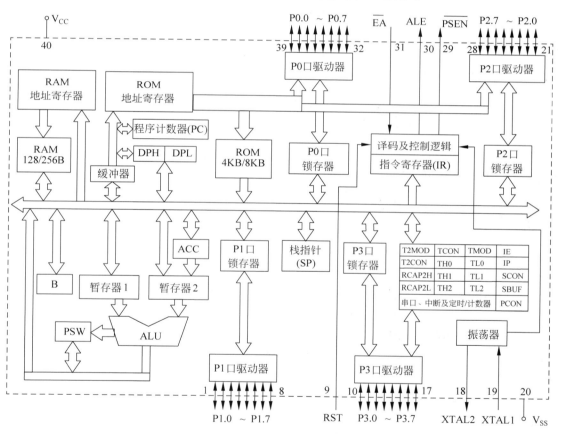

图 2-3 MCS-51 单片机内部的逻辑结构

2.3.1 运算部件

运算部件以算术逻辑运算单元(ALU)为核心,包含累加器(ACC)、寄存器 B、暂存器、标志寄存器(PSW)等许多部件,且能实现算术运算、逻辑运算、位运算、数据传输等处理。

ALU 是一个 8 位的运算器,它不仅可以完成 8 位二进制数据的加、减、乘、除等基本的算术运算,还可以完成 8 位二进制数据的逻辑"与""或""异或"循环移位、求补、清零等逻辑运算,并且具有数据传输、程序转移等功能。ALU 还有一个一般微型计算机没有的位运算器,可以对一位二进制数据进行置位、清零、求反、测试转移及位逻辑"与""或"等处理。这对于控制方面很有用。

ACC(简称为 A)为一个 8 位的寄存器,是 CPU 中使用最频繁的寄存器。ALU 进行运算时,数据绝大多数都来自 ACC,运算结果也通常送回 ACC。在 51 指令系统中,绝大多数指令中都要求 ACC 参与处理,在堆栈操作指令和位指令中,须用全称 ACC,在其他指令中用 A。

寄存器 B 称为辅助寄存器,它是为乘法和除法指令而设置的。在进行乘法运算时,累加器 A 和寄存器 B 在乘法运算前存放乘数和被乘数,运算之后通过寄存器 B 和累加器 A 存放结果。在除法运算前,累加器 A 和寄存器 B 存入被除数和除数,运算完后用于存放商和余数。

PSW 是一个 8 位寄存器,其中 4 位是状态标志,用于保存指令执行结果的状态,以供程序查询和判别;2 位是控制标志,各位的情况如图 2-4 所示。

D7	D6	D5	D4	D3	D2	D1	D0
C	AC	F0	RS1	RS0	OV	—	P

图 2-4　标志寄存器 PSW 的格式

C(PSW.7):进位或借位标志位。执行算术运算和逻辑运算指令时,用于记录最高位向前面的进位或借位。8 位加法运算时,若运算结果的最高位 D7 位有进位,则 C 置 1,否则 C 清 0。8 位减法运算时,若被减数比减数小,不够减,需借位,则 C 置 1,否则 C 清 0。另外,在 51 单片机中,该位也可用作位运算器,完成各种位的处理。

AC(PSW.6):辅助进位或借位标志位。用于记录在进行加法和减法运算时,低 4 位向高 4 位是否有进位或借位。当有进位或借位时,AC 置 1,否则 AC 清 0。

F0(PSW.5):用户标志位。是系统预留给用户自己定义的标志位,可以用软件使它置 1 或清 0。在编程时,也可以通过软件测试 F0 以控制程序的流向。

RS1、RS0(PSW.4、PSW.3):寄存器组选择位,用软件置 1 或清 0。在 51 单片机中,为弥补 CPU 寄存器的不足,在片内数据存储器中用了 32 字节作寄存器使用,这 32 字节分成 4 组,每组 8 个,用寄存器 R0~R7 表示,RS1 和 RS0 用于从 4 组工作寄存器中选定当前的工作寄存器组,选择情况如表 2-1 所示。

表 2-1　RS1 和 RS0 工作寄存器组的选择

RS1	RS0	工作寄存器组
0	0	0 组(00H~07H)
0	1	1 组(08H~0FH)
1	0	2 组(10H~17H)
1	1	3 组(18H~1FH)

OV(PSW.2):溢出标志位。在加法或减法运算时,如运算的结果超出 8 位二进制数的范围,则 OV 置 1,标志溢出,否则 OV 清 0。

P(PSW.0):偶标志位。用于记录指令执行后累加器 A 中 1 的个数的奇偶性。若累加器 A 中 1 的个数为奇数,则 P 置 1;若累加器 A 中 1 的个数为偶数,则 P 清 0。

PSW.1 未定义,可供用户使用。

【例 2-1】 试分析下面指令执行后,累加器 A,标志位 C、AC、OV、P 的值:

```
MOV A,♯67H
ADD A,♯58H
```

分析:第一条指令执行时,把立即数 67H 送入累加器 A,第二条指令执行时把累加器 A 中的立即数 67H 与立即数 58H 相加,结果回送到累加器 A 中。加法运算过程如下:

$$67H=01100111B \quad 58H=01011000B$$

$$\begin{array}{r} 0110\ 0111B \\ +\ 0101\ 1000B \\ \hline 1011\ 1111=0BFH \end{array}$$

则执行后累加器 A 中的值为 0BFH,由相加过程得 C=0、AC=0、OV=1、P=1。

2.3.2 控制器

控制器是单片机的控制中心,它包括定时和控制电路、指令寄存器、指令译码器、程序计数器(PC)、堆栈指针(SP)、数据指针(DPTR)以及信息传送控制部件等。控制部件以振荡信号为基准产生 CPU 工作的时序信号,先从程序存储器(ROM)中取出指令到指令寄存器,然后在指令译码器中对指令进行译码,产生执行指令所需的各种控制信号,送到单片机内部的各功能部件,指挥各功能部件产生相应的操作,完成对应的功能。

控制器由指令寄存器(IR)、指令译码器(ID)、定时及控制逻辑电路和 PC 等组成。PC 是一个 16 位的计数器,它总是存放着下一个要取的指令的 16 位存储单元地址,也就是说,CPU 总是把 PC 的内容作为地址,从内存中取出指令码或含在指令中的操作数,因此,每当取完一个字节后,PC 的内容自动加 1,为取下一个字节做好准备。只有在执行转移、子程序调用指令和中断响应时例外,那时 PC 的内容不再加 1,而是由指令或中断响应过程自动给 PC 置入新的地址。单片机上电或复位时,PC 自动清 0,即装入地址 0000H,这就保证了单片机上电或复位后,程序从 0000H 地址开始执行。

2.3.3 特殊功能寄存器 SFR

MCS-51 单片机内部有 SP、DPTR(可分成 DPH、DPL 两个 8 位寄存器)、PCON、IE、IP 等 21 个 SFR 单元,它们同内部 RAM128B 统一编址,地址范围是 80H～FFH。这些 SFR 只用到了 80H～FFH 中的 21B 单元,且这些单元是离散分布的。52 增强型单片机的 SFR 有 26B 单元,所增加的 5 字节单元均与定时/计数器 2 相关。

2.4   51 系列单片机的存储器结构

51 系列单片机的存储器结构分为 ROM 和数据存储器(RAM)。ROM 是一种写入信息后不易改写的存储器。断电后,ROM 中的信息保留不变。所以,ROM 用来存放程序或常数,如系统监控程序、常数表等。对于 RAM,CPU 在运行时能随时进行数据的写入和读出,但在关闭电源时,RAM 所存储的信息将丢失。所以,RAM 用来存放暂时性的输入输出数据、运算的中间结果或用作堆栈。ROM 和 RAM 从物理结构上可分为片内和片外两种,它们的寻址空间和访问方式也不相同。

2.4.1   程序存储器 ROM

MCS-51 单片机的 PC 是 16 位计数器,所以能寻址 64KB 的 ROM 地址范围。允许用户程序调用或转向 64KB 的任何存储单元,PC 用于控制程序的执行。

51 单片机的 ROM 从物理结构上有片内和片外之分,不同的芯片片内 ROM 的情况不一样。51 单片机使用时必须用 ROM 存放执行的程序,对于内部没有 ROM 的芯片,工作时只能用只读存储器芯片扩展外部 ROM;对于内部带有 ROM 的芯片,根据使用情况,外部可以扩展,也可以不扩展,但内部和外部共用 64KB 的存储空间,51 单片机的 ROM 如图 2-5 所示。MCS-51 在芯片内部有 4KB 的掩模 ROM,87C51 在芯片内部有 4KB 的 EPROM,而 80C31 在芯片内部没有 ROM,应用时要在单片机外部配置一定容量的 EPROM。

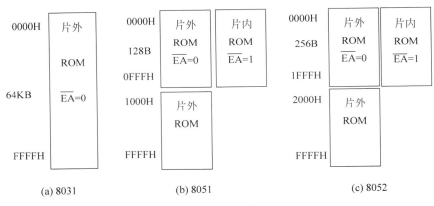

| (a) 8031 | (b) 8051 | (c) 8052 |

图 2-5   51 单片机的 ROM

8031 内部没有 ROM,只能外部扩展 ROM,可扩展 64KB。8051 内部有 4KB ROM,地址范围是 0000H~0FFFH。8052 内部有 8KB ROM,地址范围是 0000H~1FFFH,它的外部也可扩展 ROM,最多可扩展 64KB,但扩展的外部 ROM 低端部分与片内 ROM 地址空间重叠,总空间还是 64KB。由于 51 单片机 ROM 的低地址空间存在片内和片外之分,执行指令时,对于低端地址,是通过芯片上的一个引脚 $\overline{EA}$ 连接的高低电平来区分。$\overline{EA}$ 接低电平,则从片外 ROM 取指令;$\overline{EA}$ 接高电平,则从片内 ROM 取指令。对于 8031 芯片,$\overline{EA}$ 只能保持低电平,指令只能从片外 ROM 取得。

ROM 的 6 个特殊地址,具体情况如图 2-6 所示。第一个是 0000H,单片机复位后 PC 的值为 0000H,复位后从 0000H 单元开始执行程序,0000H 单元放一条绝对转移指令转到后面的用户程序。后面 5 个为中断源的入口地址,51 单片机中断响应后,系统会自动地转移到相应的中断入口地址去执行程序。5 个中断的入口地址之间仅隔 8 个单元,如果存放中断服务程序,往往不够用,所以这里存放一条绝对转移指令,转到相应的中断服务程序,中断服务程序放在用户程序区。5 个中断入口地址之后是用户程序区,用户程序放在从 0100H 开始的区域。

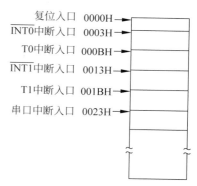

图 2-6 MCS-51ROM 的配置

2.4.2 数据存储器 RAM

RAM 在单片机中用于存取程序执行时所需的数据,它从物理结构上分为片内 RAM 和片外 RAM。这两部分在编址和访问方式上各不相同,其中,片内 RAM 又可分成多个部分,采用多种方式访问。

51 系列单片机的片内 RAM 可分为片内随机存储块和特殊功能寄存器(SFR)块。对于 51 子系列,前者有 128 字节,编址为 00H~7FH;后者也占 128 字节,编址为 80H~FFH;二者连续不重叠。对于 52 子系列,前者有 256 字节,编址为 00H~FFH;后者有 128 字节,编址为 80H~FFH;后者与前者的后 128 字节编址重叠访问时通过不同的指令相区分。片内随机存储块按功能又可以分成以下几部分:工作寄存器组区、位寻址区、一般 RAM 区和堆栈区。具体分配情况如图 2-7 所示。

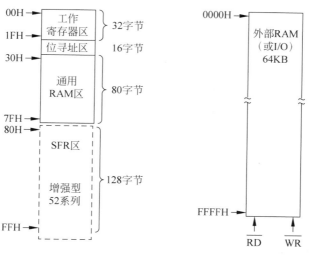

图 2-7 片内 RAM 的分配情况

1. 工作寄存器组区

00H~1FH 单元为工作寄存器组区,共 32 字节。工作寄存器也称为通用寄存器,用于临时寄存 8 位信息。工作寄存器共有 4 组,称为 0 组、1 组、2 组和 3 组。每组 8 个寄存器,依次用 R0～R7 表示和使用。也就是说,R0 可能表示 0 组的第一个寄存器(地址为 00H),也可能表示 1 组的第一个寄存器(地址为 08H),还可能表示 2 组、3 组的第一个寄存器(地址分别为 10H 和 18H)。使用哪一组当中的寄存器由程序状态寄存器(PSW)中的 RS0 和 RS1 来选择。对应关系如图 2-8 所示。

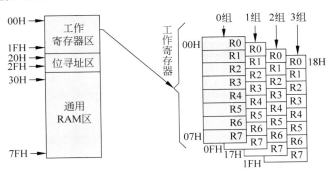

图 2-8　片内工作寄存器分配情况

2. 位寻址区

内部 RAM 的 20H～2FH 单元为位寻址区,共 16 字节,128 位。这 128 位每位都可以按位方式使用,每一位都有一个直接位地址,位地址范围为 00H～7FH。用户编程时常将状态标志、位变量存放在位寻址区。位寻址区也可以作为通用 RAM 按字节使用。它的具体情况如图 2-9 所示。

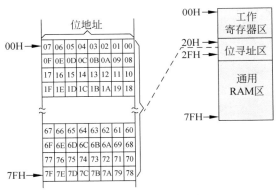

图 2-9　位寻址区地址示意图

3. 一般 RAM 区

位寻址区后面的 30H～7FH 单元是一般 RAM 区,共 80 字节,为用户 RAM 区,对于 52 子系列,一般 RAM 区为 30H～0FFH 单元。对于前两区域中未用的单元,也可作为用户 RAM 单元使用。这些单元可以作为数据缓冲器使用。这一区域的操作指令非常丰富,数据处理方便灵活。需在通用 RAM 区设置堆栈,MCS-51 的堆栈一般设在 30H～7FH 单元。栈顶的位置由堆栈指针(SP)指示。复位时 SP 的初值为 07H,在系统初始化时用户可以重新设置。

4. 堆栈与堆栈指针

堆栈是在存储器中按"先入后出、后入先出"的原则进行管理的一段存储区域,通过 SP

管理。堆栈主要是为子程序调用和中断调用而设立的,用于保护断点地址和保护现场状态。无论是子程序调用还是中断调用,调用完后都要返回调用位置,因此调用时,应先把当前的断点地址送入堆栈保存,以便以后返回时使用。对于嵌套调用,先调用的后返回,后调用的先返回,刚好用堆栈就可以实现。

堆栈有入栈和出栈两种操作,入栈时,先改变 SP,再送入数据;出栈时,先送出数据,再改变 SP。根据入栈方向,堆栈一般分两种:向上生长型和向下生长型。向上生长型堆栈入栈时,SP 指针先加 1,指向下一个高地址单元,再把数据送入当前 SP 指针指向的单元;出栈时,先把 SP 指针指向单元的数据送出,然后再把 SP 指针减 1,数据是向高地址单元存储的,如图 2-10 所示。

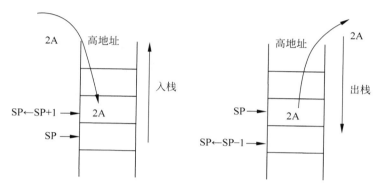

图 2-10　向上生长型堆栈

MCS-51 单片机堆栈是向上生长型,位于片内随机存储块中,SP 为 8 位,入栈和出栈数据是以字节为单位的。复位时,SP 的初值为 07H,因此复位时堆栈实际上是从 08H 开始。当然在实际使用时,堆栈最好避开使用工作寄存器、位寻址区等,在 MCS-51 单片机中可以通过给 SP 赋值的方式来改变堆栈的初始位置。

5. 特殊功能寄存器

特殊功能寄存器(SFR)也称为专用寄存器,专门用于控制、管理片内算术逻辑部件、并行 I/O 接口、串行口、定时/计数器、中断系统等功能模块的工作,如表 2-2 所示。在 MCS-51 单片机中设置了与片内 RAM 统一编址的 18 个 SFR,离散地分布在 80H～FFH 的地址空间中。字节地址能被 8 整除的(即十六进制的地址码尾数为 0 或 8 的)单元是具有位地址的寄存器。在 SFR 地址空间中,有效的位地址共有 83 个,与片内随机存储块统一编址。除 PC 外,51 子系列有 18 个 SFR,其中 3 个为双字节,共占用 21 字节。

表 2-2　特殊功能寄存器

特殊功能寄存器名称	符号	地址	位地址与位名称							
			D7	D6	D5	D4	D3	D2	D1	D0
P0 口	P0	80H	87	86	85	84	83	82	81	80
堆栈指针	SP	81H								
数据指针低字节	DPL	82H								

续表

特殊功能寄存器名称	符号	地址	位地址与位名称							
			D7	D6	D5	D4	D3	D2	D1	D0
数据指针高字节	DPH	83H								
定时/计数器控制	TCON	88H	TF1 8F	TR1 8E	TF0 8D	TR0 8C	IE1 8B	IT1 8A	IE0 89	IT0 88
定时/计数器工作方式	TMOD	89H	GATE	C/T	M1	M0	GAME	C/T	M1	M0
定时/计数器0低字节	TL0	8AH								
定时/计数器0高字节	TH0	8BH								
定时/计数器1低字节	TL1	8CH								
定时/计数器1高字节	TH1	8DH								
P1口	P1	90H	97	96	95	94	93	92	91	90
电源控制	PCON	97H	SMOD	—	—	—	GF1	GF0	PD	IDL
串行口控制	SCON	98H	SM0 9F	SM1 9E	SM0 9D	REN 9C	TB8 9B	RB8 9A	TI 99	RI 98
串行口数据	SBUF	99H								
P2口	P2	A0H	A7	A6	A5	A4	A3	A2	A1	A0
中断允许控制	IE	A8H	EA AF	—	ET2 AD	ES AC	ET1 AB	EX1 AA	ET0 A9	EX0 A8
P3口	P3	B0H	B7	B6	B5	B4	B3	B2	B1	B0
中断优先级控制	IP	B8H	—	—	PT2 BD	PS BC	PT1 BB	PX1 BA	PT0 B9	PX0 B8
程序状态寄存器	PSW	D0H	CY D7	AC D6	F0 D5	RS1 D4	RS0 D3	OV D2	 D1	P D0
累加器(ACC)	A	E0H	E7	E6	E5	E4	E3	E2	E1	E0
寄存器B	B	F0H	F7	F6	F5	F4	F3	F2	F1	F0

1）CPU专用寄存器（3个）

ACC,8位。它是MCS-51单片机中最繁忙的寄存器,用于向ALU提供操作数,许多运算的结果也存放在ACC中;

寄存器B,8位。主要用于乘、除法运算,也可以作为RAM的一个单元使用;

PSW,8位。其各位含义为CY:进位、借位标志,有进位、借位时CY＝1,否则CY＝0;AC:辅助进位、借位标志(高半字节与低半字节间的进位或借位);F0:用户标志位,由用户自己定义;RS1,RS0:当前工作寄存器组选择位;OV:溢出标志位,有溢出时OV＝1,否则OV＝0;P:奇偶标志位。存于ACC中的运算结果有奇数个1时P＝1,否则P＝0。

2）指针类寄存器（2个）

SP,8位。它总是指向栈顶。

数据指针(DPTR),16位。用来存放16位的地址。它由两个8位的寄存器DPH和DPL组成。间接寻址或变址寻址可对片外的64KB范围的RAM或ROM的数据进行操作。

3）并行接口寄存器（4个）

并行I/O接口P0、P1、P2、P3,均为8位。通过对这4个寄存器的读写,可以实现数据从相应接口的输入输出。

4) 串行接口寄存器(3个)

串行接口数据缓冲器(SBUF);

串行接口控制寄存器(SCON);

串行通信波特率倍增寄存器(PCON)(一些位还与电源控制相关,所以又称为电源控制寄存器)。

5) 中断系统寄存器(2个)

中断允许控制寄存器(IE);

中断优先级控制寄存器(IP)。

6) 定时/计数器相关的寄存器(4个)

定时/计数器 T0 的两个 8 位计数初值寄存器 TH0、TL0,它们可以构成 16 位的计数器,TH0 存放高 8 位,TL0 存放低 8 位;定时/计数器 T1 的两个 8 位计数初值寄存器 TH1、TL1,它们可以构成 16 位的计数器,TH1 存放高 8 位,TL1 存放低 8 位;定时/计数器的工作方式寄存器(TMOD);定时/计数器的控制寄存器(TCON)。

注意:对于片内 RAM 的各个部分,SFR 和通用数据区的编址是统一的。增强型单片机 80C52 片内增加了 80H~FFH 的高 128B 的 RAM。增加的这一部分 RAM 地址和 SFR 地址有重叠部分,仅能采用间接寻址方式访问,SFR 的地址用直接访问方式。在表 2-2 中,带有位名称或位地址的 SFR,既能按字节方式处理,也能按位方式处理。因此在访问它们时,可按它们各自特有的方法访问,也可按统一的方法访问。编址及访问方式如图 2-11 所示。

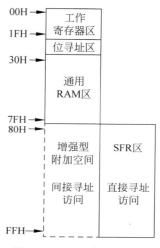

图 2-11　SFR 编址示意图

2.5　51 系列单片机的并行接口

MCS-51 系列单片机有 4 个 8 位的并行 I/O 接口:P0、P1、P2 和 P3。它们是特殊功能寄存器中的 4 个。这 4 个接口,既可以作输入,也可以作输出;既可按 8 位处理,也可按位方式使用。输出时具有锁存能力,输入时具有缓冲功能。每个接口的具体功能有所不同。

P0、P1、P2、P3 接口的输入和输出电平与 CMOS 电平和 TTL 电平均兼容。P0 接口的每一位接口线可以驱动 8 个 LSTTL 负载。在作为通用 I/O 接口时,由于输出驱动电路是开漏方式,由集电极开路(OC 门)电路或漏极开路电路驱动时需外接上拉电阻;当作为地址/数据总线使用时,接口线输出不是开漏的,无须外接上拉电阻。

P1、P2、P3 接口的每一位都能驱动 4 个 LSTTL 负载。它们的输出驱动电路设有内部上拉电阻,所以可以方便地由集电极开路(OC 门)电路或漏极开路电路所驱动,而无须外接上拉电阻。由于单片机接口线仅能提供几毫安的电流,当作为输出驱动一般的晶体管的基极时,应在接口与晶体管的基极之间串接限流电阻。

1. P0 口

P0 口是一个三态双向口,可作为地址/数据分时复用接口,也可作为通用的 I/O 接口。P0 由一个输出锁存器、两个三态缓冲器、输出驱动电路和输出控制电路组成。

但当 P0 口作通用 I/O 接口时,应注意以下两点。

(1) 在输出数据时,必须外接上拉电阻。

(2) P0 口作为通用 I/O 接口输入使用时,在输入数据前,应先向 P0 口写"1"。P0 口的输出级具有驱动 8 个 LSTTL 负载的能力,输出电流不大于 $800\mu A$。

2. P1 口

P1 口是准双向口,它只能作通用 I/O 接口使用。P1 的结构与 P0 口不同,它的内部有上拉电阻,其输入输出原理特性与 P0 口作为通用 I/O 口使用时一样,当它输出时,可以提供电流负载,不必像 P0 口那样需要外接上拉电阻。P1 口具有驱动 4 个 LSTTL 负载的能力。

3. P2 口

P2 口也是准双向口,它有两种用途:通用 I/O 接口和高 8 位地址线。P2 口也具有输入、输出、端口操作三种工作方式,负载能力也与 P1 口相同。

4. P3 口

P3 口除了作为准双向通用 I/O 接口使用外,它的每一根线还具有第二种功能。

P3 口的第二功能如下:

- P3.0:RXD(串行接口输入);
- P3.1:TXD(串行接口输出);
- P3.2:INT0(外部中断 0 输入);
- P3.3:INT1(外部中断 1 输入);
- P3.4:T0(定时/计数器 0 的外部输入);
- P3.5:T1(定时/计数器 1 的外部输入);
- P3.6:WR(片外数据存储器"写"选通控制输出);
- P3.7:RD(片外数据存储器"读"选通控制输出)。

P3 口相应的接口线处于第二功能,应满足的条件是:

(1) 串行 I/O 接口处于运行状态(RXD、TXD);

(2) 外部中断已经打开(INT0、INT1);

(3) 定时/计数器处于外部计数状态(T0、T1);

(4) 执行读/写外部 RAM 的指令(RD、WR)。

单片机的引脚除了电源线、复位线、时钟输入以及用户 I/O 接口外,其余的引脚都是为了实现系统扩展而设置的。这些引脚构成了片外地址总线、数据总线和控制总线三总线形式。

(1) 地址总线。地址总线宽度为 16 位,由 P0 口经地址锁存器提供低 8 位(A7～A0),P2 口提供高 8 位(A15～A8)而形成。可对片外程序存储器和片外数据存储器寻址,寻址范围都为 64KB。

(2) 数据总线。数据总线宽度为 8 位,由 P0 口直接提供。

(3) 控制总线。控制总线由第二功能状态下的 P3 口和 4 根独立的控制线 RST、EA、ALE 和 PSEN 组成。

2.6 51 系列单片机的复位

单片机的工作方式包括复位方式、程序执行方式、单步执行方式、掉电和节电方式以及 EPROM 编程和校验方式。计算机在启动运行时都需要复位,复位是使 CPU 和内部其他部件处于一个确定的初始状态,从这个初始状态开始工作。

MCS-51 单片机有一个复位引脚 RST,高电平有效。在时钟电路工作以后,当外部电路使得 RST 端出现两个以上机器周期的高电平时,系统内部复位。复位有两种方式:上电复位和按钮复位,如图 2-12 所示。

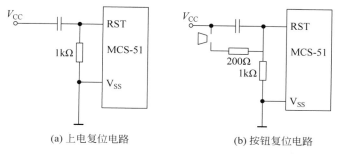

图 2-12 MCS-51 复位电路

只要 RST 保持高电平,MCS-51 单片机将循环复位。复位期间,ALE、PSEN 输出高电平。RST 从高电平变为低电平后,PC 指针变为 0000H,使单片机从程序存储器地址为 0000H 的单元开始执行程序。复位后,内部寄存器的初始内容如表 2-3 所示。当单片机执行程序出错或进入死循环时,也可按复位按钮重新启动。

表 2-3 复位后内部寄存器的初始内容

特殊功能寄存器	初 始 内 容	特殊功能寄存器	初 始 内 容
A	00H	TCON	00H
PC	0000H	TL0	00H
B	00H	TH0	00H
PSW	00H	TL1	00H
SP	07H	TH1	00H
DPTR	0000H	SCON	00H
P0~P3	FFH	SBUF	XXXXXXXXB
IP	XX000000B	PCON	0XXX0000B
IE	0X000000B	TMOD	00H

2.7 51 系列单片机的时序

单片机的工作过程是完成程序中各条指令的功能的过程,各指令的执行在时间上有严格的次序,这种操作的时间次序称作时序。单片机时序是指单片机执行指令时应发出的各类信号的时间序列,这些信号在时间上的相互关系就是 CPU 的时序。每执行一条指令,CPU 的控制器都产生一系列特定的控制信号,不同的指令产生的控制信号不一样。它是一系列具有时间顺序的脉冲信号,为单片机芯片内部各种操作提供时间基准。

MCS-51 单片机的时钟信号通常由两种方式产生:一是内部时钟方式;二是外部时钟方式。内部时钟方式如图 2-13(a)所示。在 MCS-51 单片机内部有一振荡电路,只要在单片机的 XTAL1 和 XTAL2 引脚外接晶振,就构成了自激振荡器并在单片机内部产生时钟脉冲信号。图中电容器 C_1 和 C_2 的作用是稳定频率和快速起振,电容值为 5~30pF,典型值为 30pF。晶振 CYS 的振荡频率范围在 1.2~12MHz 间选择,典型值为 12MHz 和 6MHz。对外接电容值没有严格要求,但电容的大小会影响振荡频率、振荡器的稳定性和起振的速度。在设计印刷电路板时,应使晶体和电容尽可能与单片机靠近,以保证稳定可靠。外部时钟方式如图 2-13(b)所示,是把外部已有的时钟信号引入到单片机内,此方式常用于多片MCS-51 单片机同时工作,以便于各单片机的同步。

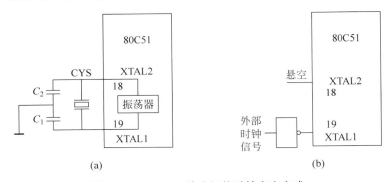

图 2-13　MCS-51 单片机的时钟产生方式

2.7.1　时钟周期、机器周期和指令周期

如图 2-14 所示,晶振信号经分频器后形成状态信号 P1 和 P2。时钟信号的周期也称为S 状态,它是晶振周期的两倍,即一个时钟周期包含 2 个晶振周期。在每个时钟周期的前半周期,P1 信号有效,在每个时钟周期的后半周期,P2 信号有效。每个时钟周期有两个节拍P1 和 P2,CPU 以 P1 和 P2 为基本节拍指挥各个部件协调地工作。

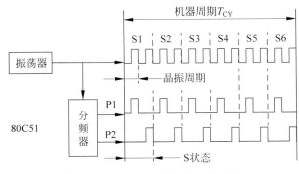

图 2-14　MCS-51 单片机时钟信号

(1) 时钟周期(晶振周期)。时钟周期也称为晶振周期,定义为时钟脉冲的倒数,时钟周

期就是单片机外接晶振的频率倒数,例如 12MHz 的晶振,它的时间周期就是 $1/12\mu s$,是计算机中最基本的时间单位。

（2）状态周期。状态周期是时钟周期的两倍,是对振荡频率二分频的信号。状态周期用 S 表示。一个状态周期分为 P1 和 P2 两个节拍。P1 节拍完成算术逻辑操作,P2 节拍完成内部寄存器间数据的传递。

（3）机器周期。机器周期是单片机的基本操作周期,每个机器周期包含 S1,S2,…,S6 这 6 种状态,每个状态包含两个节拍 P1 和 P2,每一个节拍为一个时钟周期（晶振周期）。因此,一个机器周期包含 12 个时钟周期。依次可表示为 S1P1,S1P2,S2P1,S2P2,…,S6P1,S6P2。

（4）指令周期。计算机从读取一条指令开始,到执行完该指令所需要的时间称为指令周期。不同的指令,指令长度不同,指令周期也不一样。但指令周期以机器周期为单位。51 单片机指令根据指令长度和执行周期可分为单字节单周期指令、单字节双周期指令、双字节单周期指令、双字节双周期指令、三字节双周期指令以及单字节四周期指令。MCS-51 单片机的指令周期通常由 1～4 个机器周期组成。下面举例说明 MCS-51 单片机执行一条指令所需的时间。

MCS-51 单片机的指令按执行时间可以分为三类：单周期指令、双周期指令和四周期指令（四周期指令只有乘、除两条指令）。

时钟周期、状态周期、机器周期和指令周期均是单片机时序单位。机器周期常用作计算其他时间（如指令周期）的基本单位。如晶振频率为 12MHz 时机器周期为 $1\mu s$,指令周期为 1～4 个机器周期,即 1～4μs。

【例 2-2】　已知晶振频率分别为 6MHz、12MHz,试分别计算它们的机器周期和指令周期。

【解】　当晶振频率为 6MHz 时,

机器周期＝状态周期×6＝晶振周期×2×6＝$(1/6\mu s)$×2×6＝$2\mu s$

指令周期＝1～4 个机器周期＝2～8μs

当晶振频率为 12MHz 时,

机器周期＝状态周期×6＝晶振周期×2×6＝$(1/12\mu s)$×2×6＝$1\mu s$

指令周期＝1～4μs

2.7.2　几种典型的取指令执行时序

单片机在程序的控制下,一步一步地完成程序中规定的任务。而程序是由一条条指令组成的,执行程序就意味着执行指令。要弄清程序的执行过程,不妨了解指令的执行过程。执行一条指令包括将指令从 ROM 中取出,然后执行。从时序的概念来讲,就是取指令时序和执行时序。

尽管 MCS-51 单片机有 111 条指令,但从取指令/执行时序的角度来分析,只存在几种形式的时序关系。下面介绍 MCS-51 单片机几种典型的取指令/执行时序,如图 2-15 所示。

OSC：振荡器信号。

S1～S6：机器周期的 6 个 S 状态。

ALE：单片机的输出信号。

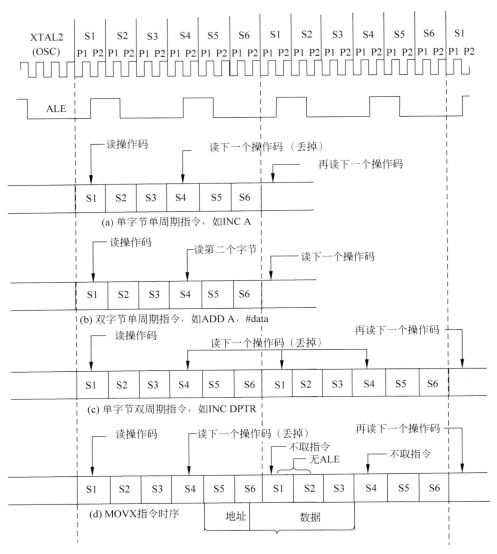

图 2-15　CMS-51 单片机取指令执行时序图

每个机器周期有两次 ALE 有效，第一次发生在 S1P2 和 S2P1 期间；第二次发生在 S4P2 和 S5P1 期间。信号的有效宽度为一个 S 状态。每次 ALE 有效时，CPU 就进行一次取指令操作，即在一个机器周期内，进行两次取指令操作。

（1）单字节单周期指令。单字节单周期指令的指令的长度为 1 字节，指令的执行时间为一个机器周期。单字节单周期指令在机器周期的 S1 状态即第一次 ALE 有效时执行取指操作，读取操作码，在 S4 状态时即第二次 ALE 有效时还要读取下一个操作码，因为是单字节指令，所以第二次读取的操作码被丢掉，且 PC 不加 1。在 S6P2 结束时完成此指令的全部操作。如图 2-15(a)所示。

（2）双字节单周期指令。双字节单周期指令的指令长度为 2 字节，指令的执行时间为一个机器周期。双字节单周期指令与单字节单周期指令的区别是在一个机器周期内，双字节单周期指令的两次读取操作均有效。二者相同之处是均在一个周期内完成指令的全部操作,如图 2-15(b)所示。

(3)单字节双周期指令。单字节双周期指令的指令长度为 1 字节,指令的执行时间为两个机器周期。单字节双周期指令与单字节单周期指令的区别是执行时间增加了一个机器周期。第一个机器周期的 S4 状态和第二个机器周期的 S1、S4 状态的读取操作均被丢掉,且 PC 均不增量,在第二个机器周期的 S6P2 状态完成指令的全部操作,如图 2-15(c)所示。

(4)访问外部数据存储器指令 MOVX 时序。MOVX 是一条单字节双周期指令,它与一般单字节双周期指令的时序有些不同,它在第一个机器周期的 S1 状态读取操作码,在 S4 状态读取的下一个操作码被丢掉,在 S5 状态开始送出片外数据存储器的地址后,进行读写数据。此时 ALE 无信号输出,因此在第二个机器周期的 S1、S4 状态不产生取指操作;在第二个机器周期的 S6P2 状态完成指令的全部操作,如图 2-15(d)所示。

2.7.3 访问外部 ROM 的时序

若从外部 ROM 中读取指令,需要 ALE 信号和控制信号 $\overline{\text{PSEN}}$,此外,还要用到 P0 口和 P2 口,P0 口分时用作低 8 位地址总线和数据总线,P2 口用作高 8 位地址总线。相应的时序图如图 2-16 所示。过程描述如下。

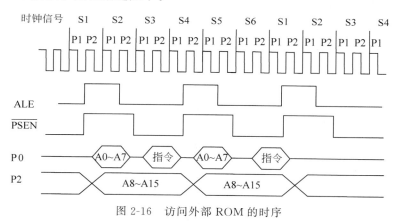

图 2-16 访问外部 ROM 的时序

在 S1P2 时刻 ALE 信号有效。在 P0 口送出 ROM 地址低 8 位,在 P2 口送出 ROM 地址高 8 位。A0~A7 只持续到 S2P2 结束,故在外部要用锁存器加以锁存,用 ALE 作为锁存信号。A8~A15 在整个读指令过程都有效,不必再接锁存器。到 S2P2 前 ALE 失效。在 S3P1 时刻 $\overline{\text{PSEN}}$ 开始低电平有效,用它来选通外部 ROM 的使能端,所选中 ROM 单元的内容,即指令,从 P0 口读入 CPU,然后 $\overline{\text{PSEN}}$ 失效。在 S4P2 后开始第 2 次读入,过程与第 1 次相同。

2.7.4 访问外部 RAM 的时序

访问外部 RAM,从 RAM 中读和写操作时,控制信号有 ALE、$\overline{\text{PSEN}}$ 和 $\overline{\text{RD}}$(读)/$\overline{\text{WR}}$(写)。P0 口和 P2 口在取指阶段用来传送 ROM 地址和指令,而在执行阶段,传送 RAM 地址和读写的数据。如图 2-17 所示为访问外部 RAM 的时序。

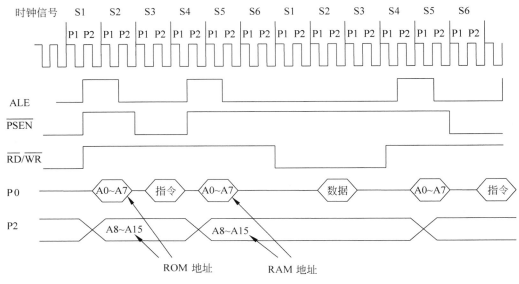

图 2-17　访问外部 RAM 的时序

从第一次 ALE 有效到第二次 ALE 有效之间的过程,是与读外部 ROM 过程一样的,即 P0 口送出 ROM 单元低 8 位地址,P2 口送出高 8 位地址,然后在 PSEN 有效后,读入 ROM 单元的内容。第二次 ALE 有效后,P0 口送出 RAM 单元的低 8 位地址,P2 口送出 RAM 单元的高 8 位地址。第二个机器周期的第一次 ALE 信号不再出现,PSEN 此时也保持高电位(无效),而在第二个机器周期的 S1P1 时 RD(读)信号开始有效,可用来选通 RAM 芯片,然后从 P0 口读出 RAM 单元的数据。第二机器周期的第二次 ALE 信号仍然出现,也进行一次外部 ROM 的读操作,但仍属于无效的操作。若是对外部 RAM 进行写操作,则应用 WR (写)信号来选通 RAM 芯片,其余的过程与读操作是相似的。

在对外部 RAM 进行读写时,ALE 信号也用来对外部的地址锁存器进行选通,但这时的 ALE 信号在出现两次之后,将停发一次,呈现非周期性,因而不能用来作为其他外设的定时信号。

2.8　本章小结

MCS-51 单片机是英特尔公司生产的一个单片机系列名称。其他厂商以 8051 为基核开发出的 CHMOS 工艺单片机产品统称为 MCS-51 系列单片机。MCS-51 单片机在功能上分为基本型和增强型,在制造上采用 CHMOS 工艺。在片内程序存储器的配置上有掩模 ROM、EPROM 和 Flash,无片内程序存储器等形式。MCS-51 单片机由微处理器、存储器、I/O 接口以及特殊功能寄存器 SFR 构成。MCS-51 单片机的时钟信号有内部时钟方式和外部时钟方式两种。内部的各种微操作都以晶振周期为时序基准。晶振信号二分频后形成两相错开的时钟信号 P1 和 P2,12 分频后形成机器周期。一个机器周期包含 12 个晶振周期。指令的执行时间称作指令周期。

MCS-51 单片机的存储器在物理上设计成程序存储器和数据存储器两个独立的空间。片内程序存储器容量为 4KB,片内数据存储器容量为 128B。MCS-51 单片机有 4 个 8 位的并行 I/O 接口:P0、P1、P2 和 P3。各接口均由接口锁存器、输出驱动器和输入缓冲器组成。P1 口是唯一的单功能口,仅能用作通用的数据输入输出接口。P3 接口是双功能接口,除具有数据输入输出功能外,每一条接口线还具有不同的第二功能,如 P3.0 是串行输入接口线,P3.1 是串行输出接口线。在需要外部程序存储器和数据存储器扩展时,P0 口作为分时复用的低 8 位地址/数据总线,P2 口作为高 8 位地址总线。

单片机的复位操作使单片机进入初始化状态。复位后,PC 内容为 0000H,P0~P3 口内容为 FFH,SP 内容为 07H,SBUF 内容不定,IP、IE 和 PCON 的有效位为 0,其余的特殊功能寄存器的状态均为 00H。

习题

1. MCS-51 单片机由哪几部分组成?

2. MCS-51 的标志寄存器有多少位? 各位的含义是什么?

3. 在 MCS-51 的存储器结构中,内部数据存储器可分为几个区域? 各有什么特点?

4. 什么是堆栈? 说明 MCS-51 单片机的堆栈处理过程。

5. 简述内部 ROM 的工作寄存器组情况,系统默认是第几组?

6. 51 单片机的程序存储器 64KB 空间在使用时有哪几个特殊地址?

7. 简述什么是 51 单片机的特殊功能寄存器?

8. MCS-51 单片机有多少根 I/O 线? 它们与单片机的外部总线有什么关系?

9. 简述 $\overline{PSEN}$、$\overline{EA}$、RST 和 ALE 引脚的功能。

10. 什么是机器周期? 什么是指令周期? MCS-51 单片机的一个机器周期包括多少个时钟周期?

11. 复位的作用是什么? 51 单片机复位有几种方式?

12. 时钟周期的频率为 6MHz,机器周期和 ALE 信号的频率为多少?

第3章

单片机汇编语言程序设计

最早应用于 51 单片机开发与应用的语言是汇编语言。汇编语言的执行速度快,代码短小精炼,且指令的执行周期确定,因此是一种高效的单片机语言。汇编语言也有不足之处:指令复杂、缺乏通用性、不便于程序移植。随着电子技术的发展,汇编语言的使用范围越来越窄,逐渐被 C51 语言所代替。汇编语言的程序是汇编指令的集合,可以用来控制单片机实现特定的任务。51 单片机的汇编语言程序设计与汇编指令集和硬件结构等有很大关系。汇编语言因为操作硬件的能力强而获得了广泛应用。本章对 51 单片机汇编语言程序设计的基本情况进行简单介绍。

3.1 51 系列单片机的汇编指令格式和功能描述符

指令是 CPU 根据人的意图来执行某种操作的命令。一台计算机所能执行的全部指令的集合称为这个 CPU 的指令系统。指令系统的功能强弱在很大程度上决定了这类计算机性能的高低。

MCS-51 系列单片机指令系统具有功能强、指令短、执行快等特点,用 42 个助记符代表 33 种操作功能,共 111 条指令,其中,有 49 条单字节指令、45 条双字节指令和 17 条三字节指令;有 64 条单周期指令、45 条双周期指令,只有乘法、除法两条指令为四周期指令。占字节数多的指令不一定执行时间就长,反之亦然。按指令的功能属性,MCS-51 系列单片机指令可分为数据传送指令、算术运算指令、逻辑操作指令、控制转移指令和位操作指令。本节将对指令格式和指令功能描述符进行介绍和说明。

3.1.1 指令格式

不同的单片机指令可以实现不同的功能,具体格式也不同。但是从总体上分析,每一条指令通常由操作码和操作数两部分组成。操作码表示计算机执行该指令将进行何种操作,

操作数表示参加操作的数或者操作数所在的地址。MCS-51 单片机汇编语言指令的基本格式为

[标号：]操作码助记符 [操作数 1][,操作数 2][,操作数 3]　{；注释}

方括号内的部分可以根据实际情况取舍,每个字段之间可以用分隔符分隔,可以用作分隔符的符号有空格(用于操作码和操作数之间)、冒号(用于标号之后)、逗号(用于操作数之间)、分号(用于注释之前)等。例如,"LOOP：MOV A,♯7FH；A←7FH"的功能是循环将立即数♯7FH 传送到目的操作数累加器 A 中。

具体说明如下：

(1) 标号是指令的符号地址,通常作为转移指令的操作数。对标号有如下规定：

① 由 1～31 个字符组成,要以非数字字符开头,后跟字母、数字、"—"和"?"等字符。

② 不能用已定义的保留字(如指令助记符、伪指令、寄存器名称和运算符等)。

③ 必须后跟英文冒号"："。

(2) 操作码助记符表明指令的不同功能,是汇编语句中唯一不能空缺的部分,汇编器在汇编时会将其翻译成对应的二进制代码。不同的指令有不同的助记符,一般用说明其功能的英文缩写表示。例如,"MOV"表示传送,"ADD"表示加法。三操作数指令只有一条,就是比较转移指令"CJNE",后面的章节会介绍。

(3) 操作数是指令要操作的数据或数据的地址。在一条汇编语句中,操作数可能是空缺的,也可能是多项的。MCS-51 单片机的指令按操作数的多少,可分为无操作数、单操作数、双操作数和三操作数四种指令。例如,"RET"指令是返回调用子程序的下一条指令位置,该指令无操作数；"INC A"的功能是对累加器 A 中的内容加 1,只有一个操作数；而上文提到的"LOOP：MOV A♯7FH ；A←7FH"指令,有两个操作数。操作数的内容可能包含以下几种情况：

① 数据。

二进制数,末尾以 B 标识。如,1111 1000B。

十进制数,末尾以字母 D 标识或将字母 D 省略。如,88D,88。

十六进制数,末尾以字母 H 标识。如,88H,0F8H。此处应该注意,十六进制数以字母 A～F 开头时,应在其前面加上数字 0 引导,以便于汇编器将其与标号或符号名相区分。

ASCII 码以单引号进行标识。如'A','1234'。

② 符号。可以是符号名、标号或特定的符号"$"(该指令的存储地址)等。

③ 表达式。由运算符和数据构成的算式。可用的运算符如表 3-1 所示。

(4) 注释是对语句的解释说明,是编程人员根据需要加上去的,用于对指令进行解释和说明,可以增加程序的可读性,也有助于程序的阅读和维护。对于指令本身的功能而言,是可以不添加的。该字段必须以英文"；"开头,当一行书写不下时,可以换行接着书写,但换行时应注意使用"；"开头。

表 3-1　51 汇编器的运算符及其优先级

优 先 级	运 算 符	功 能	表达式及其结果
高 ↓ 低	( )	括号	4 * (4+4)即 64
	NOT、HIGH、LOW	取反、取高字节、取低字节	NOT 55H 即 AAH；HIGH 1234H 即 12H
	+、−	正号、负号	+3、−4
	*、/、MOD	乘、除(取商)、取余数	17/6 即 2；17/6 即 5
	+、−	加、减	5+4 即 9；5−4 即 1
	SHL、SHR	左移、右移	2 SHL 2 即 8；8 SHR 2 即 2
	AND、OR、XOR	与、或、异或	45H AND 0FH 即 05H
	<、>、=、<>、<=、>=	比较运算符	MOV A,X>8 若 X>8 为真,则为 MOV A,01H；若 X>8 为假,则为 MOV A,00H

注：表达式中含有多个相同优先级运算符时,优先级按"从左到右"顺序确定。

3.1.2　指令功能描述符

MCS-51 单片机汇编指令功能描述符常用以下符号表示：

(1) Rn(n=0～7)：表示当前工作寄存器组中的寄存器 R0～R7 之一；

(2) Ri(i=0,1)：表示当前工作寄存器组中的寄存器 R0 或 R1；

(3) A：累加器,又可写成 ACC；

(4) B：专用寄存器,多用于乘法 MUL、除法 DIV 指令中；

(5) C：表示当前工作寄存器组中的寄存器 R0 或 R1；

(6) @：间接寻址或变址寻址前缀；

(7) ♯data：8 位立即数；

(8) ♯data16：16 位立即数；

(9) rel：以补码形式表示的 8 位地址偏移量,其值在 −128～+127 内；

(10) addr11：11 位直接地址；

(11) addr16：16 位直接地址；

(12) direct：直接寻址的地址(片内 RAM 单元地址及 SFR 地址,可用符号名称表示)；

(13) bit：按位寻址的直接位地址(片内 RAM 位地址及 SFR 中的位地址,可用符号名称表示)；

(14) DPTR：数据指针,作 16 位地址寄存器；

(15) /：表示对该位操作数取反,但不影响该位的原值；

(16) →或←：表示数据传送方向；

(17) (×)：表示×地址单元或寄存器的内容；

(18) ((×))：表示×地址单元或寄存器内容为地址所指定单元的内容；

(19) ↔：表示数据交换；

(20) $：指令自身的首地址,用作跳转指令的自循环地址标号。

3.2　51系列单片机指令的寻址方式

指令由操作码和操作数组成,操作数又分为源操作数和目地操作数。操作数总是存放在某一存储单元中,寻找操作数实际上是寻找操作数所在的单元地址,称为寻址方式,寻址方式取决于单片机自身的硬件结构。总体来说,寻址方式越丰富,单片机的指令功能越强,编程灵活性越大,指令系统也越复杂。寻址方式所要解决的主要问题就是如何在整个存储器和寄存器的寻址空间内,灵活方便、快速地找到指令的操作数。

MCS-51单片机中,操作数的存放范围很宽,可以放在片外ROM/RAM中,也可以放在片内ROM/RAM以及SFR中。为了适应在操作数范围内的寻址,MCS-51单片机指令系统使用了7种寻址方式:立即寻址、直接寻址、寄存器寻址、寄存器间接寻址、变址寻址、相对寻址和位寻址。

3.2.1　立即寻址

操作数是1字节或2字节的常数,直接在指令中给出,用"♯"符号作为前缀,以区别直接寻址方式。在指令编码中,该操作数紧跟在操作码后面,与操作码一起存放在指令代码段(ROM)中,可以立即得到并执行,不需要经过别的途径去寻找,被称为立即数,该寻址方式被称为立即寻址。例如,

```
MOV  A,♯18H
```

该指令的功能是把立即数18H送到累加器A,其中操作数18H为源操作数,是立即数。指令执行后累加器A中的内容为18H。该条指令的操作码为74H,存储和执行过程如图3-1所示。

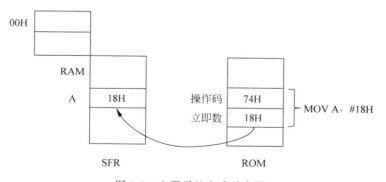

图3-1　立即寻址方式示意图

在MCS-51单片机指令系统中,仅有一条包含16位立即数的指令,形式为"MOV DPTR,♯data16",其中"♯data16"表示16位立即数。例如:指令"MOV　DPTR,♯1234H",其功能是把16位立即数"1234H"传送到寄存器DPTR中,其中高8位"12H"送到DPH,低8位"34H"送到DPL。

因为立即数直接存放在ROM中,所以立即寻址对应的寻址空间为ROM空间。

3.2.2 直接寻址

指令中直接给出操作数所在存储单元的地址。在指令编码中,操作数所在存储单元的地址紧跟在操作码之后,与操作码一起存放在指令代码段中,而操作数本身则存放在该地址所指示的存储单元中。例如,

```
MOV  A,18H
```

该指令的功能是把内部 RAM 中 18H 地址的内容传送到累加器 A 中。如果指令执行前片内数据存储器 18H 单元的内容为 56H,则执行后累加器 A 的内容为 56H。该条指令的操作码为 E5H,存储和执行过程如图 3-2 所示。

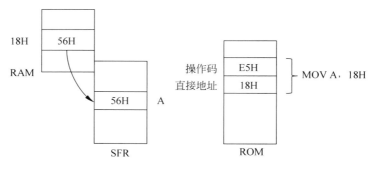

图 3-2　直接寻址方式示意图

直接寻址可访问内部 RAM 低 128 个单元及 SFR 区域。需要注意的是,片内 RAM 高 128 个单元(增强型)必须采用寄存器间接寻址方式访问。对于 SFR,在指令中通常采用寄存器符号来表示操作数所在单元的地址。例如,"MOV A,80H"可以直接写成"MOV A,P0"。这里的"P0"和"80H"是等效的。

3.2.3 寄存器寻址

操作数存放在寄存器中,指令中直接给出该寄存器的名称。存放操作数的寄存器在指令代码中不占据单独的字节,而是包含在操作码字节中,因此该寻址方式的指令为一字节指令。由于寄存器在单片机 CPU 内部,因此采用寄存器寻址的速度相比于其他几种寻址方式要快,可以使程序具有较好的运算处理速度。

在 MCS-51 系列单片机中,寄存器寻址方式针对的寄存器只能是 R0~R7 这 8 个通用工作寄存器和部分特殊功能寄存器(如累加器 A、寄存器 B、数据指针寄存器 DPTR 和位累加器 CY)。在汇编指令中,寄存器寻址在指令中直接提供寄存器的名称,如 R0、R1、A 等。例如,

```
MOV  A,R0
```

该指令的功能是把 R0 中的内容传送到累加器 A 中。如果指令执行前 R0 中的内容为 56H,则指令执行后累加器 A 中的内容为 56H。该条指令的操作码为 E8H,存储和执行过程如图 3-3 所示。

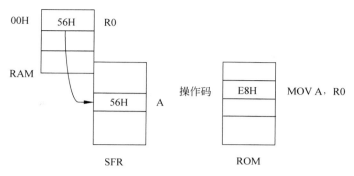

图 3-3 寄存器寻址方式示意图

另外,对于第 0 组工作寄存器,R0 的物理地址为 00H,因此指令"MOV A,00H"和"MOV A,R0"实现的功能是一样的,都是将 00H 单元的内容传送到累加器 A 中。但是两者也是有区别的,前者属于直接寻址,机器码为 E5H、00H,这条指令占用 2 字节;后者属于寄存器寻址,机器码为 E8H,这条指令占用 1 字节。由此可见,同一个功能可以采用不同的指令来实现,而且对于同一个存储单元,若采用不同的形式表示,所对应的寻址方式是不同的。

3.2.4 寄存器间接寻址

指令中给出的寄存器中存放的不是操作数,而是操作数所在单元的地址,类似于 C 语言的指针,即操作数是通过指令中给出的寄存器间接得到的。在 MCS-51 系列单片机中,只能使用寄存器 R0、R1、SP 和 DPTR 作为间接寻址的寄存器。为了区别于寄存器寻址方式,在寄存器的名称前加前缀标志"@"来表示寄存器间接寻址。例如,

```
MOV  A,@R0
```

该指令的功能是把以 R0 中的内容作为地址的片内 RAM 单元的数据传送到累加器 A 中。如果指令执行前 R0 中的内容为 80H,片内 RAM80H 地址单元的内容为 56H,则指令执行后累加器 A 中的内容为 56H。该条指令的操作码为 E6H,存储和执行过程如图 3-4 所示。

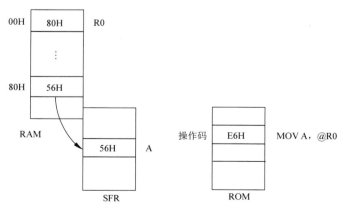

图 3-4 寄存器间接寻址方式示意图

寄存器间接寻址方式的寻址空间为 RAM,并且,

(1) 内部 RAM 低 128 单元,应使用 R0 或者 R1 作为间接寻址寄存器,其通用形式为"@R0"或"@R1"。

(2) 对外部 RAM 单元的间接寻址,一般采用两种方式:采用 Ri(i=0 或 1)作为间接寻址寄存器,可以寻址 256 个单元;或者采用 16 位数据指针 DPTR 作为间接寻址寄存器,可以寻址外部 RAM 完整 64KB 地址空间。

(3) 堆栈操作指令 PUSH 和 POP 使用堆栈指针 SP 作为间接寻址寄存器对堆栈区进行间接寻址。

3.2.5 变址寻址

以 DPTR 或 PC 作为基址寄存器,以累加器 A 作为变址寄存器,并以两者内容相加形成操作数所在单元的地址。在 MCS-51 系列单片机中,用变址寻址方式只能访问 ROM,寻址范围为 0000H~FFFFH,最大存储容量为 64KB。该寻址方式通常用于访问 ROM 中的表格型数据,表首单元的地址为基址,放于基址寄存器,访问的单元相对于表首的位移量为变址,放于变址寄存器,通过变址寻址可得到 ROM 相应单元的数据。例如,

```
MOVC   A,@A + DPTR
```

该指令的功能是把 DPTR 和累加器 A 的内容相加得到的 ROM 中某单元的地址对应单元中的内容传送到累加器 A 中。如果指令执行前,数据指针寄存器 DPTR 的值为 2000H,累加器 A 中的值为 05H,ROM 2005H 单元的内容为 56H,则指令执行后累加器 A 中的内容为 56H。该条指令的操作码为 93H,存储和执行过程如图 3-5 所示。

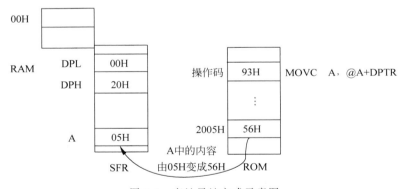

图 3-5 变址寻址方式示意图

需要说明的是,变址寻址的指令只有 3 条:

(1) MOVC   A,@A+DPTR
(2) MOVC   A,@A+PC
(3) JMP   @A+PC

其中,前两条指令是 ROM 读指令,最后一条是无条件跳转指令。

3.2.6 相对寻址

程序计数器 PC 的当前值加上指令中给出的偏移量 rel,所得结果作为转移地址送入 PC

中,即跳向一个新的地址来执行程序。采用该寻址方式进行操作时修改的是 PC 值,因此这种寻址方式用于实现程序的分支跳转。

使用相对寻址时需要注意以下两点。

(1) PC 的当前值为读出 2 字节或者 3 字节的跳转指令后,PC 指向的下一条指令的地址,即 PC 当前地址=相对转移指令所在存储单元的地址+指令字节数。

例如,"JZ rel"是一条累加器 A 为 0 就转移的双字节指令。若该指令的存储地址为2020H,则执行该指令时的 PC 当前值为 2022H。

(2) 偏移量 rel 是一个有符号的 8 位二进制补码数,以补码的形式置于操作码之后存放,范围是−128～+127。负数表示向地址减小的方向转移,正数表示向地址增加的方向转移,目标地址=当前 PC 值+rel=指令存储地址+指令字节数+rel。

例如,rel 为 75H,PSW.7 为 1,指令"JC rel"存放在 ROM 地址 1000H 处开始的单元,即 PC 中的值为 1000H,则执行"JC rel"(指令的机器码为 4075H)指令后,程序跳转到1077H 单元取指令并执行,执行过程如图 3-6 所示。目标地址=当前 PC 值(1000H+02H)+偏移量(75H)=1077H。

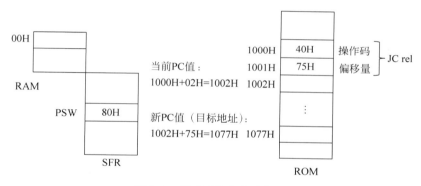

图 3-6 相对寻址方式示意图

实际编写程序时,程序中只需要在转移指令中给出地址标号,汇编过程中编译器会自动计算偏移量 rel,如果 rel 值超越规定的有效范围,会自动给出错误提示。此情况下需要利用跳转范围较大的绝对转移指令(如 AJMP)转移到所需的地址标号。例如,

```
SJPM  LOOP        ;LOOP 为要转向的目标地址标号
```

3.2.7 位寻址

MCS-51 系列单片机中,有一个独立的位处理器,能够进行各种位运算,位运算的操作对象为片内 RAM 的位寻址区和某些可位寻址的 SFR 内的位数据。指令中给出位数据的位地址的寻址方式称为位寻址。位寻址方式属于位的直接寻址,与直接寻址方式不同的是,位寻址只给出位地址,而不是字节地址。需要注意的是,位地址和字节地址的表示形式完全一样,位地址和字节地址是根据指令功能来区分的。如果是位操作指令,则所操作的是位地址,属于字节地址中的某一位;如果是字节操作指令,则所操作的是字节地址,属于整个字节。例如,

```
MOV  C,00H   ; 对位累加器 C 操作,00H 是位地址(属于字节地址 20H 的最低位)
MOV  A,00H   ; 对累加器 A 操作,00H 是字节地址(属于 0 区工作寄存器的 R0)
```

MCS-51 系列单片机内部 RAM 中有两个区域可以位寻址:

(1) 片内 RAM 的 20H～2FH 单元是可以进行位寻址的区域,共 $16 \times 8 = 128$ 位,它们的位地址为 00H～7FH。例如,20H 单元的 0～7 位的位地址为 00H～07H。该区域的可寻址位有两种表示方法:

① 直接使用位地址表示;② 使用单元地址加位序号表示。

例如,位地址 00H 和 20H.0 指的都是片内 RAM 中 20H 单元的第 0 位。编程中常用"位地址"表示方法。

(2) SFR 的可寻址位,可提供位寻址的特殊功能寄存器有 11 个,字节地址能被 8 整除的特殊功能寄存器可以位寻址。该区域的可寻址位有 4 种表示方法。① 使用位名称表示;② 直接使用位地址表示;③ 使用单元地址加位序号表示;④ 使用 SFR 符号加位序号表示。

例如,终端允许寄存器 IE 可寻址位如下:

	D7	D6	D5	D4	D3	D2	D1	D0
(A8H)	AFH	AEH	ADH	ACH	ABH	AAH	A9H	A8H
IE	EA			ES	ET1	EX1	ET0	EX0

其中,最高位是中断允许位,位名称是 EA,直接位地址是 0AFH,单元地址加位序号是 0A8H.7,SFR 符号加位序号是 IE.7。编程中常用"位名称"表示方法。

本节介绍的七种寻址方式及它们所对应的寄存器和寻址空间如表 3-2 所示。

表 3-2　七种寻址方式所对应的寄存器和寻址储空间

寻 址 方 式	使用的变量	寄存器或寻址空间
立即寻址	直接给出数字,无变量	ROM
直接寻址	直接给出变量,无地址	片内 RAM 低 128 字节;SFR
寄存器寻址	R0～R7、A、B、DPTR、位累加器 C	工作寄存器 R0～R7;A、AB、DPTR 和 C;部分 SFR
寄存器间接寻址	@R0、@R1、SP 或@DPTR	片内 RAM 或片外 RAM
变址寻址	@A+DPTR、@A+PC	ROM
相对寻址	PC+偏移变量	ROM
位寻址	直接给出位地址或位符号	片内 RAM 的位寻址区,SFR 的可寻址位

3.3　51 系列单片机的指令系统

51 系列单片机的指令系统共有 111 条指令,按功能不同可以分为 5 大类:

(1) 数据传送指令(29 条):实现存储器赋值、数据转移等功能;

(2) 算术运算指令(24 条):实现数值的加、减、乘、除等运算功能;

(3) 逻辑运算指令(24 条):实现逻辑与、或、异或、移位等功能;

(4) 控制转移指令(17 条):实现程序条件转移、无条件转移等功能;

（5）0位操作指令（17条）：实现位清0、置1、判断等功能，由51单片机内部特有的布尔处理器完成。

3.3.1　数据传送指令

51系列单片机中，数据传送是最基本也是最主要的操作。该操作可以在片内RAM单元和SFR中进行，也可以在累加器A和片外RAM之间进行，还可以到ROM中进行查表，并且除了以累加器A为目的操作数的指令会对PSW中的奇偶标志位P有影响外，其余指令执行时均不会影响任何标志位。因此，数据传送指令是指令系统中数量最多、使用也最频繁的一类指令。数据传送指令共29条，采用7个助记符MOV、MOVX、XCH、XCHD、SWAP、PUSH和POP表示。

数据传送指令可分为三组：普通数据传送指令、数据交换指令和堆栈操作指令。

1. 普通数据传送指令

普通数据传送指令的功能是将源操作数的内容复制到目的操作数所在单元，而源操作数的内容不变。该指令以助记符MOV为基础，根据访问对象的不同，分为片内数据存储器传送指令、片外数据存储器传送指令和程序存储器传送指令。

1）片内数据存储器传送指令MOV

指令格式如下：

MOV 目的操作数,源操作数

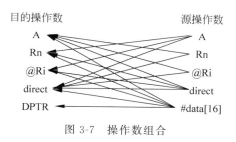

图 3-7　操作数组合

其中，源操作数可以是A、Rn、@Ri、direct、#data[16]，目的操作数可以为A、Rn、@Ri、direct、DPTR。将目的操作数和源操作数按照不同的寻址方式进行组合，组合起来总共16条，如图3-7所示。

基于此，片内数据存储器传送指令按目的操作数的寻址方式，可划分为5组。

（1）以A为目的操作数（4条）：

```
MOV    A,Rn              ; A←Rn
MOV    A,direct          ; A←(direct)
MOV    A,@Ri             ; A←(Ri)
MOV    A,#data           ; A←#data
```

上述指令的功能是将源操作数所指定的工作寄存器Rn（即R0～R7）的内容、直接寻址或寄存器Ri（即R0或R1）寻址所得的片内RAM单元或特殊功能寄存器中的内容以及立即数传送到累加器A中。

上述操作不影响源字节和任何别的寄存器内容，只影响PSW的P标志位。

例如，

```
MOV    A,#55H            ; A←55H
MOV    A,55H             ; A←(55H)
MOV    A,R0              ; A←(R0)
MOV    A,@R0             ; A←((R0))
```

（2）以Rn为目的操作数（3条）：

```
MOV    Rn,A              ; Rn←A
```

```
MOV    Rn,direct        ; Rn←(direct)
MOV    Rn,♯data         ; Rn←♯data
```

上述指令的功能是将源操作数所指定的内容传送到当前工作寄存器组 R0～R7 中的某个寄存器。源操作数有寄存器寻址、直接寻址和立即数寻址 3 种方式。

注意,51 指令系统中没有"MOV　Rn,Rn"传送指令。

例如,

```
MOV    R7,A             ; R7←A
MOV    R7,55H           ; Rn←(55H)
MOV    R7,♯55H          ; Rn←♯55H
```

（3）以直接地址 direct 为目的操作数（5 条）:

```
MOV    direct,A         ; (direct)←A
MOV    direct,Rn        ; (direct)←Rn
MOV    direct,direct    ; (direct)←(direct)
MOV    direct,@Ri       ; (direct)←(Ri)
MOV    direct,♯data     ; (direct)←♯data
```

上述指令的功能是将源操作数指定的内容送到由直接地址 direct 所指定的片内存储单元中。源操作数的寻址方式分别为寄存器寻址、直接寻址、寄存器间接寻址和立即寻址。

注意,"MOV　direct,direct"指令中,源地址在前,目的地址在后。

例如,

```
MOV    30H,A            ; (30H)←A
MOV    30H,R0           ; (30H)←R0
MOV    30H,55H          ; (30H)←(55H)
MOV    30H,@R0          ; (30H)←(R0)
MOV    30H,♯55H         ; (30H)←♯55H
```

（4）以@Ri 为目的操作数（3 条）:

```
MOV    @Ri,A            ; (Ri)←A
MOV    @Ri,direct       ; (Ri)←(direct)
MOV    @Ri,♯data        ; (Ri)←♯data
```

上述指令的功能是将源操作数所指定的内容传送到 Ri(R0 或 R1)内容所指向的地址单元中,源操作数的寻址分别为寄存器寻址、直接寻址和立即寻址。

例如,

```
MOV    @R0,A            ; (Ri)←A
MOV    @R0,55H          ; (Ri)←(55H)
MOV    @R0,♯55H         ; (Ri)←♯55H
```

（5）以 DPTR 为目的操作数（1 条）:

```
MOV    DPTR,♯data16     ; DPTR←♯data16
```

该条指令是 51 单片机指令系统中唯一的一条 16 位数据传送指令,该指令的功能是将 16 位立即数传送到数据指针 DPTR 中。由于 DPTR 是由 DPH 和 DPL 组成的,因此这条

指令执行后要把 data16 的高 8 位数据传送给 DPH,而把低 8 位数据传送给 DPL。例如,

```
MOV   DPTR,♯2345H
```

该指令执行后,DPH 中的值为 23H,DPL 中的值为 45H。

为了实现此功能,我们也可以分别向 DPH 和 DPL 传送数据,即用下面的两条指令实现上述功能。

```
MOV   DPH,♯23H
MOV   DPL,♯45H
```

此时,DPH 和 DPL 是特殊功能寄存器,属于 direct 类型。

综合以上,可以得出 51 单片机 MOV 传送指令中各操作数之间的关系,如图 3-8 所示。

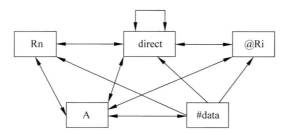

图 3-8　MOV 指令中各操作数之间的关系

需要说明的是,片内数据存储器传送指令 MOV 在使用时应注意,源操作数和目的操作数中的 Rn 和@Ri 不能相互配对,不允许"MOV　Rn,Rn""MOV　@Ri,Rn"这样的指令。在 MOV 指令中,不允许在一条指令中同时出现工作寄存器,无论它是寄存器寻址还是寄存器间接寻址。

【例 3-1】　设(70H)=60H,(60H)=20H,P1 为输入口,状态为 0B7H,执行如下程序:

```
MOV   R0,♯70H
MOV   A,@R0
MOV   R1,A
MOV   B,@R1
MOV   @R0,P1
```

【解】　程序执行后,(R0)=70H,(A)=60H,(R1)=60H,(B)=20H,(70H)=0B7H。

【例 3-2】　把存放在片内 RAM 30H 单元中的数据 00H 送到 60H 单元中(要求最终指令以@Ri 为目的操作数)。

【解】　程序 1:

```
MOV   R1,♯60H        ; (R1) = 60H
MOV   @R1,30H        ; ((R1)) = (60H) = (30H) = 00H
```

程序 2:

```
MOV   R1,♯60H        ; (R1) = 60H
MOV   A,30H          ; (A) = (30H) = 00H
MOV   @R1,A          ; ((R1)) = (60H) = (A) = (30H) = 00H
```

2）片外数据存储器传送指令 MOVX

51 指令系统中，只能通过累加器 A 与片外数据存储器进行数据传送，且采用@Ri 和 @DPTH 寄存器间接寻址的方式完成。该类指令的助记符为 MOVX，共有 4 条，分别为

```
MOVX    A,@DPTR          ; A←(DPTR)
MOVX    @DPTR,A          ; (DPTR)←A
MOVX    A,@Ri            ; A←(Ri)
MOVX    @Ri,A            ; (Ri)←A
```

其中，前两条指令通过@DPTR 间接寻址，可以对整个 64KB 片外数据存储器访问。高 8 位地址放在 DPH 中，由 P2 口输出，低 8 位地址放在 DPL 中，由 P0 口输出。后两条指令通过 @Ri 间接寻址，只能对片外数据存储器的低 256 字节访问，高 8 位地址放在 Ri(R1 或 R0) 中，由 P0 口输出，此时如果访问超过 256 字节的外部 RAM 空间，需利用 P2 口确定高 8 位地址（也称页地址）。

值得说明的是，片外扩展的 I/O 接口也要利用这 4 条指令进行数据输入和输出。

【例 3-3】　试写出完成以下功能的程序：

① 将片内 RAM 60H 单元中的内容送入片外 RAM 40H 单元中。

② 将片外 RAM 2000H 单元中的内容送到片内 RAM 20H 单元中。

③ 将片外 RAM 2010H 单元中的内容送到片外 RAM 2020H 单元中。

【解】　程序如下：

```
①  MOV     A,60H
    MOV     R0,#40H
    MOVX    @R0,A
②  MOV     DPTR,#2000H
    MOVX    A,@DPTR
    MOV     20H,A
③  MOV     P2,#20H
    MOV     R0,#10H
    MOVX    A,@R0
    MOV     R1,#20H
    MOVX    @R1,A
```

3）程序存储器传送指令 MOVC

通常 ROM 中可以存放两类内容：一是单片机执行的程序代码；二是一些固定不变的常数（如表格数据、字符代码等）。访问 ROM 实际就是读取 ROM 常数表中的数据，简称查表，而访问 ROM 的数据传送指令被称为查表指令。该指令必须通过累加器 A 采用变址寻址的方法来完成，共有两条指令：

```
MOVC    A,@A+DPTR           ; A←(A+DPTR)
MOVC    A,@A+PC             ; A←(A+PC)
```

此两条指令主要用于对存放在 ROM 中常数表的查找。由于偏移量在 A 中，故常数表长度不超过 256B。利用上面第 1 条指令查表时，表头地址由 DPTR 指定，所以常数表易于放置在 64KB 的任意位置，称为远程查表指令；利用第 2 条指令查表时，常数表放在该指令后的 256B 空间查表，称为近程查表指令。

对于近程查表指令应该注意,PC 的内容是指取出该条指令字节后的 PC 值,与远程查表指令相比,该指令无须 DPTR 参与(节省资源),也没有影响 PC 的内容。

2. 数据交换指令

普通数据传送指令实现将源操作数的数据传送到目的操作数,指令执行后,源操作数不变,数据传送是单向的。数据交换指令是把数据双向传送,传送后,前一个操作数原来的内容传送到后一个操作数中,后一个操作数原来的内容传送到前一个操作数中。数据交换指令又分为字节交换指令和半字节交换指令两种。

(1) 字节交换指令包含以下 3 条:

```
XCH    A,Rn                    ;A < = > Rn
XCH    A,direct                ;A < = > (direct)
XCH    A,@Ri                   ;A < = > (Ri)
```

这 3 条指令的功能是将累加器 A 中的数据与源操作数中的数据进行交换。

(2) 半字节交换指令包含以下 2 条:

```
XCHD   A,@Ri                   ;A_{0~3} < = > (Ri)_{0~3}
SWAP   A                       ;A_{0~3} < = > A_{4~7}
```

第 1 条指令的功能是将累加器 A 的低 4 位(低半字节)与间接寄存器所指向的地址单元中的低 4 位内容互换,而各自的高 4 位(高半字节)内容保持不变。

第 2 条指令的功能是将累加器 A 内部的高 4 位与低 4 位的内容互换。

值得说明的是,数据交换指令要求第一个操作数必须为累加器 A。

【例 3-4】　已知 R0=30H,(30H)=4AH,A=28H,试分析下列指令执行的结果:

① XCH A,@R0
② XCHD A,@R0
③ SWAP A

【解】　①执行后 A=4AH,(30H)=28H;②执行后 A=2AH,(30H)=48H;③执行后 A=82H。

3. 堆栈操作指令

堆栈是片内 RAM 中按"先进后出,后进先出"原则设置的专用存储区。此区域一端固定,称为栈底;另一端是活动的,称为栈顶,栈顶的位置(地址)由指针 SP 指示(即 SP 的内容是栈顶的地址)。在 MCS-51 单片机中,堆栈设置在片内 RAM 的低 128 字节单元,且生长方向是向上(地址增大)的。系统复位时,SP 的内容为 07H。通常,用户应在系统初始化时对 SP 重新设置。SP 的值越小,堆栈的深度越深。

堆栈主要用于子程序调用时保护返回地址,或者用于保护子程序调用之前的某些重要数据(即保护现场)。

堆栈操作指令有 2 条:

```
PUSH   direct                 ;SP←SP + 1,SP←(direct)
POP    direct                 ;(direct)←SP,SP←SP - 1
```

其中,PUSH 为入栈指令,POP 为出栈指令。操作时以字节为单位。入栈时,SP 指针先加

1,再入栈；出栈时,内容先出栈,SP指针再减1。通常情况下,入栈指令和出栈指令是成对出现的。用堆栈保护数据时,先入栈的内容后出栈；后入栈的内容先出栈。例如,

若入栈保存时,入栈的顺序为

```
PUSH   A
PUSH   B
```

则出栈的顺序为

```
POP    B
POP    A
```

【例 3-5】 　用堆栈指令实现 RAM 10H 和 20H 中的内容交换,设(10H)＝12H,(20H)＝34H。

【解】 　程序如下：

```
MOV    SP,♯6FH           ;设置堆栈指针指向6FH
PUSH   10H               ;SP←SP+1,SP=70H,(71H)=12H
PUSH   20H               ;SP←SP+1,SP=71H,(71H)=34H
POP    10H               ;(10H)=34H,SP←SP-1,SP=70H
POP    20H               ;(20H)=12H,SP←SP-1,SP=6FH
```

3.3.2　算术运算指令

算术运算指令可以完成加、减、乘、除、加1、减1和十进制调整,共24条。这些指令的操作数都是8位无符号数,不能直接对有符号数和16位数据进行运算。算术运算指令的执行一般会影响程序状态字 PSW 中的一些标志位。

1. 加法指令

加法指令有不带进位的加法指令、带进位的加法指令和加1指令。

(1) 不带进位的加法指令 ADD

```
ADD    A,Rn              ;A←A+Rn
ADD    A,direct          ;A←A+(direct)
ADD    A,@Ri             ;A←A+(Ri)
ADD    A,♯data           ;A←A+♯data
```

这 4 条 8 位二进制数加法指令的一个加数总是来自累加器 A,而另一个加数可由寄存器寻址、直接寻址、寄存器间接寻址和立即数寻址等不同的寻址方式得到,相加结果总是放在累加器 A 中。

使用指令时要注意累加器 A 中的运算结果对各个标志位的影响。

① 如果位 7 有进位,则进位标志 CY 置 1,否则 CY 清 0;

② 如果位 3 有进位,则辅助进位标志 AC 置 1,否则 AC 清 0;

③ 如果位 6 有进位,而位 7 没有进位,或者位 7 有进位,而位 6 没有进位,则溢出标志位 OV 置 1,否则 OV 清 0;

④ 累加器 A 中有奇数个"1"时,P＝1,反之 P＝0。

值得说明的是,溢出标志位 OV 的状态,只有在进行带符号数加法运算时才有意义。当

两个带符号数相加时,OV=1,表示加法运算超出了累加器 A 所能表示的带符号数的有效范围(−128～+127),即产生了溢出,运算结果是错误的,否则运算是正确的,即无溢出产生。

在实际应用中,编程者应该确保单字节无符号数运算结果不超过 255。如果结果可能大于 255,就应将数据用多字节形式表示;单字节的有符号数运算结果不要超过−128～127,如果结果可能超过这个范围,就应该将数据用多字节表示或在程序运算中对 PSW 寄存器中的状态标志进行判断,并根据判断情况进行相应处理。

【例 3-6】 分析如下程序段执行后,累加器 A 及 PSW 相关标志的结果。

```
MOV   A,#10010010B
ADD   A,#11001001B
```

【解】 指令执行后,(A)=01011011B=5BH,CY=1,AC=0,OV=1,P=1。

【例 3-7】 (A)=53H,(R0)=FCH,执行指令

```
ADD   A,R0
```

【解】 运算结果为(A)=4FH,CY=1,AC=0,OV=0,P=1(位 6 和位 7 同时进位,所以 OV=0)。

(2) 带进位的加法指令 ADDC

```
ADDC   A,Rn              ;A←A+Rn+CY
ADDC   A,direct          ;A←A+(direct)+CY
ADDC   A,@Ri             ;A←A+(Ri)+CY
ADDC   A,#data           ;A←A+#data+CY
```

这组加法指令的特点是进位标志位 CY 参加运算,指令中不同寻址方式所指定的加数、进位标志与累加器 A 中内容相加,结果存在累加器 A 中,并根据指令执行情况,重新对 CY、AC、OV、P 等标志位置 1 或清 0。

带进位的加法指令常用于多字节数加法运算中。

【例 3-8】 已知当前的 CY=1,分析下列指令的执行结果。

```
MOV   A,#85H
ADDC  A,#97H
```

【解】 指令执行结果为(A)=1DH,CY=1,AC=0,OV=1,P=0。

【例 3-9】 试把存放在 R1R2 和 R3R4 中的两个 16 位数相加,结果存于 R5R6 中。

【解】 处理时,R2 和 R4 用一般的加法指令 ADD,结果存放于 R6 中;R1 和 R3 用带进位的加法指令 ADDC,结果存放于 R5 中,程序如下:

```
MOV   A,R2
ADD   A,R4
MOV   R6,A
MOV   A,R1
ADDC  A,R3
MOV   R5,A
```

(3) 加 1 指令 INC

```
INC   A                  ;A←A+1,影响 P 标志
```

```
INC    Rn                    ;Rn←Rn + 1
INC    direct                ;(direct)←(direct) + 1
INC    @Ri                   ;((Ri))←((Ri)) + 1
INC    DPTR                  ;(DPTR)←(DPTR) + 1
```

这组指令是单字节指令,其功能是把指令中所指出的变量加1,且不影响除 P 以外其余 PSW 中的任何标志位。若变量原来为 FFH,加1后将溢出为 00H(仅指前 4 条指令),标志也不会受到影响。最后一条指令是 16 位数加1指令,首先对低 8 位指针 DPL 的内容加1操作,当产生溢出时,就对 DPH 的内容进行加1操作,并不影响 CY 的状态。

Ri 和 DPTR 常用作指针并指向一片存储区域的起始地址,将它们的内容加1可以指向下一单元的地址,编程时常利用这两个指针对一片存储区域进行操作。

2. 减法指令

减法指令有带借位减法指令和减 1 指令。

(1) 带借位减法指令 SUBB

```
SUBB   A,Rn                  ;A←A - Rn - CY
SUBB   A,direct              ;A←A - (direct) - CY
SUBB   A,@Ri                 ;A←A - (Ri) - CY
SUBB   A,#data               ;A←#data - CY
```

这组指令的功能是从累加器 A 中的内容减去指定的变量和进位标志 CY 的值,结果存放在累加器 A 中,常用于多字节减法运算中。MCS-51 单片机中,只提供了一种带借位的减法指令。不带借位的减法操作可以通过先对 CY 标志清零,然后再执行带借位的减法来实现。

使用指令时要注意累加器 A 中的运算结果对各个标志位的影响。

① 如果最高位有借位,则 CY 置 1,否则 CY 清 0;

② 如果低 4 位向高 4 位有借位时,AC=1,否则 AC=0;

③ 如果位 6 和位 7 不同时,产生借位时,OV=1,否则 OV=0;

④ 累加器 A 中有奇数个"1"时,P=1,反之 P=0。

(2) 减 1 指令 DEC

```
DEC    A                     ;A←A - 1,影响 P 标志
DEC    Rn                    ;Rn←Rn - 1
DEC    direct                ;(direct)←(direct) - 1
DEC    @Ri                   ;((Ri))←((Ri)) - 1
```

这组指令是单字节指令,其功能是把指令中所指出的变量减1,且不影响除 P 以外其余 PSW 中的任何标志位。若变量原来为 00H,减1后将溢出为 FFH,标志也不会受到影响。

【例 3-10】　已知(A)=95H,(R0)=63H,(CY)=1,执行指令"SUBB　A,R0"的结果。

【解】　结果为:(A)=31H,(CY)=0,AC=0,OV=1,P=1。

3. 乘法指令

在 MCS-51 单片机中,乘法指令只有 1 条:

```
MUL    AB
```

该指令的功能是将累加器 A 和寄存器 B 中的两个 8 位无符号数相乘,乘积为 16 位,高

8 位放在 B 中,低 8 位放在 A 中。对于 PSW 中标志位的影响情况如下:

① CY 总是被清零;

② 若乘积大于 FFH(255),则 OV＝1,否则 OV＝0;

③ 累加器 A 中有奇数个“1”时,P＝1,反之 P＝0。

值得注意的是,在 51 单片机的指令系统中,乘法和除法指令的目的操作数和源操作数必须是 A 和 B,且目的操作数和源操作数之间没有“,”分割符。

4. 除法指令

在 MCS-51 单片机中,除法指令也只有 1 条:

```
DIV   AB
```

该指令的功能是将累加器 A 中的 8 位无符号二进制数除以寄存器 B 中的 8 位无符号二进制数,商的整数部分存放在累加器 A 中,余数部分存放在寄存器 B 中。对于 PSW 中标志位的影响情况如下:

① CY 总是被清 0;

② 当除数为 0 时,OV＝1;

③ 累加器 A 中有奇数个“1”时,P＝1,反之 P＝0。

5. 十进制调整指令

在 MCS-51 单片机中,十进制调整指令只有 1 条:

```
DA    A
```

该指令的功能是在进行 BCD 码加法运算时,跟在 ADD 或 ADDC 后,对两个 BCD 码相加后存放在累加器 A 中的运算结果进行十进制调整。两个压缩的 BCD 码按二进制相加后,必须经过调整方能得到正确的压缩 BCD 码的和。十进制调整指令执行后,PSW 中的 CY 表示结果的百位值。调整的具体过程如下:

(1) 若累加器 A 的低 4 位为十六进制的 A～F 或辅助进位 AC 为 1,则累加器 A 中的内容加 06H 调整。

(2) 若累加器 A 的高 4 位为十六进制的 A～F 或辅助进位标志 CY 为 1,则累加器 A 中的内容加 60H 调整。

因为指令是对 BCD 码进行修正,所以该指令也称为 BCD 码修正指令。两个压缩 BCD 码按二进制数相加后,必须经本指令的调整才能得到正确的结果。

【例 3-11】　在 R3 中有十进制数 67,在 R2 中有十进制数 85,用十进制运算,运算的结果放于 R5 中。

【解】　程序为

```
MOV   A,R3
ADD   A,R2
DA    A
MOV   R5,A
```

程序中 ADD 指令运算出来的结果放于累加器 A 中,DA 指令对该结果进行调整。调整后,累加器 A 中的内容为 52H,CY 为 1,结果为 152,最后放于 R5 中的内容为 52H(十进制数 52)。

3.3.3　逻辑操作指令

逻辑运算指令完成字节的逻辑与、或、异或、清零、取反和左右移位等操作。当以 A 为目的操作数时,对 PSW 寄存器中的 P 标志有影响,循环指令是对 A 的循环。

1. 逻辑"与"指令 ANL

```
ANL    A,Rn              ;A←A&Rn
ANL    A,direct          ;A←A&(direct)
ANL    A,@Ri             ;A←A&(Ri)
ANL    A,#data           ;A←A&#data
ANL    direct,A          ;(direct)←(direct)&A
ANL    direct,#data      ;(direct)←(direct)#data
```

这组指令的功能是将源操作数单元的内容与目的操作数单元的内容按位相与,结果存放到目的操作数单元中,而源操作数单元中的内容不变。指令运行时仅影响 P 标志位。

逻辑与运算指令常用于将某些位屏蔽,只要将需要屏蔽的位和"0"相与,要保留的位和"1"相与即可。另外,如果使用该指令修改一个输出口时,作为原始数据的值将从单片机的输出数据锁存器(P0～P3)读入,而不是读引脚的状态。例如,

```
ANL    P2,#0F            ;屏蔽 P2 口的高 4 位,低 4 位保持不变
```

2. 逻辑"或"指令 ORL

```
ORL    A,Rn              ;A←A|Rn
ORL    A,direct          ;A←A|(direct)
ORL    A,@Ri             ;A←A|(Ri)
ORL    A,#data           ;A←A|#data
ORL    direct,A          ;(direct)←(direct)|A
ORL    direct,#data      ;(direct)←(direct)#data
```

这组指令的功能是将源操作数单元的内容与目的操作数单元的内容按位相或,结果存放到目的操作数单元中,而源操作数单元的内容不变。指令运行时仅影响 P 标志位。

逻辑或指令常用于将某些位置位,即使之为"1",只要将需要置位的位与"1"相或,要保留的位与"0"相或即可。另外,如果使用该指令修改一个输出口时,作为原始数据的值将从单片机的输出数据锁存器(P0～P3)读入,而不是读引脚的状态。

3. 逻辑"异或"指令 XRL

```
XRL    A,Rn              ;A←A ⊕ Rn
XRL    A,direct          ;A←A ⊕(direct)
XRL    A,@Ri             ;A←A ⊕(Ri)
XRL    A,#data           ;A←A ⊕ #data
XRL    direct,A          ;(direct)←(direct)⊕ A
XRL    direct,#data      ;(direct)←(direct)⊕ #data
```

这组指令的功能是将源操作数单元的内容与目的操作数单元的内容相异或,结果存放到目的操作数单元中,而源操作数单元中的内容不变。指令执行时仅影响 P 标志位。

逻辑异或指令常用于将某些位取反,即使"0"位变为"1",使"1"位变为"0"。只要将需要取反的位与"1"相异或,要保留的位与"0"相异或即可。另外,如果使用该指令修改一个输出

口时,作为原始数据的值将从单片机的输出数据锁存器(P0～P3)读入,而不是读引脚的状态。

4. 清零指令和求反指令

(1) 清零指令

```
CLR    A                    ;A←0
```

(2) 求反指令

```
CPL    A                    ;A← Ā
```

在 MCS-51 系统中,只能对累加器 A 中的内容进行清零和求反,如果要对其他的寄存器或存储器单元进行清零和求反,则需要放在累加器 A 中进行,运算后再放回原位置。

【例 3-12】　写出对 R1 寄存器内容求反的程序段。

【解】　程序为

```
MOV    A,R1
CPL    A
MOV    R1,A
```

5. 循环移位指令

MCS-51 系统有 4 条对累加器 A 的循环移位指令:

(1) 循环左移

```
RL    A
```

指令的功能是累加器 A 的 8 位向左循环移位,位 7 循环移入位 0,不影响标志位,如图 3-9(a)所示。

(2) 循环右移

```
RR    A
```

指令的功能是累加器 A 的 8 位向右循环移位,位 0 循环移入位 7,不影响标志位,如图 3-9(b)所示。

(3) 带进位的循环左移

```
RLC    A
```

指令功能是将累加器 A 中的内容和进位标志位 CY 一起向左循环移位 1 位,位 7 移入

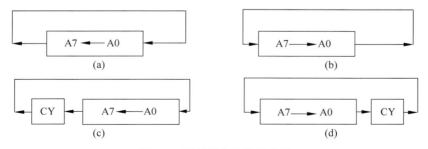

图 3-9　循环指令移位示意图

进位为 CY,CY 移入位 0,不影响标志位,如图 3-9(c)所示。

值得注意的是,"累加器 A 内容乘 2"的任务可以利用该指令方便地完成。

(4)带进位的循环右移

```
RRC    A
```

指令功能是将累加器 A 中的内容和进位标志位 CY 一起向左循环移位 1 位,位 0 移入进位为 CY,CY 移入位 0,不影响标志位,如图 3-9(d)所示。

3.3.4 控制转移指令

通常情况下,程序的执行是顺序进行的,但也可以根据需要改变程序的执行顺序,称为程序转移。控制程序的转移要利用转移指令。MCS-51 单片机的控制转移指令包括无条件转移指令、条件转移指令及子程序调用与返回指令。

1. 无条件转移指令

无条件转移指令是指当执行该指令后,程序将无条件地转移到指令指定的地方。无条件转移指令包括长转移指令、绝对转移指令、相对转移指令和间接转移指令。

(1)长转移指令(LJMP)

```
LJMP  addr16            ;PC←addr16
```

该指令为 3 字节指令,提供了 16 位的转移目标地址,指令执行时将该 16 位地址送给程序指针 PC,程序无条件地转移到 addr16 指出的目标地址。该指令可以使程序在 64KB 范围内跳转,且不影响标志位,使用方便,但执行时间长,字节数多。

【例 3-13】 执行下段程序后,求 PC 的值。

```
1000H Table:    MOV    A, ♯21H
                ...
                LJMP   Table
```

【解】 结果:PC=1000H

指令中 addr16 及后面 LJMP 指令中的 rel 常用目的地址的地址标号来代替,由汇编程序自动换成 16 位或 8 位相对地址值。例如例 3-13 中的"Table"代表的就是 1000H。

(2)绝对转移指令(AJMP)

```
AJMP  addr11           ;PC←PC＋2,PC_{10∼0}←addr11,PC_{15∼11} 不变
```

该指令为双字节指令,指令提供 11 位地址,指令执行时,先将 PC 的内容＋2(这时 PC 指向的是 AJMP 的下一条指令),然后把指令中 11 位地址传送到 $PC_{10∼0}$,而 $PC_{15∼11}$ 保持不变。因为该指令只提供低 11 位地址,高 5 位地址为原 $PC_{15∼11}$ 的值,所以程序转移位置以当前指令位置为基准,向前或向后转移 2KB 以内的范围,该指令不影响标志位。

【例 3-14】 1030H:AJMP 100H

【解】 目的地址:PC=1032H 的高 5 位＋100H 的低 11 位=1100H

（3）相对转移指令（SJMP）

```
SJMP  rel                ;PC←PC + 2 + rel
```

该指令为双字节指令，指令执行时，先将程序指针 PC 的值＋2（该指令的长度），然后再将 PC 的值与指令中的位移偏移量 rel 相加得到目的地址。rel 是一个有符号的 8 位二进制补码，取值范围是−128～＋127（00H～7FH 表示 0～＋127，80H～FFH 表示−128～−1），负数表示反向转移，正数表示正向转移。与 LJMP 指令相同，SJMP 指令中的相对地址 rel 常常用目的地址的标号（符号地址）表示。

在单片机程序设计中，为等待中断或程序结束，常有使用程序"原地踏步"的需要，可使用 SJMP 指令实现，即

```
LOOP: SJMP  LOOP
```

或者

```
LOOP: SJMP  $                ;指令机器码为 80H,"$"表示 PC 的当前值
```

（4）间接转移指令（JMP）

```
JMP   @A + DPTR          ;PC←A + DPTR
```

该指令是一条单字节指令，其转移地址由数据指针 DPTR 的 16 位数和 A 的 8 位数进行无符号数相加形成，并直接装入 PC，可以实现 64KB 范围内的条件转移。指令执行后不改变 DPTR 及 A 中原来的内容，也不影响标志位。

该指令以 DPTR 的内容为基地址，A 的内容作变址，因此只要把 DPTR 的值固定，然后赋予 A 不同的值，即可实现程序的多分支转移。间接转移指令因为可以代替众多的判别跳转指令，又称为散转指令。

【例 3-15】 已知累加器 A 中存放着控制程序转向的编号 0～3，ROM 中存有起始地址为 TABLE 的双字节绝对转移指令表，试编写程序使单片机能按照累加器 A 中的编号转去执行相应的命令程序，即当 A＝00H 时，执行 TAB0 分支程序；当 A＝01H 时，执行 TAB1 分支程序；A＝02H 时，执行 TAB2 分支程序；A＝03H 时，执行 TAB3 分支程序。

【解】 参考代码：

```
        CLR   C
        RLC   A
        MOV   DPTR, # TABLE        ;将 TABLE 地址送入 DPTR 中
        JMP   @A + DPTR           ;程序转到地址为 A + DPTR 的地址中执行
TABLE:  AJMP  TAB0                ;当 A = 0 时,执行 TAB0 分支程序
        AJMP  TAB1                ;当 A = 1 时,执行 TAB1 分支程序
        AJMP  TAB2                ;当 A = 2 时,执行 TAB2 分支程序
        AJMP  TAB3                ;当 A = 3 时,执行 TAB3 分支程序
        ...
```

因为表格中的 AJMP 是双字节指令，所以执行查表指令之前应将累加器 A 的内容乘以 2，以形成正确的偏移量。

2. 条件转移指令

条件转移指令是指当条件满足时，程序转移到指定位置，条件不满足时，程序将继续顺

次执行。在 MCS-51 系统中,条件转移指令有三种:累加器 A 判零条件转移指令、比较转移指令和减 1 不为零转移指令。

（1）累加器 A 判零转移指令（JZ/JNZ）

```
JZ      rel     ;若 A = 0,则 PC←PC + 2 + rel,否则 PC←PC + 2
JNZ     rel     ;若 A≠0,则 PC←PC + 2 + rel,否则 PC←PC + 2
```

这两条指令都是双字节指令,rel 为相对地址偏移量,当各自条件满足时,程序转移的目标地址为 PC+2+rel,指令中的相对地址 rel 常常用目的地址的标号（符号地址）表示。该指令的转移范围在以 PC 当前值为起始地址的 −128～+127B 范围内。

【例 3-16】 把片外 RAM 30H 单元开始的数据块传送到片内 RAM 的 40H 开始的位置,直到出现零为止。

【解】 参考程序如下:

```
        MOV     R0,♯30H
        MOV     R1,♯40H
LOOP:   MOVX    A,@R0
        MOV     @R1,A
        INC     R1
        INC     R0
        JNZ     LOOP
        SJMP    $
```

（2）比较转移指令（CJNE）

```
CJNE    A,♯data,rel     ;当 A≠data,则 PC←PC + 3 + rel,否则 PC←PC + 3
CJNE    Rn,♯data,rel    ;当 Rn≠data,则 PC←PC + 3 + rel,否则 PC←PC + 3
CJNE    @Ri,♯data,rel   ;当(Ri)≠data,则 PC←PC + 3 + rel,否则 PC←PC + 3
CJNE    A,direct,rel    ;当(direct)≠data,则 PC←PC + 3 + rel,否则 PC←PC + 3
```

这组指令是三字节指令,功能是对两个规定的操作数进行比较,并且根据比较的结果决定是否转移。若两个操作数相等,则程序顺序执行;若两个操作数不相等,则程序转移到目标地址 PC+3+rel。指令中的地址 rel 通常也用目的地址的标号（符号地址）表示。

因为指令执行过程中通过减法操作（不保存两数的差）实现操作数比较,所以可以通过标志位 CY 反映操作数的大小:如果目的操作数的内容大于源操作数的内容,则 CY=0;如果目的操作数的内容小于源操作数的内容,则 CY=1。所以,在程序转移后可以利用标志位 CY 做进一步判断,可实现三分支转移。

【例 3-17】 已知工作寄存器 R0 中存放着一个无符号数 X,试编写程序求出下式的函数值 Y,并存入工作寄存器 R1 中。

$$Y = \begin{cases} AAH & X > 20H \\ 00H & X = 20H \\ FFH & X < 20H \end{cases}$$

【解】 参考程序如下:

```
        MOV A,R0
        CJNE A,♯20H,L1
        MOV R1,♯0
```

```
            LJMP L3
L1:         JC   L2                  ;若 CY = 1,则跳转值 L2,否则顺序执行
            MOV  R1,♯0AAH
            LJMP L3
L2:         MOV  R1,♯0FFH
L3:         LJMP L3
```

（3）减 1 不为零转移指令（DJNZ）

```
DJNZ        Rn,rel;Rn←Rn - 1,若 Rn≠0,则 PC←PC + 2 + rel
DJNZ        direct,(rel);(direct)←(direct) - 1,若(direct)≠0,则 PC←PC + 2 + rel
```

该组指令将减 1 和条件转移结合到一起,执行指令时,首先将操作数的内容减 1,并将结果存在第一操作数中,然后判断结果是否为 0。若不为 0,转移到目标地址,否则顺序执行。

该组指令对于构成循环程序是十分有用的,可以指定任何一个工作寄存器作为程序循环计数器,每循环一次,这种指令被执行一次,计数器就减 1,预定的循环次数不到,计数器不会为 0,继续执行循环操作;当到达预定的循环次数,计数器就被减至 0,顺序执行下一条指令,结束循环。

【例 3-18】 统计片内 RAM 中 32H 单元开始的 10 个数据中 0 的个数,放于 R7 中。

【解】 参考程序:

```
            MOV  R0,♯32H
            MOV  R2,♯10H
            MOV  R7,♯0
LOOP:       MOV  A,@R0
            CJNE A,♯0,NEXT
            INC  R7
NEXT:       INC  R0
            DJNZ R2,LOOP
            SJMP $
```

3. 子程序调用与返回指令

在一个程序中经常遇到反复多次执行某段程序的情况,如果重复执行编写这个程序段,会使程序变得冗长而杂乱。而子程序结构,可以将重复的程序片段编写为一个子程序,通过主程序调用而使用,既能减少编程的工作量,也能缩短程序的长度。主程序和子程序之间的调用关系如图 3-10 所示。

子程序调用及返回指令有 4 条:2 条程序调用指令和 2 条程序返回指令。调用和返回指令必须成对使用。调用指令具有把断点地址保护到堆栈以及把子程序入口地址自动送入 PC 的功能,返回指令则具有把堆栈中的断点地址自动恢复到 PC 的功能。

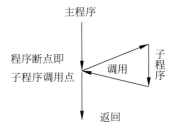

图 3-10　主程序和子程序之间的调用关系

（1）长调用指令 LCALL

```
LCALL       addr16         ;PC←PC + 3,SP←SP + 1,(SP)←PC₇~₀,
                            SP←SP + 1,(SP)←PC₁₅~₈,PC₁₀~₀←addr16
```

该指令为三字节指令,指令提供 16 位目标地址,可调用 64KB 范围内的子程序。执行指令时,首先修改 PC←PC+3,以获得下一条指令地址;然后将这 16 位地址(断点值,即返回到 LCALL 指定的下一条指令地址)压入堆栈(先压入 $PC_{7\sim0}$ 低位字节,后压入 $PC_{15\sim8}$ 高位字节),堆栈指针 SP 加 2 指向栈顶;接着将 16 位目标地址 addr16 送入程序计数器 $PC_{10\sim0}$,从而使程序转向目标地址去执行被调用的子程序。

(2) 绝对调用指令 ACALL

```
ACALL  addr11              ;PC←PC + 2,SP←SP + 1,(SP)←PC₇～₀,
                           SP←SP + 1,(SP)←PC₁₅～₈,PC₁₀～₀←addr11
```

该指令为双字节指令,指令提供 11 位目标地址,只能调用与 PC 在同一个 2KB 绝对地址范围内的子程序。执行指令时,首先修改 PC←PC+2,作为下一条指令地址,并把修改后的 PC 内容(先低字节,后高字节)压入堆栈保护,堆栈指针 SP 加 2 指向栈顶;接着将 11 位目标地址 addr11 送入程序计数器 $PC_{10\sim0}$,从而使程序转向目标地址去执行被调用的子程序。

值得说明的是,两条调用指令执行时要将返回地址入栈,初始化时必须设置合适的 SP 值(SP 默认值为 07H)。在汇编程序中,调用指令后面通常带转移地址的标号。

(3) 子程序返回指令 RET

```
RET       ;PC₁₅～₈←(SP),SP←SP - 1,PC₇～₀←(SP),SP←SP - 1
```

该指令通常放在子程序的最后一条指令位置,用于实现返回到主程序。指令执行时,将子程序调用指令压入堆栈的地址出栈,第一次出栈的内容送到 PC 的高 8 位,第二次出栈的内容送到 PC 的低 8 位。指令执行完后,程序将返回到调用指令的下一条指令执行。

(4) 中断返回指令

```
RETI      ;PC₁₅～₈←(SP),SP←SP - 1,PC₇～₀←(SP),SP←SP - 1
```

该指令作为中断服务子程序的最后一条指令,用于返回主程序中断的断点位置,继续执行断点位置后面的指令。该指令的执行过程与 RET 基本相同,只是 RETI 在执行后,在转移前将先清除中断的优先级触发器。

MCS-51 系统中,中断都是硬件中断,没有软件中断调用指令。硬件中断时,由一条长转移指令使程序转移到中断服务程序的入口位置,在转移之前,由硬件将当前的断点地址压入堆栈保存,以便以后通过中断返回指令返回到断点位置后继续执行。

值得注意的是,虽然这两条指令均是把堆栈中的断点地址恢复到 PC 中,从而使单片机回到断点处执行程序,但二者具有如下区别:

① RET 指令为子程序的最后一条指令,而 RETI 为中断服务程序的最后一条指令,二者不能互换使用。

② RETI 指令除了恢复断点地址外,还恢复 CPU 响应中断时硬件自动保护的现场信息,如将清除中断响应时所置 1 的优先级状态触发器,使得已申请的同级或低级中断申请可以响应,而 RET 指令只能恢复返回地址。

③ 对开发者而言,RET 指令返回的地址是确定的,而 RETI 指令返回的地址是未知的。

3.3.5　位操作指令

位操作又称为布尔变量操作,以位(bit)为单位进行运算和操作,由单片机中一个布尔处理机实现,借用进位标志 CY 作为累加器。位操作指令共 17 条,可以实现位传送、位逻辑运算、位控制转移等操作。

1. 位传送指令

```
MOV    C,bit              ;CY←(bit)
MOV    bit,C              ;(bit)←CY
```

该组指令的功能是实现 CY 和其他位地址之间的相互数据传送。在程序中,CY 记做 C。

两个位地址间不能直接进行数据传送,可以通过 CY 间接实现。

【例 3-19】　把片内 RAM 中位寻址区的 30H 位的内容传送到 20H 位。

【解】　参考程序:

```
MOV    C,30H
MOV    20H,C
```

2. 位逻辑操作指令

位逻辑操作指令包括清 0、置 1、取反、与和或,共 10 条指令。

(1) 位清 0

```
CLR    C                  ;CY←0
CLR    bit                ;(bit)←0
```

(2) 位置 1

```
SETB   C                  ;CY←1
SETB   bit                ;(bit)←1
```

(3) 位取反

```
CPL    C                  ;CY←(/CY)
CPL    bit                ;(bit)←(/bit)
```

(4) 位与

```
ANL    C,bit              ;CY←CY∧(bit)
ANL    C,/bit             ;CY←CY∧(/bit)
```

(5) 位或

```
ORL    C,bit              ;CY←CY∨(bit)
ORL    C,/bit             ;CY←CY∨(/bit)
```

指令中位地址 bit 若为 00H~7FH,则位地址在片内 RAM(20H~2FH)中,共 128 位,bit 若为 80H~FFH,则位地址在 11 个特殊功能寄存器中。其中,有 4 个 8 位的并行 I/O 口,每位均可单独进行操作。因此,布尔 I/O 口共有 32 个,分别为 P0.0~P0.7、P1.0~P1.7、P2.0~P2.7 和 P3.0~P3.7。

【例 3-20】

```
MOV    P1.0,C              ;P1.0←CY,把标志位CY的内容送入P1口最低位P1.0中
```

【例 3-21】

```
SETB   P3.0               ;把P3口的最低位置1
CLR    07H                ;把20H字节的最高位清0
```

区分：CLR　A ；只有唯一的一条清累加器A的指令(整个字节清0)，因此，上述07H必定属于位地址。

【例 3-22】　利用位逻辑运算指令编程实现如图3-11所示的硬件逻辑电路的功能。

【解】　参考程序：

```
MOV    C,P1.0
ANL    C,P1.1
MOV    F0,C
MOV    C,P1.1
ORL    C,P1.2
ANL    C,F0
CPL    C
```

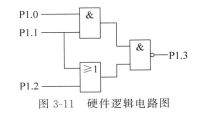

图 3-11　硬件逻辑电路图

3. 位转移指令

位转移指令有以C为条件的转移指令和以bit为条件的转移指令，共5条。

(1) 以 C 为条件的转移指令

```
JC     rel                ;若CY=1,则转移,PC←PC+2+rel;否则程序继续执行
JNC    rel                ;若CY=0,则转移,PC←PC+2+rel;否则程序继续执行
```

该组指令是相对转移指令，以CY的值来判决程序是否需要转移，常常和比较条件转移指令CJNE连用，以便根据CJNE指令执行过程中形成的CY进一步判决程序的流向或形成三分支模式。

(2) 以 bit 为条件的转移指令

```
JB     bit,   rel         ;若(bit)=1,则转移,PC←PC+3+rel;否则程序继续执行
JNB    bit,   rel         ;若(bit)=0,则转移,PC←PC+3+rel;否则程序继续执行
JBC    bit,   rel         ;若(bit)=1,则转移,PC←PC+3+rel,且(bit)←0;否则程序继续执行
```

【例 3-23】　如图3-12所示，P3.2和P3.3上各接有一个按键，要求它们分别按下时(P3.2＝0或P3.3＝0)，分别使P1口输出0或FFH。

【解】　因为P3口是准双向口，所以在读取按键状态之前，要先通过程序使P3口输出高电平，然后再一次读取P3.2和P3.3的状态并进行判断。

参考程序：

```
       MOV    P3,#0FFH
L1:    JNB    P3.2,L2
       JNB    P3.3,L3
       LJMP   L1
L2:    MOV    P1,#00H
       LJMP   L1
```

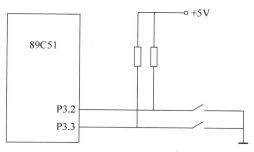

图 3-12　例 3-23 电路图

```
L3:     MOV     P1,#0FFH
        LJMP    L1
```

【例 3-24】　从片外 RAM 20H 单元开始有 50 个数据,统计其中正数、0 和负数的个数,分别放于 R5、R6 和 R7 中。

【解】　设 R2 作计数器,用 DJNZ 指令对 R2 减 1 转移进行循环控制,在循环体外设置 R0 指针,指向片外 RAM 20H,对 R5、R6 和 R7 清零,在循环体中用指针 R0 依次取出片外 RAM 中的 50 个数据,然后判断,若大于 0,则 R5 中的内容加 1;若等于 0,则 R6 中的内容加 1;若小于 0,则 R7 中的内容加 1。

参考程序:

```
        MOV     R2,#50
        MOV     R0,#20H
        MOV     R5,#0
        MOV     R6,#0
        MOV     R7,#0
LOOP:   MOVX    A,@R0
        CJNE    A,#0,NEXT1
        INC     R6
        SJMP    NEXT3
NEXT1:  CLR     C
        SUBB    A,#80H
        JC      NEXT2
        INC     R7
        SJMP    NEXT3
NEXT2:  INC     R5
NEXT3:  INC     R0
        DJNZ    R2,LOOP
        SJMP    $
```

4. 空操作指令

空操作指令只有 1 条单字节指令:

```
NOP     ;PC←PC+1
```

指令执行时,不做任何操作(即空操作),仅将程序计数器 PC 的内容加 1,使 CPU 指向下一条指令继续执行程序。该指令要占用一个机器周期,常用来产生延迟,构造延时程序。

3.4 51 系列单片机汇编程序常用伪指令

3.3 节介绍 51 系列单片机的汇编语言指令系统。汇编语言源程序是用汇编语言编写的程序,必须翻译成机器代码才能运行,而汇编就是翻译的过程。伪指令是放在汇编语言源程序中,对汇编过程进行相应的控制和说明的指示性命令。该类指令可以被汇编器识别,但是没有对应的可执行机器码,汇编产生的目标程序中不会再出现伪指令。伪指令通常用于定义数据、分配存储空间、控制程序的输入输出等。MCS-51 汇编语言源程序常用的伪指令有以下几条:

1. 状态控制伪指令

(1) 起始地址设定伪指令 ORG

格式:

```
ORG    表达式
```

该伪指令放在一段源程序或数据的前面,其功能是说明下面紧接的代码或数据存放的起始地址。表达式通常为十六进制地址,也可以是已定义的地址标号。

【例 3-25】 ORG 伪指令的使用。

```
      ORG    2000H
START:MOV    A,♯40H
```

【解】 该段程序的机器码从地址 2000H 单元开始存放。

通常情况下,每个汇编源程序的开始,都需要利用 ORG 来指明该程序存放的起始位置。若省略,则默认该程序存放的起始地址为 0000H。

(2) 汇编器结束汇编伪指令 END

格式:

```
END
```

该伪指令放于程序的最后,用于控制汇编器结束汇编。一个源程序只能有一个 END 命令,否则就有一部分指令不能被汇编。

2. 符号伪指令

(1) 定义常值为符号名伪指令 EQU

格式:

```
符号名  EQU    常值表达式
```

该伪指令的功能是定义一个指定的符号名。在汇编过程中,汇编器会将源程序中出现的该符号用定义的常值来取代。值得注意的是,标号只代表地址,而符号名可以代表地址、常数、段名或字符串、寄存器或位名等,符号名不后接冒号。

【例 3-26】　EQU 伪指令的使用。

```
L       EQU     12
SUM     EQU     41H
BLOCK   EQU     42H
        CLR     A
        MOV     R1,#L
        MOV     R0,#BLOCK
LOOP:   ADD     A,@R0
        INC     R0
        DJNZ    R1,LOOP
        MOV     SUM,A
```

【解】　该程序段功能是把 22H 单元开始存放的 10 个无符号数求和,并将结果存放入 41H 单元。程序中的符号 L、SUM 和 BLOCK 在汇编后将分别由常值 12、41H 和 42H 取代。

(2) 定义地址符号名伪指令 BIT

格式:

符号名　BIT　　位地址表达式

该伪指令的功能是将位地址赋予指定的符号名。位地址表达式可以是绝对地址,也可以是符号地址。

值得注意的是,用 EQA 或 BIT 定义的"符号名"一经定义便不能重新定义和改变。

【例 3-27】　BIT 伪指令的使用。

```
ST      BIT     P1.0        ;将 P1.0 的位地址赋予符号名 ST
CF      BIT     0D7H        ;将位地址 D7H 的位定义为符号名 CF
```

3. 存储器空间初始化伪指令

(1) 定义字节数据表伪指令 DB

格式:

[标号:]DB　字节数据表

该伪指令的功能是从标号指定的地址单元开始,在程序存储器中定义字节数据表,可以定义一个字节,也可以定义多个字节。定义多个字节时,两量之间用逗号间隔,定义的多个字节在存储器中是连续存放的。定义的字节可以是一般常数、字符或者字符串。字符和字符串以引号括起来,字符数据在存储器中以 ASCII 码形式存放。

【例 3-28】　DB 伪指令的使用。

```
        ORG     0100H
TAB1:   DB      56H,78H
        DB      '4','a','ABC'
```

【解】　汇编后,各个数据在存储单元中的存放情况如图 3-13 所示。

(2) 定义字数据表伪指令 DW

格式:

地址	数据
0100H	56H
0101H	78H
0102H	34H
0103H	61H
0104H	41H
0105H	42H
0106H	43H

图 3-13 DB 数据分配情况

[标号:]DW　字数据表

该伪指令与 DB 类似,用于定义字数据。项或项表所定义的一个字节在存储器中占 2 字节。汇编时,机器自动按高字节在前、低字节在后存放,即高字节存放在低地址单元,低字节存放在高地址单元。该伪指令常用于在 ROM 中定义双字节的跳转地址。

【例 3-29】 DW 伪指令的使用。

```
        ORG     0100H
TAB2:DW    1234H,5678H
```

【解】 汇编后,各个数据在存储单元中的存放情况如图 3-14 所示。

4. 保留空间伪指令

(1) DS 伪指令

格式:

[标号:]DS　　　数值表达式

该伪指令用于在存储器中保留一定数量的字节单元,保留字节单元的数目由表达式的值决定。

【例 3-30】 DS 伪指令的使用。

```
ORG     0100H
DB      34H,56H
DS      4H
DB      '7'
```

【解】 汇编后,各个数据在存储单元中的存放情况如图 3-15 所示。

地址	数据
0100H	12H
0101H	34H
0102H	56H
0103H	78H

图 3-14 DW 数据分配情况

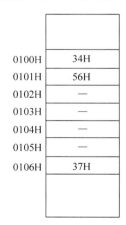

地址	数据
0100H	34H
0101H	56H
0102H	—
0103H	—
0104H	—
0105H	—
0106H	37H

图 3-15 DS 数据分配情况

(2) DBIT 伪指令

格式:

[标号:]DBIT　数值表达式

该伪指令与 DS 类似,以位为单位保留存储空间。

5. 其他伪指令

为了支持模块化设计,51 汇编器还提供了一些其他伪指令,如表 3-3 所示。

表 3-3　其他伪指令

分　类	伪 指 令	功　　能	示　　例
段及类型定义	SEGMENT	段名定义	bedbin　SEGMENT　ODE
	RSEG	可重新定位段说明	RSEG　edbin
	CODE	程序代码空间	KEY　CODE　0H
	DATA	直接寻址数据空间	one　DATA　30H
	IDATA	间接寻址数据空间	two　IDATA　80H
	XDATA	扩展的外部数据空间	SUM　XDATA　1000H
地址指定	BSEG AT	定位位寻址段	BSEG　AT　20H
	CSEG AT	定位代码段	CSEG　AT　0000H
	DSEG AT	定位内部 RAM 直接寻址数据段	DSEG　AT　40H
	ISEG AT	定位内部 RAM 间接寻址数据段	ISEG　AT　80H
	XSEG AT	定位外部 RAM 数据段	XSEG　AT　1000H
模块连接	PUBLISH	符号在本模块定义,其他模块引用	PUBLISH　_BIN2BCDB
	EXTRN	符号在本模块引用,其他模块定义	EXTRN CODE(_BIN2BCDB)
其他	USING	指定当前工作寄存器组	USING　1

3.5　51 单片机汇编语言程序设计举例

3.5.1　概述

用汇编语言设计程序与用高级语言设计程序有相似之处,设计过程大致可以分为以下几个步骤:

(1)明确课题的具体内容。明确对程序的功能、运算精度、执行速度等方面的要求及硬件条件。

(2)编制框图,绘出流程图。把复杂问题分解为若干个模块,确定各模块的处理方法,画出程序流程图。对复杂问题可分别画出分模块流程图和总的流程图。

(3)存储器资源分配。根据系统的工作需要,合理选择并分配内存单元及工作寄存器。

(4)编写源程序。根据程序流程图精心选择合适的指令和寻址方式来编制源程序。

(5)对程序进行汇编、调试和修改。对编制好的源程序进行汇编,检查修改程序中的错误,执行目标程序,对程序运行结果进行分析,直至正确为止。

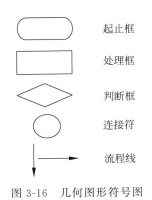

图 3-16 几何图形符号图

另外,用汇编语言进行程序设计时,对于程序、数据在存储器的存放位置,对工作寄存器、片内数据存储单元、堆栈空间等的安排都要由编程者亲自做,编写过程中要特别注意。

画流程图是指用各种图形、符号、指向线等来说明程序设计的过程,常用几何图形符号如图 3-16 所示。

国际通用的图形和符号说明如下:

(1)椭圆框:起止框,在程序的开始和结束时使用。

(2)矩形框:处理框,表示要进行的各种操作。

(3)菱形框:判断框,表示条件判断以决定程序的流向。

(4)圆圈:连接符,表示不同页之间的流程连接。

(5)指向线:流程线,表示程序执行的流向。

3.5.2　顺序程序设计

顺序结构程序是一种最简单、最基本的程序,所以有时也称为简单程序设计,是一种无分支的直线型结构,即按照程序的编写顺序依次执行每条指令。

【例 3-31】　设片内 RAM 的 21H 单元存放一个十进制数据十位的 ASCII 码,22H 单元存放该数据个位的 ASCII 码。编写程序将该数据转换成压缩 BCD 码存放在 20H 单元。

【解】　由于 ASCII 码 30H～39H 对应 BCD 码的 0～9,所以只要保留 ASCII 码的低 4 位,而将高 4 位清 0 即可。流程图如图 3-17 所示。

参考程序:

```
            ORG    0000H
            LJMP   START
            ORG    0040H
START:  MOV    A,21H          ;取十位 ASCII 码
            ANL    A,♯0FH        ;保留低半字节
            SWAP   A              ;移至高半字节
            MOV    20H,A          ;存于 20H 单元
            MOV    A,22H          ;取个位 ASCII 码
            ANL    A,♯0FH        ;保留低半字节
            ORL    20H,A          ;合并到结果单元
            SJMP   $
            END
```

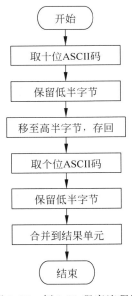

图 3-17 例 3-31 程序流程图

【例 3-32】　已知两个压缩 BCD 码分别放在内部 RAM 的 31H、30H 和 33H、32H 这 4 个单元中,试编程求和,结果存入 R4、R3、R2 中。

【解】　参考程序:

```
            ORG    0000H          ;程序开始
            LJMP   MAIN           ;跳转到 MAIN 标号
            ORG    0040H          ;MAIN 程序段的起始命令
MAIN:   MOV    A,30H          ;将 30H 单元的内容送给 A
            ADD    A,32H          ;将 32H 单元的内容与 A 的内容相加
            DA     A              ;进行 BCD 码调整
```

```
        MOV     R2,A            ;将 A 的内容送 R2 保存,保存低位的和
        MOV     A,31H           ;将高位 31H 的内容送给 A
        ADDC    A,33H           ;33H 的内容与 A 的内容相加,同时加上低位的进位
        DA      A               ;进行 BCD 码调整
        MOV     R3,A            ;将 A 的内容送 R3,保存高位和
        CLR     A               ;清 A 的内容
        MOV     ACC.0,C         ;保存高位和的进位
        MOV     R4,A            ;在 R4 中保存高位的进位
HERE:   SJMP    HERE            ;程序在此运行
        END                     ;程序结束
```

3.5.3　分支程序设计

在实际应用过程中,往往需要单片机对某些条件进行判断,从而实现不同的程序流向,这样,就会产生一个或多个分支程序。分支程序设计可以分为单分支程序设计和多分支程序设计。

【例 3-33】 设变量 x 以补码的形式存放在片内 RAM 的 30H 单元,变量 y 与 x 的关系是:当 x 大于 0 时,$y=x$;当 $x=0$ 时,$y=20$H;当 x 小于 0 时,$y=x+5$。编制程序,根据 x 的大小求 y 并送回原单元。流程图如图 3-18 所示。

【解】 参考代码:

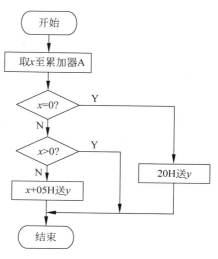

图 3-18　例 3-33 程序流程图

```
        ORG     0000H           ;程序开始
        LJMP    START           ;跳转到 START 标号
        ORG     0040H           ;START 程序段的起始命令
START:  MOV     A,30H           ;取 x 至累加器 A
        JZ      NEXT            ;x = 0,转 NEXT
        ANL     A,#80H          ;否,保留符号位
        JZ      DONE            ;x > 0,转结束
        MOV     A,#05H          ;x < 0,处理
        ADD     A,30H
        MOV     30H,A           ;x + 05H 送 y
        SJMP    DONE
NEXT:   MOV     30H,#20H        ;x = 0,20H 送 y
DONE:   SJMP    DONE
        END
```

【例 3-34】 假定在外部 RAM 中,有 ST1、ST2 和 ST3 共 3 个连续单元,其中 ST1、ST2 单元中分别存放两个 8 位无符号数,要求找出其中的大数并存入 ST3 单元。

【解】 比较两个无符号数的大小,可利用两数相减是否有借位来判断。

参考代码:

```
START:  CLR     C               ;清 C 标志
        MOV     DPTR,#ST1       ;将立即数 ST1 送 DPTR
        MOVX    A,@DPTR         ;取外部数据送 A
```

```
        MOV    R7,A              ;将 A 中数据送 R7
        INC    DPTR              ;DPTR 自动加 1
        MOVX   A,@DPTR           ;再取下一个外部数据
        SUBB   A,R7              ;对外部数据进行减法运算
        JC     B1                ;若 C 为 1,即(A)<(R7),程序转向 B1
        MOVX   A,@DPTR           ;再次将外部数据送 A
        SJMP   B2                ;程序转向 B2
B1:     XCH    A,R7              ;交换 A 和 R7 的值
B2:     INC    DPTR              ;DPTR 加 1
        MOVX   @DPTR,A           ;(A)送外部数据寄存器
        SJMP   $                 ;程序在此跳转
```

【**例 3-35**】 设变量 X 存放于 30H 单元,函数值 Y 存放于 31H 单元。若 $X>0$,则 $Y=1$;若 $X=0$,则 $Y=0$;若 $X<0$,则 $Y=-1$。

【**解**】 X 是有符号数,判断符号位是 0 还是 1,可利用 JB 或 JNB 指令。判断 X 是否等于 0,则直接可以使用累加器 A 的判 0 指令。流程图如图 3-19 所示。

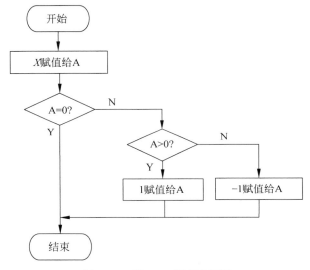

图 3-19 例 3-35 程序流程图

参考程序:

```
START:  MOV    A,30H
        JZ     OVER
        JNB    ACC.7,LAB1
        MOV    A,#0FFH
        SJMP   OVER
LAB1:   MOV    A,#1
OVER:   MOV    31H,A
        SJMP   $
```

注意,对于分支不多的应用程序,常采用的指令有 JZ、JNZ、JC、JNC、JB、JNB、CJNE 等。对于多分支的程序,需要采用 JMP @A+DPTR 指令。

3.5.4 循环程序设计

所谓循环程序,是指按照某种规律重复执行的程序,分为"先执行后判断"和"先判断后执行"两种结构。前者的特点是,先执行循环处理部分,然后根据循环控制条件判断是否结束循环,如图3-20(a)所示;后者的特点是,先根据循环控制条件判断是否结束循环,若不结束,则执行循环处理部分,否则结束处理,退出循环,如图3-20(b)所示。

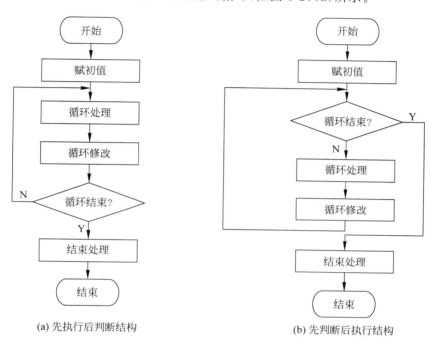

(a) 先执行后判断结构　　　　　　　(b) 先判断后执行结构

图 3-20　循环程序结构图

【例 3-36】　计算 50 个 8 位二进制数(单字节)之和。要求:50 个数存放在 30H 开头的内部 RAM 中以及 R6R7 中。

【解】　采用 DJNZ 循环体的程序流程图,如图 3-21 所示,在参考程序中,R0 为数据地址指针,R2 为减法循环计数器。在使用 DJNZ 控制时,循环计数器初值不能为 0,当为 0 时,第一次进入循环执行到 DJNZ 时,减 1 使 R2 变为 FFH,循环次数成了 256。

参考程序:

```
START:  MOV   R6,#0
        MOV   R7,#0
        MOV   R2,#50
        MOV   R0,#30H
LOOP:   MOV   A,R7
        ADD   A,@R0
        MOV   R7,A
```

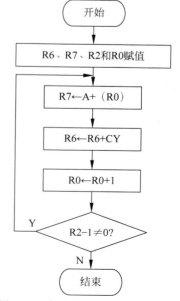

图 3-21　例 3-36 的循环程序结构图

```
        CLR   A
        ADDC  A,R6
        MOV   R6,A
        INC   R0
        DJNZ  R2,LOOP
        SJMP  $
```

【例 3-37】 编写程序,将内部 RAM 的 30H~3FH 单元初始化为 00H。

【解】 参考程序:

```
        ORG   0000H
        LJMP  MAIN
        ORG   0040H
MAIN:   MOV   0,#30H            ;置初值
        MOV   A,#00H
        MOV   R7,#16
LOOP:   MOV   @R0,A             ;循环处理
        INC   R0
        SJMP  $                 ;结束处理
        END
```

3.5.5 查表程序设计

查表程序设计中用于查表的指令有两条:

```
MOVC    A,@A+PC;
MOVC    A,@A+DPTR;
```

当使用 DPTR 作为基址寄存器时,查表的步骤分为三步:

(1) 基址(表格首地址)送 DPTR 数据指针;

(2) 变址值(在表中的位置是第几项)送累加器 A;

(3) 执行查表指令 MOVC A,@A+DPTR,进行读数,查表结果送回到累加器 A 中。

当使用 PC 作为基址寄存器时,由于 PC 本身是一个程序计数器,与指令的存放地址有关,查表时的操作有所不同。查表的步骤也分三步:

(1) 变址值(在表中的位置是第几项)送累加器 A;

(2) 偏移量(查表指令的下一条指令的首地址到表格首地址之间的字节数)+A→A(修正);

(3) 执行查表指令 MOVC A,@A+PC。

【例 3-38】 编写 2 位十六进制数与 ASCII 码的转换程序。设数值在 R2 中,转换结果的低位存在 R2 中,高位存在 R3 中。

【解】

(1) 利用 DPTR 作基址的参考程序。

```
HEXASC: MOV   DPTR,#TABIE
        MOV   A,R2
        ANL   A,#0FH
        MOVC  A,@A+DPTR              ;查表
```

```
            XCH     R2,A
            ANL     A,#0F0H
            SWAP    A
            MOVC    A,@A+DPTR              ;查表
            MOV     R3,A
            RET
TABLE:      DB      30H,31H,32H,33H,34H    ;ASCII 表
            DB      35H,36H,37H,38H,39H
            DB      41H,42H,43H,44H,45H,46H
```

（2）利用 PC 作基址的参考程序。

```
HEXASC:     MOV     A,R2
            ANL     A,#0FH
            ADD     A,#9
            MOVC    A,@A+PC                ;查表
            XCH     R2,A
            ANL     A,#0F0H
            SWAP    A
            ADD     A,#9
            MOVC    A,@A+PC                ;查表
            MOV     R3,A
            RET
TABLE:      DB      30H,31H,32H,33H,34H    ;ASCII 表
            DB      35H,36H,37H,38H,39H
            DB      41H,42H,43H,44H,45H,46H
```

3.5.6 子程序设计

将需要多次使用、完成相同的某种基本运算或操作的程序段从整个程序中独立出来,单独编成一个程序段,需要时通过子程序调用指令进行调用。这样的程序段称为子程序。

采用子程序能使整个程序结构简单,缩短程序的设计时间,减少占用的程序存储空间。调用子程序的程序称为主程序或调用程序。

在编写子程序时应注意以下问题:①子程序的第一条指令地址称为子程序的入口地址,该指令前必须有标号;②主程序调用子程序,是通过主程序或调用程序中的调用指令来实现的;③子程序结构中使用堆栈保护断点和现场保护,且堆栈只能存于片内 RAM 中,不能存在于片外 RAM 中;④子程序的最后一条指令必须是 RET 指令,它的功能是把堆栈中的断点地址弹出。

典型的子程序的基本结构如下:

```
MAIN:       ...                           ;MAIN 为主程序入口标号
            ...
            LCALL   SUB                   ;调用子程序 SUB
            ...
SUB:        PUSH    PSW                   ;现场保护
            ACALL   Acc
```

子程序处理程序段:

```
POP         Acc                    ;现场恢复,注意要先进后出  ┐
POP         PSW                                         ├ 子程序
RET                                ;最后一条指令必须为 RET  ┘
```

值得说明的是,上述子程序结构中,现场保护与现场恢复不是必需的,要根据实际情况而定。

【例 3-39】   利用子程序实现 $c=a^2+b^2$。设 a、b、c 分别存于内部 RAM 的 20H、21H和 22H 三个单元中。

【解】

子程序入口:(A)=预平方数;

子程序出口:(A)=平方值。

子程序如下:

```
SQR:        MOV     DPTR, ♯ TAB
            MOVC    A,@A + DPTR
            RET
TAB:        DB      0,1,4,9,16,25,36,49,64,81
```

验证程序段如下:

```
MAIN:       MOV     20H, ♯ 4
            MOV     21H, ♯ 5
            MOV     A,20H          ;利用累加器 A 向子程序传递参数 a
            ACALL   SQR
            MOV     R1,A           ; a² 暂存于 R1 中
            MOV     A,21H          ;利用累加器 A 向子程序传递参数 b
            ACALL   SQR
            ADD     A,R1           ; a² + b² 存于 A 中
            MOV     22H,A          ;A 中的结果存入 22H 单元
            SJMP    $
```

结果:$4^2+5^2=29\mathrm{H}$

在程序存储器的一片存储单元中建立起该变量的平方表。用数据指针 DPTR 指向平方表的首址,则变量与数据指针之和的地址单元中的内容就是变量的平方值。

采用 MOVC   A,@A＋PC 指令实现查表功能时,无须 DPTR 参与(系统资源占用少),但表格只能存放在 MOVC 指令后的 256 B 内,即表格存放地点和空间有一定的限制。

3.6   本章小结

本章主要介绍 51 单片机的汇编指令和汇编语言程序设计,重点了解并熟悉汇编语言的基本知识;熟悉各指令的功能、寻址方式、寻址范围、对标志位的影响以及指令执行的机器周期;掌握伪指令和单片机指令的使用,并理解二者的区别;掌握基本程序结构和典型程序设计。

习题

一、简答题

1. 在 MCS-51 单片机中，寻址方式有几种？其中对片内 RAM 可以用哪几种寻址方式？对片外 RAM 可以用哪几种寻址方式？访问特殊功能寄存器区可以用哪几种寻址方式？访问片外部程序存储器可以采用哪些寻址方式？

2. 在对片外 RAM 单元寻址中，用 Ri 间接寻址与用 DPTR 间接寻址有什么区别。

3. 在位处理中，位地址的表示方式有哪几种？

4. 什么是伪指令？常用的伪指令功能如何？

5. 子程序调用时，参数的传递方法有哪几种？

6. 区分下列指令有什么不同？

```
(1)  MOV   A,30H    和   MOV   A,♯30H
(2)  MOV   A,@R0    和   MOVX  A,@R0
(3)  MOV   A,R0     和   MOV   A,@R0
(4)  MOVX  A,@R0    和   MOVX  A,@DPTR
(5)  MOVX  A,@DPTR  和   MOVC  @A+DPTR
```

二、阅读程序写结果

1. 若 R1＝30H，A＝40H，(30H)＝60H，(40H)＝08H。试分析执行下列程序段后上述各单元内容的变化。

```
MOV   A,@R1
MOV   @R1,40H
MOV   40H,A
MOV   R1,♯7FH
```

2. 若(50H)＝40H，试写出执行以下程序段后累加器 A、寄存器 R0 及内部 RAM 的 50H、41H、42H 单元中的内容各为多少？

```
MOV   A,50H
MOV   R0,A
MOV   A,♯00H
MOV   @R0,A
MOV   A,♯3BH
MOV   41H,A
MOV   42H,41H
```

3. 设(70H)＝60H，(60H)＝20H。P1 口为输入口，当输入状态为 B7H 时，执行下列程序，试分析(70H)、B、(R1)、(R0)的内容是什么？

```
MOV   R0,♯70H
MOV   A,@R0
MOV   R1,A
MOV   B,@R1
```

```
MOV   P1,＃0FFH
MOV   @R0,P1
```

4. 若 A＝E8H,R0＝40H,R1＝20H,R4＝3AH,(40H)＝2CH,(20H)＝0FH,试写出下列各指令独立执行后有关寄存器和存储单元的内容。若该指令影响标志位,试指出 CY、AC 和 OV 的值。

```
MOV   A,@R0
ANL   40H,＃0FH
ADD   A,R4
SWAP  A
DEC   @R1
XCHD  A,@R1
```

5. 设 A＝83H,R0＝17H,(17H)＝34H,分析当执行完下面指令段后累加器 A、R0、17H 单元中的内容。

```
ANL   A,＃17H
ORL   17H,A
XRL   A,@R0
CPL   A
```

6. 下列程序段汇编后,从 1000H 单元开始的单元内容是什么?

```
      ORG   1000H
TAB:  DB    12H,34H
      DS    3
      DW    5567H,87H
```

三、程序设计

1. 完成某种操作可以采用几条指令构成的指令序列实现,试写出完成以下每种操作的指令序列。

（1）R0 的内容送到 R1 中。

（2）内部 RAM 60H 单元的内容传送到寄存器 R2。

（3）外部 RAM 1000H 单元的内容传送到寄存器 R2。

（4）片内 RAM 20H 单元的内容送到片内 RAM 的 40H 单元中。

（5）片内 RAM 20H 单元的内容送到片外 RAM 的 60H 单元中。

（6）片内 RAM 50H 单元的内容送到片外 RAM 的 1000H 单元中。

（7）片外 RAM 1000H 单元的内容送到片外 RAM 的 20H 单元中。

（8）片外 RAM 1000H 单元的内容送到片外 RAM 的 4000H 单元中。

（9）ROM 1000H 单元的内容送到片内 RAM 的 50H 单元中。

（10）ROM 1000H 单元的内容送到片外 RAM 的 1000H 单元中。

2. 写出完成下列要求的指令,要求不得改变未涉及的位的内容。

（1）使累加器 A 第 0 位置位。

（2）累加器 A 的高 2 位置 1,其余位不变。

（3）清除累加器 A 的高 4 位。

（4）清除 ACC.3，ACC.4，ACC.5，ACC.6。

（5）累加器 A 第 0 位、2 位、4 位、6 位取反。

3. 试编写一段程序，将片内 RAM 的 1000～101FH 单元的内容依次存入片外 RAM 的 20H～3FH 单元中。

4. 设被加数存放在内部 RAM 的 20H、21H 单元，加数存放在 22H、23H 单元，若要求和存放在 24H、25H 中，试编写出 16 位无符号数相加的程序（采用大端模式存储）。

5. 试编写程序，将内部 RAM 的 40H、41H 单元的两个无符号数相乘，结果存放在 R2、R3 中，R2 中存放高 8 位，R3 中存放低 8 位。

6. 试编写程序，将 R1 中的低 4 位数与 R2 中的高 4 位数合并成一个 8 位数，并将其存放在 R1 中。

7. 用查表的方法实现一位十六进制数转换成 ASCII 码。

8. 编写程序，求内部 RAM 中 40H～49H 10 个单元内容的平均值，并存放在 6AH 单元中。

第4章

单片机C语言程序设计

单片机应用系统的程序设计也可以采用 C 语言实现。C51 语言是针对 51 及其扩展系列单片机的语言,支持符合 ANSI 标准的 C 语言程序设计。由于 C51 在可读性和可重用性上具有明显的优势,所以被广泛使用。在众多的 C51 编译器中,以 Keil 公司的 C51 最受欢迎,它不仅编译速度快,代码生成效率高,还配有 μVision 集成开发环境及 RTX51 实时操作系统。本章将以 Keil C51 为例进行介绍。

4.1　C51 对标准 C 的扩展

C51 对标准 C 语言进行了扩展,主要包括单片机存储性质、分区特征以及特殊的位寻址等,扩展后的 C51 与标准 C 语言基本兼容。

4.1.1　C51 的数据类型

数据类型定义了数据的格式,主要包括数据的值域范围、占用存储单元的个数及能参与何种运算。C51 的数据类型与标准 C 语言的数据类型基本相同,但又有一定的区别。在C51 中,设计人员定义好数据类型及存储分区后,编译系统会自动确定相应的存储单元并进行管理。C51 常用的数据类型如表 4-1 所示。

表 4-1　C51 常用的数据类型

数　据　类　型		长度(位)	取　值　范　围
字符型	unsigned char	8	−128～127
	signed char	8	0～255
整型	unsigned int	16	−32768～32767
	signed int	16	0～65535
长整型	unsigned long	32	−21474883648～21474883647
	signed long	32	0～4294967295

续表

数 据 类 型		长度(位)	取 值 范 围
浮点型	float	32	$\pm1.75494E-38\sim\pm3.402823E+38$
SFR 型	sfr	8	0~255
	sfr16	16	0~65535
位型	bit	1	0,1
	sbit	1	0,1

C51 数据类型可分为通用数据类型和 51 单片机的特殊数据类型两大类。

基本数据类型有字符型(char)、短整型(short)、整型(int)、长整型(long)、浮点型(float)和双精度型(double),均分无符号和有符号两种情况。但 short 型与 char 型相同,double 型与 float 型相同。注意,int 型和 long 型在存储器中的存储格式与标准 C 语言不一样,标准 C 语言中是高字节存放在高地址单元,低字节存放在低地址单元,而 C51 中是高字节存放在低地址单元,低字节存放在高地址单元,如图 4-1 和图 4-2 所示。

(a) 标准C语言中的存放格式   (b) C51中的存放格式

图 4-1　int 型数据 0x1234 的存放格式

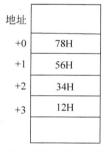

(a) 标准C语言中的存放格式   (b) C51中的存放格式

图 4-2　long 型数据 0x12345678 的存放格式

需要注意的是,编译系统默认数据为有符号格式。使用有符号格式(signed)时,编译器要进行符号位检测,并要调用库函数,生成的程序代码比无符号格式长得多,程序运行速度将减慢,占用的存储空间也会变大,出现错误的概率将会增加。通常情况下,应尽可能采用无符号格式(unsigned)。另外,对于多字节定点数,在存储器中采用"大端对齐"存储结构,即数据的低字节内容存放在存储器的高地址端单元。

专门针对 MCS-51 单片机的特殊数据类型有特殊功能寄存器 SFR 型和位型。

1. 特殊功能寄存器 SFR 型

SFR 型用于访问 MCS-51 单片机的特殊功能寄存器。它分为 sfr 和 sfr16 两种类型,其中,sfr 用于声明字节型(8 位)特殊功能寄存器,可以访问 MCS-51 单片机内部的所有特殊功能寄存器;sfr16 用于声明字型(16 位,2 个相邻的字节)特殊功能寄存器,可以访问 MCS-51 单片机内部的所有两个字节的特殊功能寄存器。在 C51 中,对特殊功能寄存器的访问必须先用 sfr 或 sfr16 进行声明。

【例 4-1】 sfr 和 sfr16 的声明:

```
sfr    P0 = 0x80;    //声明 P0 口为字节型特殊功能寄存器,地址 0x80
sfr16  T2 = 0xcc;    //声明 T2 为字型特殊功能寄存器,首址 0xcc
```

2. 位型

位型用于访问 MCS-51 单片机的可寻址的位单元。在 C51 中支持两种位型:bit 型和 sbit 型,它们在内存中只占一个二进制位,其值可以是"1"或"0"。其中,bit 用于定义定位在内部 RAM 的 20H~2FH 单元的位变量,位地址范围是 00~7FH,编译器对位地址进行自动分配,不同的时候分配的位地址不一样;sbit 用于声明定位在 sfr 区域的位变量(或位寻址区变量的某确定位),用 sbit 定义的位变量必须与 MCS-51 单片机的一个可以位寻址的位单元联系在一起,编译器不自动分配位地址,位地址是不可变化的。

另外,还要注意使用方法的不同,例如:

```
bit    myflag = 0;   //定义 myflag,位地址由编译器在 00~7FH 范围分配,并赋初始值 0
sbit   OV = 0xd2;    //声明位变量 OV 的位地址为 0xd2," = "号含义是声明,不表示赋值
```

4.1.2 C51 的数据存储器类型

在 C51 中,普通变量使用前必须对它进行定义,定义的总体格式与标准 C 语言相同,但由于 51 单片机的存储器组织与通用的微型计算机不一样,51 单片机的存储器分片内数据存储器、片外数据存储器和程序存储器,另外还有位寻址区,不同的存储器访问的方法不同,同一段存储区域又可以用多种方式访问,因而在定义变量时必须用关键字指明变量的存储器区域,以便编译系统为它分配相应的存储单元与访问方式。

存储器类型用于指明变量所处的单片机的存储器区域与访问方式。C51 编译器的存储器类型有 data、bdata、idata、pdata、xdata 和 code,如表 4-2 所示。对于单片机,访问片内 RAM 比访问片外 RAM 速度要快得多,所以经常使用的变量应该置于片内 RAM 中,要用 data、bdata、idata 来定义,不经常使用的变量或规模较大的变量应该置于片外 RAM 中,要用 pdata 和 xdata 来定义,具体描述如下:

(1) data:data 区为片内数据存储器低 128B 空间,通过直接寻址方式访问,它定义的变量访问速度最快,所以应把经常使用的变量放在 data 区,但 data 区的空间小,而且除了包含程序变量外,还包含堆栈和寄存器组,能存放的变量少。

(2) bdata:bdata 区实际是 data 区中的可位寻址区,在片内数据存储器 20H~2FH 单元,在这个区域中变量可进行位寻址,可定义成位变量使用。

(3) idata:51 系列单片机附加的 128B 的内部 RAM 位于从 80H 开始的 128B 地址空间被称为 idata。idata 与 data 存储区域相同,只是访问方式不同,data 为直接寻址,idata 为

寄存器间接寻址。因为 idata 区域的地址和 SFR 的地址重叠,所以通过寻址方式来区分二者。

（4）pdata 和 xdata：pdata 区和 xdata 区同属于片外数据存储器,只是 pdata 定义的变量只能存放在片外数据存储器的低 256B 空间,通过 8 位寄存器 R0 和 R1 间接寻址,而 xdata 定义的变量可以存放在片外数据存储器 64KB 空间的任意位置,通过 16 位的数据指针 DPTR 间接寻址。

（5）code：code 区也称为代码段,用来存放可执行代码。用 code 定义的变量存放在 51 单片机的程序存储器中,由于程序存储器具有只读属性,只能通过下载方式把程序写入程序存储器中,变量也会与程序一起写入。写入后就不能通过程序再修改,否则会产生错误。因而要求 code 属性的变量在定义时一定要初始化。一般用 code 属性定义表格型数据。

表 4-2　C51 数据的存储类型

存 储 类 型	长度（位）	对应的存储器及寻址方式	
bdata	1	片内 RAM	位寻址区,共 128 位（也能字节访问）
data	8		直接寻址,共 128 位
idata	8		间接寻址,共 256B（MOV　@Ri）
pdata	8	片外 RAM	分页寻址,共 256B（MOVX　@Ri）
xdata	16		间接寻址,共 64KB（MOVX　@DPTR）
code	16	ROM	间接寻址,共 64KB（MOVC　A,@A+DPTR）

【例 4-2】　C51 变量的定义：

```
bit bdata flags;              //位变量 flags 定位在片内 RAM 的位寻址区
char data var;                //字符变量 var 定位在片内 RAM 区
float idata x,y;              //实型变量 x,y 定位在片内间接寻址 RAM 区
unsigned char pdata z;        //无符号字符变量 z 定位在片外分页寻址 RAM 区
char code chr[3] = {1,2,3};
```

4.1.3　C51 的编译模式

编译模式也称为存储器模式,决定代码和变量的规模。当变量未标明存储类型时,C51 编译器将按存储模式默认变量的存储类型。C51 中,变量支持三种存储模式：SMALL 模式、COMPACT 模式和 LARGE 模式。不同的存储模式对变量默认的存储器类型不一样。

1. SMALL 模式

SMALL 模式称为小编译模式,在 SMALL 模式下,编译时变量被默认在片内 RAM 中,存储器类型为 data。

在 SMALL 模式中,把所有函数变量和局部数据段放在 51 单片机的内部数据存储区中,这使单片机 CPU 访问数据非常快,但 SMALL 存储模式的地址空间受限。在写小型应用程序时,变量和数据放在 data 内部数据存储器中是很好的,但在较大的应用程序中,data 区最好只存放小的变量、数据或常用的变量（如循环计数、数据索引）,而大的数据则存放在别的存储区域。

2. COMPACT 模式

COMPACT 模式称为紧凑编译模式,在 COMPACT 模式下,编译时变量被默认在片外

RAM 的低 256B 空间,存储器类型为 pdata。

在 COMPACT 模式中,所有变量都默认在外部数据存储器的一页内,这和使用 pdata 指定存储器类型一样。该存储器模式适用于变量不超过 256 字节,此限制是由寻址方式所决定的。该存储模式的效率低于 SMALL 模式,对变量访问的速度要慢一些,但比 LARGE 模式快。

3. LARGE 模式

LARGE 模式称为大编译模式,在 LARGE 模式下,编译时变量被默认在片外 RAM 的 64KB 空间,存储器类型为 xdata。

在 LARGE 模式中,所有变量都默认位于外部数据存储器中,这和使用 xdata 指定存储器类型一样,使用数据指针 DPTR 进行寻址。通过数据指针访问外部数据存储器的效率较低,特别是当变量为两字节或更多字节时,该模式的数据访问比 SMALL 和 COMPACT 模式产生更多的代码。

值得说明的是,程序中变量存储模式的指定通过♯pragram 预处理命令来实现。如果没有指定,则系统都隐含为 SMALL 模式。

4.1.4 C51 的标识符和关键字

1. C51 的标识符

标识符是用来标识源程序中某个对象的名字的,这些对象可以是语句、数据类型、函数、变量、常量、数组等。一个标识符由字母、数字和下画线等组成,第一个字符必须是字母或下画线。C51 编译器规定标识符最长可达 255 个字符,但只有前面 32 个字符在编译时有效,因此在编写源程序时标识符的长度不要超过 32 个字符,这对于一般应用程序来说已经足够了。

2. C51 的关键字

关键字是编程语言保留的特殊标识符,有时又称为保留字,它们具有固定的名称和含义,在 C 语言程序编写中不允许标识符与关键字相同。C51 编译器的关键字除了有标准 C 语言的 32 个关键字外,还根据 51 单片机的特点扩展了相关的关键字。在 Keil C51 开发环境的文本编辑器中编写 C 语言程序,系统可以把保留字以不同颜色显示,默认颜色为蓝色。表 4-3 所示为 Keil C51 编译器扩展的关键字。

表 4-3 C51 编译器扩展的关键字

关键字	用　　途	说　　明
bit	位标量声明	声明一个位标量或位类型的函数
sbit	位变量声明	声明一个可位寻址变量
sfr	特殊功能寄存器声明	声明一个特殊功能寄存器(8 位)
sfr16	特殊功能寄存器声明	声明一个特殊功能寄存器(16 位)
data	存储器类型说明	直接寻址的内部数据存储器
bdata	存储器类型说明	可位寻址的内部数据存储器
idata	存储器类型说明	间接寻址的内部数据存储器
pdata	存储器类型说明	"分页"寻址的外部数据存储器
xdata	存储器类型说明	外部数据存储器

续表

关键字	用　途	说　明
code	存储器类型说明	程序存储器
interrupt	中断函数声明	定义一个中断函数
reentrant	再入函数声明	定义一个再入函数
using	寄存器组定义	定义工作寄存器组

4.2　C51 的变量

C51 中变量定义的总体格式与标准 C 语言基本相同,具体如下:

[存储种类]数据类型说明符[存储类型]变量名[= 初值];

存储种类是指变量在程序执行过程中的作用范围。C51 变量的存储种类与标准 C 语言一样,有 4 种,分别是自动(auto)、外部(external)、静态(static)和寄存器(register),默认类型为自动(auto)。

类型说明符用来指明变量的数据类型,与标准 C 语言一样,可以是系统已有的数据类型说明符(见 4.1.1 节),也可以是用 typedef 或 ♯ define 定义的类型别名。

C51 定义变量时注明存储类型,用于指明变量的存储器区域,以便编译系统为变量分配相应的存储单元与访问方式,详见 4.1.2 节。

变量名是为不同变量取的名称,以便区分。在 C51 中,变量取名原则遵循 4.1.4 节标识符原则。

另外,需要说明的是,方括号项为非必需项,可缺省。

4.2.1　C51 的特殊功能寄存器变量

特殊功能寄存器变量是 C51 中特有的一种变量。MCS-51 系列单片机片内有多个特殊功能寄存器,用来控制定时器、计数器、串口、I/O 及其他功能部件,每个特殊功能寄存器对应片内 RAM 中的一个字节单元或两个字节单元。在 C51 中,用户可以对这些特殊功能寄存器进行访问,访问时需通过 sfr 或 sfr16 类型说明符进行定义,并在定义时指明它们对应的片内 RAM 单元的地址。具体格式为

sfr 或 sfr16　特殊功能寄存器变量名 = 地址;

其中,sfr 是对单片机中单字节的特殊功能寄存器进行定义;sfr16 是对双字节特殊功能寄存器进行定义。为了区别于一般变量,特殊功能寄存器变量名一般用大写字母表示。同时,为了方便,特殊功能寄存器变量名通常与相应的特殊功能寄存器名相同,如例 4-3 所示。

【例 4-3】　特殊功能寄存器的定义:

```
sfr    PSW = 0xc0;
sfr    SCON = 0x56;
sfr    TMOD = 0x65;
```

```
sfr     Pl = 0x80;
sfr16   DPTR = 0x82;
sfr16   T0 = 0x8B;
```

4.2.2　C51 的位变量

位变量也是 C51 中的一种特有变量。MCS-51 系列单片机的片内数据存储器和特殊功能寄存器中有一些位可以按位方式处理，C51 中，这些位可通过位变量来使用，使用时需用位类型符进行定义。位类型符有两个，bit 和 sbit，可以定义两种位变量。

bit 位类型符用于定义一般的位变量，定义的位变量位于片内数据存储器的位寻址区。它的格式如下：

bit 位变量名；

在格式上可以加存储器类型等各种修饰，但注意存储器类型只能是 bdata、data、idata，只能是片内 RAM 的可位寻址区，严格来说只能是 bdata，而且定义时不能指定地址，只能由编译器自动分配。

【例 4-4】　bit 型变量的定义：

```
bit data a1;     //正确
bit bdata a2;    //正确
bit pdata a3;    //错误
bit xdata a4;    //错误
```

sbit 位类型符用于定义位地址确定的位变量，定义的位变量可以在片内数据存储器位寻址区，也可为特殊功能寄存器中的可位寻址位。定义时必须指明其位地址，可以是位直接地址，也可以是可位寻址的变量带位号，还可以是可位寻址的特殊功能寄存器变量带位号。格式如下：

sbit 位变量名 = 位地址；

如果位地址是位直接地址，其取值为 $0x00 \sim 0xff$；如果位地址是可位寻址变量带位号或特殊功能寄存器变量带位号，则在它前面需对可位寻址变量（在 bdata 区域）或可位寻址特殊功能寄存器变量（字节地址能被 8 整除）进行定义。字节地址与位号之间、特殊功能寄存器与位号之间一般用"∧"作间隔。另外，sbit 通常用来对 MCS-51 单片机的特殊功能寄存器中的特殊功能位进行定义，定义时位变量名一般大写，而且名称与相应的特殊功能位名称相同。

【例 4-5】　sbit 型变量的定义：

```
sbit    OV = 0xd2;
sbit    CY = 0xd7;
unsigned char bdata flag;
sbit    flag0 = flag^0;
sfr     Pl = 0x90;
sbit    Pl_0 = P1^0;
sbit    Pl_l = P1^1;
sbit    Pl_2 = P1^2;
sbit    Pl_3 = P1^3;
```

```
sbit    P1_4 = P1^4;
sbit    P1_5 = P1^5;
sbit    P1_6 = P1^6;
sbit    P1_7 = P1^7;
```

为了便于用户使用,C51编译器将 MCS-51 单片机的特殊功能寄存器和特殊功能位定义成变量,其名称与其相对应的特殊功能寄存器和特殊功能位名称相同,并存放在"reg51. h"或"reg52. h"头文件中。使用时,只需要用预处理命令"♯ include < reg51. h >"或"♯ include < reg52. h >"将头文件包含到程序中,就可直接使用这些特殊功能寄存器和特殊功能位。

4.3   C51 的指针

指针就是地址,数据或变量的指针就是存放该数据或变量的地址。例如,对于一个字符型变量 a,可以把 a 的地址赋给指针变量 p,即

```
char * p;                    //定义指针变量 p,指针变量 p 指向字符型数据
p = &a;                      //指针变量 p 的值为变量 a 的地址,即 p 指向了变量 a
```

利用指针运算符"∗"可以获得指针所指向变量的内容,即:∗p 表示变量 a 的内容。

C51 中指针、指针变量的定义和用法与标准 C 语言基本相同,只是增加了存储器类型属性。既可以表明指针本身所处的存储空间,也可以表明该指针所指向的对象的存储空间。

根据定义时是否含有指针本身及所指向数据的存储器类型,C51 的指针可以分为"存储器型指针"和"通用指针"。

4.3.1   存储器型指针

定义指针变量时,如果已经指明该指针所指向数据的存储器类型,那么这样的指针被称为存储器型指针。例如:

```
char idata * p;          //指针变量 p 指向 idata 空间的字符型数据
```

该类型指针长度为单字节或双字节,可以节省存储器资源。如果存储器类型为 code 和 xdata,则长度为 2 字节;如果存储器类型为 idata、data 或 pdata,则长度为 1 字节。

定义时也可指明指针变量自身的存储空间,例如:

```
char idata * data p;     //p 指向 idata 区的字符型数据,指针本身存储在 data 区
```

由于存储器型指针指向数据的存储器分区在编译时就已经确定,所以运行速度比较快,可以高效地访问对象,但也由于它所指向数据的存储器分区是确定的,故其兼容性不够好。

4.3.2   通用指针

定义指针变量时,若没有指明该指针所指向数据的存储器类型,则这样的指针称为通用指针,或一般指针。存放通用指针要占用 3 字节,其中第 1 字节为指针所指向数据的存储器类型编码,通用指针的存储器类型编码如表 4-4 所示,第 2 和第 3 字节分别为指针所指向数

据的高字节地址和低字节地址。

表 4-4　C51 通用指针的存储器类型编码

存储器类型	bdata/data/idata	xdata	pdata	code
编码	0x00	0x01	0xfe	0xff

例如,存储器类型为 xdata,地址值为 0x1234 的指针,在内存中的存放形式为:第 1 字节为 0x01,第 2 字节为 0x12,第 3 字节为 0x34。

需要注意的是,当数据存储器类型为 idata、data 或 pdata 时,指针指向的数据为 8 位地址,此时第 2 字节存放 0,第 3 字节存放数据的 8 位地址。

由于通用指针所指向数据的存储器空间在编译时未确定,所以必须生成一般代码以保证对任意空间的数据进行存取。因此,通用指针所产生的代码速度要慢一些。

4.4　C51 的绝对地址访问

在 C51 中,可以通过绝对地址访问方式来实现对 MCS-51 单片机系统中确定的存储单元进行访问。C51 的绝对地址访问方式有三种:关键字"_at_"、预定义宏和指针。

4.4.1　用_at_定义变量绝对地址

在 C51 中,可以使用_at_关键字定位全局变量存放的首地址,一般格式如下:

[存储器类型] 数据类型说明符 变量名_at_地址常数;

其中,"存储器类型"为 data、bdata、idata、pdata 等,如省略,则按存储模式规定的默认存储器类型确定变量的存储器区域;"数据类型"为 C51 支持的数据类型;"地址常数"用于指定变量的绝对地址,必须位于有效的存储器空间内。

【例 4-6】　通过_at_实现绝对地址访问:

```
idata int y _at_ 0x40;            //idata 中定义全局变量 y 的首地址为 40H
y = 0xaa;                         //整型变量 y 赋值 aaH
xdata char string[20] _at_ 0x2000; //xdata 中定义字符型数组 string 的首地址为 2000H
```

值得注意的是,对于外设接口地址的定义,要用 volatile 进行说明,目的是可以有效地避免编译器优化后出现不正确的结果。volatile 的含义是每次都重新读取原始内存地址的内容,而不是直接使用保存在寄存器里的备份。C51 编程时最好由编译器完成变量的定位,用户不要轻易使用绝对地址定位变量。

4.4.2　预定义宏实现绝对地址访问

为了编程方便,C51 编译器还提供了一组宏定义以实现对 51 系列单片机绝对地址的访问。这组宏定义原型放在 absacc.h 文件中,该文件包含如下语句:

```
# define    CBYTE    ((unsigned    char    volatile    code    * )0)
# define    DBYTE    ((unsigned    char    volatile    data    * )0)
```

```
# define    PBYTE    ((unsigned    char    volatile    pdata    * )0)
# define    XBYTE    ((unsigned    char    volatile    xdata    * )0)
# define    CWORD    ((unsigned    int     volatile    code     * )0)
# define    DWORD    ((unsigned    int     volatile    data     * )0)
# define    PWORD    ((unsigned    int     volatile    pdata    * )0)
# define    XWORD    ((unsigned    int     volatile    xdata    * )0)
```

CBYTE 以字节形式对 code 区寻址,DBYTE 以字节形式对 data 区寻址,PBYTE 以字节形式对 pdata 区寻址,XBYTE 以字节形式对 xdata 区寻址,CWORD 以字形式对 code 区寻址,DWORD 以字形式对 data 区寻址,PWORD 以字形式对 pdata 区寻址,XWORD 以字形式对 xdata 区寻址。访问形式如下:

宏名 [地址]

宏名为 CBYTE、DBYTE、PBYTE、XBYTE、CWORD、DWORD、PWORD 或 XWORD。地址为存储单元的绝对地址,一般用十六进制形式表示。

【例 4-7】 将 20H~2FH 共 16 个 RAM 单元初始化为"33H"。

【解】 实现过程如下:

```
# include < reg51. h >
# include < absacc. h >

void main(void)
{
    unsigned char i;
    for(i = 0; i < = 15; i++)
    {
        DBYTE[0x20 + i] = 0x33;
    }
    while(1);
}
```

4.4.3 指针实现绝对地址访问

利用关键字"_at_"和预定义宏可以实现绝对地址访问,还可以利用指针对任意指定的存储单元实现绝对地址访问。

【例 4-8】 通过指针实现绝对地址访问。

```
unsigned char data * p        \\定义指针 p,指向内部 RAM 数据
p = 0x20;                      \\指针 p 赋值,指向内部 RAM 的 0x20 单元
* p = 0x33;                    \\数据 0x33H 送入内部 RAM 的 0x20 单元
```

注意,因为采用绝对地址赋值可能破坏 C51 编译系统构造的运行环境,所以 C51 编程时用户不要轻易采用指针向绝对地址单元赋值。

4.5 C51 的函数

C51 程序与标准 C 语言程序类似,程序由主函数和若干子函数构成,由主函数 main()

开始,并在主函数中结束。函数是构成 C51 程序的基本模块。C51 函数可分为两大类:标准库函数和用户自定义函数;标准库函数及自定义函数在被调用前要进行说明,标准库函数的说明由系统提供的若干头文件分类实现,自定义函数由用户在程序中依规则完成。标准库函数是 C51 编译器提供的,不需要用户进行定义,可以直接调用。它们的使用方法与标准 C 语言基本相同。但 C51 针对的是 51 系列单片机,C51 的函数在有些方面还是与标准 C 语言不同的,并对标准 C 语言做了相应的扩展。

4.5.1 C51 函数的定义

C51 编译器扩展了标准 C 函数声明,函数的定义形式为

返回值类型 函数名(形式参数列表)[编译模式][reentrant][interrupt n][using m]
{
函数体
}

1. 函数类型

函数类型说明了函数返回值的类型,可以是前面介绍的各种数据类型,用于说明函数最后的 return 语句送回给被调用处的返回值的数据类型。当函数没有返回值时,要用关键字 void 明确说明。

2. 函数名

函数名是用户为自定义函数取的名字,以便调用函数时使用,它的取名规则与变量的命名规则一样。

3. 形式参数

形式参数(简称形参)列表用于列举在主调用与被调用函数之间进行数据传递的形式参数。在函数定义时,形式参数的类型必须明确加以说明,对于无形参的函数,括号也要保留。

4. 编译模式

编译模式是标准 C 语言的扩展,用来指定函数中局部变量和参数的存储空间,可以定义为:①SMALL 模式,变量默认在片内 RAM;②COMPACT 模式,变量默认在片外 RAM 的页内;③LARGE 模式,变量默认在片外 RAM 的 64KB 范围。

5. reentrant 定义可重入函数

可重入函数就是允许被递归调用的函数。函数的递归调用是指当一个函数正被调用且尚未返回时,又直接或间接调用函数本身。在标准 C 语言中,调用函数时会将函数的参数和函数中使用的局部变量压入堆栈保存,因为系统具有足够大的堆栈空间,所以函数默认都是可重入的。由于一般的 51 单片机的硬件堆栈空间有限(最大不超过 256B),这部分空间编译器有时还用作保存函数参数或局部变量,因此,C51 函数默认是不可重入的。在某些实际需要时,例如,当函数调用时可能会被中断函数中断,而在中断函数中可能再调用这个函数,可以用"reentrant"将一个函数声明成可重入函数,进而实现可递归调用。

C51 编译器为声明为可重入的函数构造了一种模拟堆栈(相对于系统堆栈或是硬件堆栈来说),通过这个模拟堆栈来完成参数传递和存放局部变量。模拟堆栈以全局变量? C_IBP、? C_PBP 和? C_XBP 作为栈指针(硬件堆栈的栈指针为 SP),这些变量定义在数据空间,并且可在文件 startup. a51 中进行初始化。

根据编译时采用的存储器模式,模拟堆栈区可位于内部(idata)或外部(pdata 或 xdata)存储器中,如表 4-5 所示。

表 4-5　不同编译模式对应的模拟堆栈空间

存储器模式	栈指针(字节数)	特　　点
SMALL	? C_IBP(1)	间接访问的内部数据存储器(IDATA),栈区最大为 256B
COMPACT	? C_PBP(1)	分页寻址的外部数据存储器(PDATA),栈区最大为 256B
LARGE	? C_XBP(2)	外部数据存储器(XDATA),栈区最大为 64KB

关于可重入函数,应该注意以下几点:

(1)用 reentrant 定义的可重入函数被调用时,实参表内不允许使用 bit 类型的参数,函数体内也不允许存在任何关于位变量的操作,更不能返回 bit 类型的值。

(2)编译时,系统为可重入函数在内部或外部存储器中建立一个模拟堆栈区,称为重入栈。可重入函数的局部变量及参数被放在重入栈中,使重入函数可以实现递归调用。

(3)在参数的传递上,实际参数可以传递给间接调用的可重入函数。无重入属性的间接调用函数不能包含调用参数,但是可以使用定义的全局变量来进行参数传递。

(4)使用可重入函数会消耗较多的存储器资源,应该尽量少用。

另外,使用不可重入的函数时(注:许多 C51 的库函数是不可重入的),要注意使用限制:不能进行递归调用;不能在被前台程序调用时同时又被中断程序(后台)调用;不能在多任务实时操作系统中被不同的任务同时调用。

6. interrupt n 定义中断函数

n 为中断号,可以为 0～31,通过中断号可以决定中断服务程序的入口地址(绝对地址:8n+3),常用的中断源对应的中断号如表 4-6 所示。

表 4-6　常用的中断源对应的中断号与入口地址

中断源	外部中断 0	定时/计数器 T0	外部中断 1	定时/计数器 T1	串行口中断	定时/计数器 T2
中断号	0	1	2	3	4	5
入口	0003H	000BH	0013H	001BH	0023H	002BH

注:其他中断号预留。

编写 MCS-51 中断函数需要注意以下几点。

(1)中断函数不能带有参数,也没有返回值。

(2)被中断函数调用的函数中使用的工作寄存器组应与中断函数中的工作寄存器组相同。

(3)在任何情况下都不能直接调用中断函数。中断函数的返回由 51 单片机的 RETI 指令完成,RETI 指令影响单片机的硬件中断系统,所以,在没有实际中断的情况下直接调用中断函数,RETI 指令的操作结果将会产生一个致命的错误。

(4)中断函数最好写在文件的尾部,并且禁止使用 extern 存储类型说明,防止其他程序调用。

【例 4-9】　实现对外部中断 1 的中断次数计数,并送 P0 口显示。

【解】　参考程序如下:

```
void int0_int()interrupt 2
```

```
{
    P0 = counter++;              //加 1 送 P0 口显示
}
```

7. using m 确定中断服务函数所使用的工作寄存器组

m 为工作寄存器组号,取值为 0～3。指定工作寄存器组后,所有被中断函数调用的函数都必须使用同一个寄存器组,否则参数传递就会发生错误。不设定工作寄存器组切换时,编译系统会将当前工作寄存器组的 8 个寄存器都压入堆栈。

注意,"using m"不能用于有返回值的函数。C51 函数的返回值是放在寄存器中的,如果寄存器组改变了,返回值就会出错。

4.5.2 C51 函数的参数传递

关于 C51 函数的声明与调用,与标准 C 语言类似,这里不再赘述。但 C51 中,函数具有特定的参数传递规则。C51 中有两种参数传递方式:第一种是通过寄存器 R0～R7 传递参数,不同类型的实参会存入相应的寄存器;第二种是通过固定存储区传递。

寄存器参数传递可以产生高效的代码,但最多可以传递 3 个参数,余下的通过固定存储区传递。这一特性可以用 REGPARMS 和 NOREGPARMS 编译命令来控制。不同的参数用到的寄存器不一样,不同的数据类型用到的寄存器也不同。通过寄存器传递的参数如表 4-7 所示。其中,int 型和 long 型数据传递时高位数据在低位寄存器中,低位数据在高位寄存器中;float 型数据满足 32 位的 IEEE 格式,指数和符号位在 R7 中;通用指针存储类型在 R3 中,高位在 R2 中。

表 4-7 传递参数时用到的寄存器

传递的参数	char	int	long/float	通 用 指 针
参数 1	R7	R6、R7	R4～R7	R1、R2、R3
参数 2	R5	R4、R5	R4～R7	R1、R2、R3
参数 3	R3	R2、R3	无	R1、R2、R3

当无寄存器可用时,或说明了"pragma NOREGPARMS"时,欲传递的参数就要采用固定的存储器位置传递。所使用的地址空间依赖于所选择的存储模式:SMALL 模式的参数段用内部数据区,COMPACT 和 LARGE 模式用外部数据区。虽然通过固定存储器传递参数具有代码效率不高、速度较慢的缺点,但是该方法传递途径非常清晰。

4.5.3 C51 函数的返回值

与标准 C 语言类似,C51 采用"return"使函数立即结束以返回原调用程序的指令,而且可以把函数内的最后结果数据传回给原调用程序。与函数参数传递不同,C51 中,函数返回值只能通过寄存器传递,函数的返回值和所用的寄存器如表 4-8 所示。

表 4-8 函数返回值用到的寄存器

返回值类型	寄 存 器	说 明
bit	C	由位运算器 C 返回
(unsigned)char	R7	在 R7 返回单个字节
(unsigned)int	R6、R7	高位在 R6,低位在 R7

续表

返回值类型	寄 存 器	说 明
(unsigned)long	R4～R7	高位在 R4,低位在 R7
float	R4～R7	32 位 IEEE 格式
通用指针	R1、R2、R3	存储器类型在 R3,高位在 R2,低位在 R1

4.5.4　C51 的库函数

为了提高编程效率,C51 编辑器提供了丰富的库函数。库函数的原形都在相应的头文件给出,所以使用某一函数时,只需在源程序的开始用编译命令 ♯include 将头文件包含进来即可。另外,为了有效地利用单片机存储器资源,C51 函数在数据类型方面做了一些调整:

(1) 数学运算库函数的参数和返回值类型由 double 调整为 float;

(2) 字符属性判断类库函数返回值类型由 int 调整为 bit;

(3) 一些函数的参数和返回值类型由有符号定点数调整为无符号定点数。

【例 4-10】 C51 标准输入输出函数调用示例。

```
# include < reg51.h>
# include < stdio.h>

void Uartlnit(void)
{
    SCON = 0x50;            //串行口工作方式 1,允许接收
    TMOD = 0x20;           //定时器 1 方式 2(自动重装)
    THl = 0xFD;            //晶振为 11.0592MHz 时,波特率为 9600b/s
    TR1 = 1;               //启动定时器 1
    TI = 1;               //发送中断置 1
}

void main(void)
{
    Uartlnit();
    printf("Hello World \n");
    while(1);
}
```

4.6　C51 与汇编语言混合编程

在一个应用程序中,根据每个任务的具体特点和要求,用不同的编程语言编写源程序,最后通过编译器生成一个可执行的完整程序,这种编程方式称为混合编程。混合编程具有效率高、速度快、易于编程、可读性和可移植性好等优点。

汇编语言具有执行速度快、效率高、实时性强、与硬件结合紧密等优点,同时具有编程难度大、可读性差、不便于移植、并且开发时间长等缺点。与此相对,C 语言编程容易、可移植

性强、支持多种数据类型,能直接对硬件进行操作、效率高,但是它的实时处理弱于汇编语言,无法准确定时。

一般的单片机系统设计通常采用 C51 编写系统主程序,对于一些时序要求极严格的外设接口程序则采用汇编语言编写,而对于一些涉及复杂数学运算的程序,往往要使用 C51 所提供的数学运算库,这就涉及 C51 与汇编之间的混合调用。

4.6.1　C51 函数的内部转换规则

C51 函数和汇编语言子程序相互调用时,必须遵循函数内部转换规则、参数传递规则和返回值规则。参数传递规则和返回值规则详见 4.5.2 节和 4.5.3 节,这里不再赘述。

C51 函数内部转换规则主要涉及函数名及其相关段名的转换。C51 程序模块编译成目标文件后,其中的函数名要依据定义的性质转换为相应不同的函数名。必须按照此规则来编写汇编子程序,才能实现 C51 函数与汇编语言子程序之间的混合调用。C51 函数名的转换规则如表 4-9 所示,它们的汇编符号名全部转换为大写。

表 4-9　C51 函数名的转换规则

C51 函数声明	汇编符号名	说　　明
void func1(void)	FUNC1	无参数传递或不含寄存器的函数,名称不做改变直接转入目标文件中
void func2(char)	_FUNC2	通过寄存器传递参数,函数名加前缀"_"
void func3(void) reetrant	_? FUNC3	重入函数,通过堆栈传递参数,函数名加前缀"_?"

一个 C51 源程序模块被编译后,其中的每个函数以"? PR? 函数名? 模块名"为命名规则被分配到一个独立的 CODE 段。例如,如果"FUNC51"内部包含一个名为"func"的函数,则其 CODE 段的名字是"? PR? FUNC? FUNC51";如果一个函数包含有 data 或 bit 类型的局部变量,编译器将按"? 函数名? BYTE"或"? 函数名? BIT"命名规则建立一个 data 或 bit 段,它们代表所要传递参数的起始位置,偏移量为 0。这些段是公开的,因而它们的地址可以被其他模块访问。

依据所使用的存储器模式,各函数段按表 4-10 所列的规则命名,相互调用时,汇编子程序必须服从 C51 有关段名的命名规则。

表 4-10　各种存储器模式下 C51 函数段名的命名规则

数　　据	段　类　型	段　　名
程序代码	CODE	? PR? 函数名? 模块名(所有存储器模式)
局部变量	DATA	? DT? 函数名? 模块名(SMALL 模式)
	PDATA	? PD? 函数名? 模块名(COMPACT 模式)
	XDATA	? XD? 函数名? 模块名(LARGE 模式)
局部 bit 变量	BIT	? BI? 函数名? 模块名(所有存储器模式)

4.6.2　C51 调用汇编程序

C51 调用汇编语言子程序可以传递参数,也可以不传递参数。下面用两个例子来具体说明 C51 调用汇编子程序的方法。在 C51 主程序调用汇编子程序之前,应先用"extern"声明被调用的汇编程序是一个外部函数,同时在汇编程序中则要用"PUBLIC"声明该子程序可以被其他模块调用。

【例 4-11】 不含参数传递的 C51 调用汇编程序示例。

【解】 参考程序如下:

```
//主函数
# include"reg51.h"
extern void a dlms(void);        //说明被调用的 dlms 子程序(汇编语言编写)是外部函数
sbit P2_0 = P2^0;
void main(void)
{
    While(1)
    {
      P2_0 = 0;
      dlms();                    //汇编程序
      P2_0 = 1;
      dlms();                    //汇编程序
    }
}
```

以下是被 C51 主程序调用的汇编子程序:

```
NAME EP4_7B                   ;模块名
?PR?dlms?EP4_7B SEGMENT CODE  ;程序代码段声明
PUBLIC dlms                   ;声明 dlms 为公用,没有下画线,说明没有参数传递
RSEG?PR?dlms?EP4_7B           ;程序代码段起始
dlms: MOV R6, #249
DL: NOP                       ;1μs
    NOP                       ;1μs
    DJNZ R6,DL                ;2μs,循环内约 1ms
    RET
    END
```

建立工程,加入该 C 语言文件"ep4_7. c"、汇编语言模块文件"ep4_7b. asm"。执行 Rebuild ALL Target Files 命令就会生成具有绝对地址的可执行目标文件。

【例 4-12】 含参数传递的 C51 调用汇编程序示例。

【解】 参考程序如下:

```
//主函数
# include"reg51.h"
Extern SETADC (unsigned char x);  //说明被调用的 SETADC 子程序(汇编语言编写)是一个外部函数
void main(void)
{
    unsigned char command;        //变量声明
    Command = 0x01;               //设置初值
    SETADC(command);              //调用汇编子程序 SETADC
}
```

以下为被 C51 主程序调用的汇编子程序 0809.ASM

```
NAME 0809                           ;模块名
?PR? SETADC? 0809 SEGMENT CODE       ;程序代码段声明
PUBLIC _SETADC                       ;声明 SETADC 为公用,有下画线,说明有参数传递
RSEG? PR? SETADC? 0809               ;程序代码段起始
_SETADC:MOV    A,R7                  ;从 R7 中读取 C51 传入的参数
        MOV    DPTR,#2001H
        MOVX   @DPTR,A
        RET
```

4.6.3　汇编程序调用 C51

本小节以一个例子来具体说明汇编程序调用 C51 的方法。其中,汇编程序"A FUNC. ASM"的 60H~63H 单元分别存放两个 int 类型的整型数值,"count.c"是一个 2 字节乘法的运算函数,同时将一个 4 字节长整型的结果返回给汇编程序。

【例 4-13】　利用汇编程序调用 C51 示例。

【解】　参考程序如下:

```
//主函数
#include"stdio.h"
extern void a func(void);        //说明被调用的 a func 子程序是一个外部函数
void main(void)
  {
a fun();                         //汇编程序"A FUNC.ASM"
}
```

以下是 C51 主函数调用的汇编程序源代码 A FUNC. ASM

```
NAME A FUNC                          ;模块名
?PR? a func? A FUNC SEGMENT CODE     ;程序代码段声明
EXTRN CODE(count)                    ;声明被调用的 count.c 是外部函数
PUBLIC a func
RSEG? PR? a fune? A FUNC             ;程序代码段起始
a func:
MOV      60H,#23H                    ;存放两个整型数字,60H 存放乘数高字节
MOV      61H,#34H
MOV      62H,#34H                    ;62H 存放被乘数高字节
MOV      63H,#62H
LACALL   count                       ;调用 count.c 函数
MOV      60H,R7                       ;运算结果通过 R4~R7 返回
MOV      61H,R6
MOV      62H,R5
MOV      63H,R4
AJMP     $
END
```

以下是汇编程序调用的 C51 运算程序 count.c

```
# include"reg51.h"
# define uint unsigned int
# define ulong unsigned long
uint data value[2] at 0x60H               //定义数组 value[2]的绝对地址为 60H
ulong count (uint al,uint a2)
  {uint b1,b2;
ulong result,result1;
b1 = result[0];
b2 = result[1];
result = (ulong)a1 * (ulong)a2;           //乘法运算
result = (ulong)b1 * (ulong)b2;
return(result);                           //结果返回
}
```

4.6.4　C51 程序中嵌入汇编指令

C51 和汇编语言的混合编程中,最简单的方法是通过预处理命令“♯pragma asm”和“♯pragma endasm”直接将汇编指令嵌入 C51 程序中。采用该方法的前提条件是:首先,在 Project 窗口中包含汇编代码的 C 文件上右键,选择“Options for…”,将属性“properties”书签下的“generate assembler SRC file”和“Assemble SRC file”两项内容设置成“∨”,再根据选择的编译模式将库文件加入工程中,如在“SMALL”编译模式下,需将 KEIL C51 LIB 路径下 C51S.LIB 文件添加到目标文件的项目组里,然后编译。

【例 4-14】　利用预编译指令♯pragma 在 C51 程序中嵌入汇编语言指令示例。

```
# include"reg51.h"
void main(void)
{
  P1 = 0x00H;
  # pragma asm
  MOV P2, ♯ 0FEH                          //点亮数码管,显示 1
  MOV P0, ♯0F9H
  # pragma endasm
  P1 = 0x55H;
}
```

4.7　本章小结

本章以 Keil 公司的编译器为例,主要介绍了 C51 语言的基本语法、程序设计以及与汇编语言混合编程方法,重点了解 C51 应用程序设计的一般步骤;掌握 C51 对标准 C 语言的主要扩展,主要包括 C51 的数据类型、存储分区和编译模式;掌握 C51 的中断函数定义及使用;熟悉 C51 语言与汇编语言程序设计的结合方法;掌握 C51 单片机的片内、片外资源编程方法。

习题

一、单选题

1. 下面哪一条不属于C51的优点_____。

    A. 具有较好的可读性，方便系统维护和升级

    B. 不需要较多考虑微处理器具体指令系统和体系结构的细节问题

    C. 源程序代码简短，运行速度快

    D. 具有较好的移植性，能实现程序代码资源的灵活共享

2. 与MCS-51硬件无关的关键字是_____。

    A. char   B. code   C. interrupt   D. using

3. C51中，用关键字_____定义单片机端口。

    A. sbit   B. bit   C. unsigned   D. unsigned char

4. C51中用关键字_____来改变寄存器组。

    A. interrupt   B. unsigned   C. using   D. define

5. 使用宏来访问绝对地址时，一般需包含的库文件是_____。

    A. reg51.h   B. absacc.h   C. intrins.h   D. startup.h

6. 单片机混合编程设计时，若在C语言中定义了一个字符变量Count，则要在汇编中使用时，正确的声明是_____。

    A. extrn bit(Count)   B. extrn code(Count)

    C. extrn data(Count)   D. extern data(Count)

7. 单片机混合编程设计时，C语言调用汇编函数时，在汇编语言编程时要用_____将汇编函数予以声明。

    A. extern   B. extrn   C. extern code   D. public

二、填空题

1. C51程序设计中在定义变量类型时一般要求定义为_____（有符号/无符号）字符。

2. C51函数分为两大类：_____和_____。

3. C51特有的数据类型有_____和_____。

4. C51程序设计中，using_____（是/否）可以用于有返回值的函数。

5. C51程序设计中，中断函数_____（是/否）可以用于有返回值的函数，_____（是/否）可以用于有参数传递的函数。

6. C51的绝对地址访问形式有_____、_____和_____。

三、简答题

1. C51中bit位与sbit位有什么区别？

2. C51中的存储器类型有几种，它们分别表示的存储器区域是什么？

3. C51中，位变量和特殊功能寄存器变量具有什么作用？

4. C51中，如何定义中断函数？

5. 按给定的存储类型和数据类型,写出下列变量的说明形式。

(1) 在 data 区定义字符变量 val1。

(2) 在 idata 区定义整型变量 val2。

(3) 在 xdata 区定义无符号字符型数组 val3[4]。

(4) 在 xdata 区定义一个指向 char 类型的指针 px。

(5) 定义可寻址位变量 val4。

(6) 定义特殊功能寄存器变量 P1。

(7) 定义特殊功能寄存器变量 SCON。

(8) 定义 16 位的特殊功能寄存器 T1。

第5章

Keil C51与Proteus软件使用简介

Keil C51 和 Proteus 是使用较多的两种单片机系统开发工具,它们功能强大、简单易用,特别适合初学者。Keil C51 和 Proteus 诞生至今,均经历了多个版本,本章分别以 Keil μ Vision 5 版和 Proteus ISIS 7. 8 Professional 版为例,介绍 Keil C51 和 Proteus 软件的工作环境和一些基本操作。

5.1 Keil C51 软件使用

Keil C51 是美国 Keil Software 公司出品的 51 系列兼容单片机 C 语言软件开发系统,可以在 Windows 98、Windows NT、Windows 2000、Windows XP 等操作系统上运行。Keil 提供了包括编译器、宏汇编、连接器、库管理和一个功能强大的仿真调试器等在内的完整开发方案,通过一个集成开发环境(μVision)将这些部分组合在一起,支持汇编、C、PL/M 语言。系统提供丰富的库函数和功能强大的集成开发调制工具,界面友好,易学易用。

μVision 中的文件采用项目方式管理,各种 C51 源程序、汇编源程序、头文件等都放在项目文件里统一管理。一般操作步骤如下:

(1) 启动软件;

(2) 建立项目文件;

(3) 给项目添加程序文件;

(4) 编译、连接项目,形成目标文件;

(5) 仿真运行、调试、观察结果。

接下来以一个简单的实例来完整地介绍 Keil C51 的处理过程和基本操作。

P1 口连接 8 个发光二极管指示灯,编程实现流水灯的控制,从低位到高位轮流点亮指示灯,一直重复。

5.1.1 启动 Keil C51

双击桌面上的 μVision 5 图标,界面如图 5-1 所示,接着出现主界面,如图 5-2 所示。

μVision 5 的主界面窗口标题栏下紧接着是菜单栏,菜单栏下面是工具栏,工具栏下面的左边是项目管理窗口,右边是编辑窗口,可以通过视图菜单(View)下面的命令打开或关闭。文件操作、编辑操作、项目维护、开发工具选项设置、调试程序、窗口选择和处理在线帮助等各种操作菜单都由菜单条提供,而由用户自行设置的键盘快捷键由工具条提供。

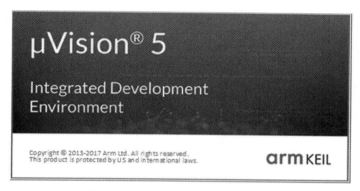

图 5-1 启动 μVision 5 时显示的界面

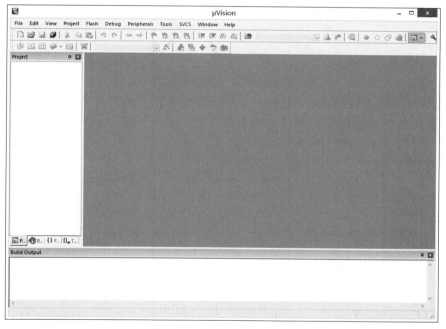

图 5-2 μVision 5 的主界面

μVision 5 有编辑模式和调试模式两种操作模式,通过用 Debug 菜单下的 Star/Stop Debugging(开始/停止调试模式)命令切换。在编辑模式中可以建立项目、文件,编译项目、文件产生可执行程序;调试模式则提供一个非常强劲的用来调试项目的调试器。

5.1.2 新建项目文件

μVision 5 采用项目方式管理,新建项目时可以首先建一个用于存放项目的文件夹,然后启动 μVision 5,建立项目文件,具体过程如下:

（1）在编辑模式下，选择 Project 菜单下的 New μVision Project 命令，弹出如图 5-3 所示的 Create New Project 对话框。

图 5-3　Create New Project 对话框

（2）在 Create New Project 对话框中选择新建项目文件的位置（为项目建立的文件夹），输入新建项目文件的名称，项目文件类型固定为 uvproj，例如，项目文件名为 example，单击"保存"按钮，将弹出如图 5-4 所示的 Select Device for Target 'Target 1'…对话框，用户

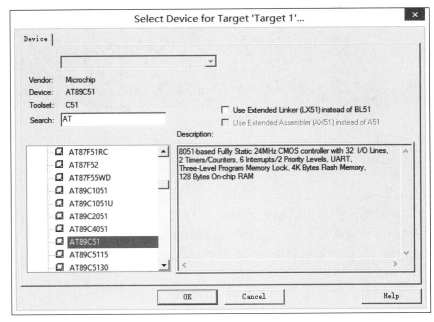

图 5-4　Select Device for Target 'Target 1'…对话框

可以根据使用情况选择单片机型号,如选择 AT89C51。μVision 5 几乎支持所有的 51 核心的单片机,并以列表的形式给出。选中芯片后,在右边的描述框中将同时显示选中芯片的相关信息以供用户参考。

（3）选择好单片机芯片后,单击"确定"按钮,此时弹出 Copy Standard 8051 Startup Code to Project Folder and Add File to Project 确认对话框,如图 5-5 所示。若用 C51 语言编写程序,则选择"是";若用汇编语言编写程序,则选择"否"。本节实例用 C51 语言编写,所以选择"是"。此时,项目文件就创建完成。项目文件创建后,界面如图 5-6 所示,从左边的项目管理器窗口中可以看到新建的项目"Project：example",此时的项目只是一个框架,随后需要向项目文件中添加相应的程序文件内容。

图 5-5　确认对话框

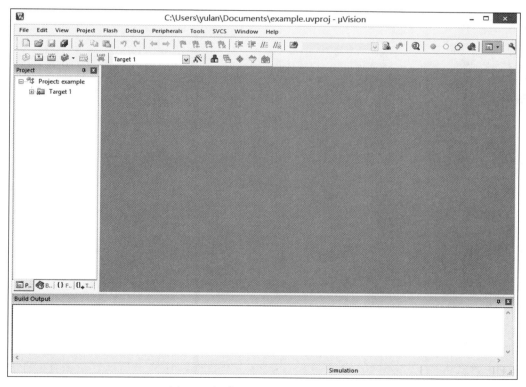

图 5-6　新建项目文件后的工作界面

5.1.3　添加程序文件

项目文件建立好后,开始编写程序,给项目文件加入程序文件。μVision 5 支持 C 语言

程序,也支持汇编语言程序。若程序文件已经建立好了,可直接添加;若还没有程序文件,须先建立程序文件再添加,过程如下:

(1) 如果没有程序文件,则应先用 File 菜单下的 New 命令建立程序文件,输入文件内容,并通过 File 菜单下的 Save as 命令输入文件名,保存文件。

需要注意的是,输入文件名时,必须输入正确的扩展名。若用 C 语言编写程序,则扩展名为.C;若用汇编语言编写程序,则扩展名为.ASM。

这里新建一个 C 语言程序,用于实现 P1 口连接的 8 个发光二极管指示灯,从低位到高位轮流点亮,一直重复,存盘为 Text1.C 文件,具体内容如下:

```c
#include <reg51.h>
#include <intrins.h>
#define uchar unsigned char
#define uint unsigned int
void delay(uint);
void main(void)
{
uint i;
uchar temp;
while(1)
{
temp = 0xFE;
for(i = 0;i < 8;i++)
{
P1 = temp;
delay(500);
temp = _crol_(temp,1);
}}}
void delay(uint t)
{
register uint bt;
for(;t;t--)
for(bt = 0;bt < 255;bt++);
}
```

(2) 程序文件建立好后,在项目管理器窗口中,展开 Target 1 项,可以看到 Source Group 1 子项。

(3) 右击 SourceGroup 1,在菜单中选择 Add New Item to Group 'Source Group 1' 命令,如图 5-7 所示。

(4) 弹出 Add Files to Group 'Source Group 1' 对话框,如图 5-8 所示。在该对话框中选择需要添加的程序文件,单击 Add 按钮便可以把所选文件添加到项目中。

注意,添加文件时,文件类型默认为 *.c,当添加汇编程序时,需在文件类型选择框中选择 *.a。另外,在项目管理器的 Source Group 1 下面选中对应的文件,在右键菜单中可以执行 Remove File(移除)等命令。

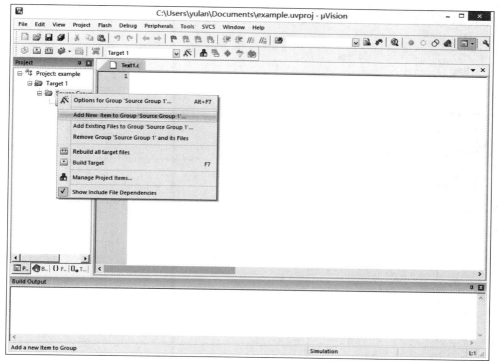

图 5-7　选择 Add New Item to Group 'Source Group 1'命令

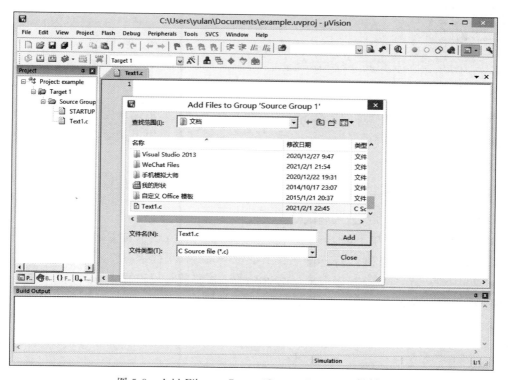

图 5-8　Add Files to Group 'Source Group 1'对话框

5.1.4　编译连接成目标文件

程序文件添加到项目文件后,用 Project 菜单下的 Build Target 命令(或快捷键 F7),进行编译、连接,以形成目标文件。编译、连接后的界面显示情况如图 5-9 所示。

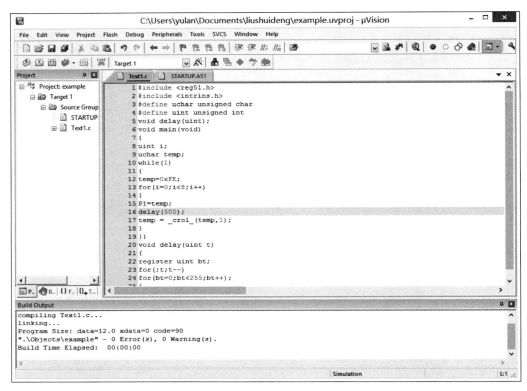

图 5-9　编辑、连接后的界面

编译成功后,在界面底部的信息窗口会给出提示信息。如果编译失败,在信息窗口中会给出错误提示报告。双击错误报告某一行,窗口会自动跳到程序出错处,便于修改。修改后可以再次进行编译、连接。

5.1.5　运行调试、观察结果

项目编译、连接成功后,进入调试模式,通过仿真运行观察结果。

首先执行 Debug 菜单下的 Start/Stop Debugging 命令(快捷键 Ctrl＋F5)进入调试模式,如图 5-10 所示;然后执行 Debug 菜单下的 Run 命令(快捷键 F5)连续运行;接着执行 Debug 菜单下的 Stop 命令(快捷键 Esc)停止运行;接着就可以选择 View 菜单调出各种输出窗口观察结果,选择 Peripherals 菜单观察 51 单片机内部资源,图 5-11 为调出 Peripherals 菜单下的 P1 口观察的结果;最后,运行调试完毕,先执行 Stop 命令停止运行,再执行 Debug 菜单下的 Star/Stop Debug Session 命令退出调试模式,结束仿真运行过程,回到编辑模式。

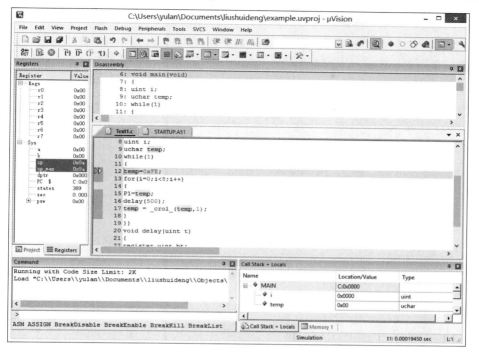

图 5-10　启动调试过程

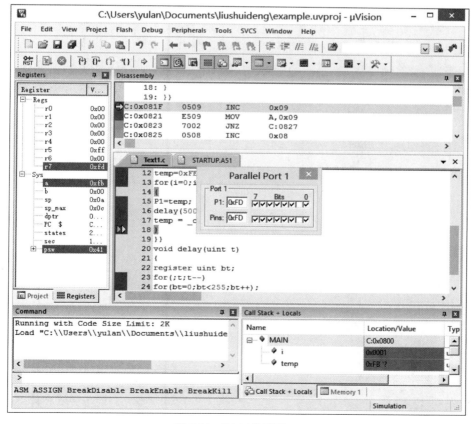

图 5-11　P1 口仿真窗口

　　当 Keil μVision 5 用于软件和硬件仿真时，如果不是工作在默认情况下，就需要在编译、连接之前对它进行设置，设置须在编译模式下，右击项目窗口中当前的 Target 1，从弹出的快捷菜单中选择 Options for Target 'Target 1'···命令，对如图 5-12 所示的对话框中的 11 个选项卡内容进行设置。

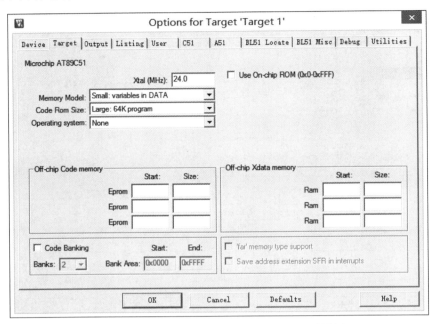

图 5-12　Options for Target 'Target 1'···对话框

　　值得说明的是，如图 5-13 所示，Output 选项卡中，勾选"Create HEX File"复选框，使程序编译后产生 HEX 代码，供下载器软件使用，把程序下载到 AT89C51 单片机中。

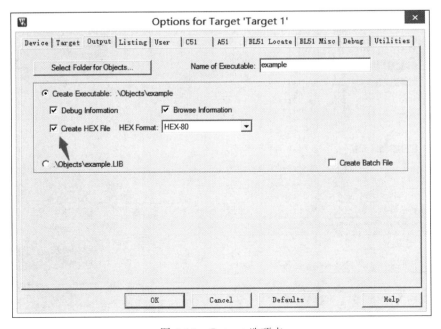

图 5-13　Output 选项卡

另外,调试模式下,提供了多种调试方法对程序进行调试,主要方法如下:

(1) 设置和删除断点:设置/删除断点最简单的方法是双击待设置断点的源程序行或反汇编程序行,或用断点设置命令 Insert/Remove Breakpoint。

(2) 查看和修改寄存器的内容:仿真式寄存器的内容显示在寄存器窗口,用户除了可以观察外,还可以自行修改,单击选中一个单元,输入相应的数值,按 Enter 键即可;另外,可使用底部的命令行窗口进行修改。

(3) 观察和修改变量:具体过程为,选择 View→Watch & Call stack Window 菜单命令,出现相应的窗口,选择 Watch 1~3 中的任意窗口,按下 F2 键,在 Name 栏中填入用户变量名,但必须是存在的变量。如果想修改数值,可单击 Value 栏,出现文本框后,输入相应的数值。用户可以连续修改多个不同的变量。

在用户停止程序运行时,移动鼠标光标到要观察的变量上停大约 1 秒,就会弹出一个变量提示对话框。

(4) 观察存储器区域:μVision 5 可以区域性地观察和修改所有的存储器数据。

μVision 5 把 MCS-51 单片机内核的存储器资源分成以下 4 个区域:①内部可直接寻址 RAM 区 data,IDE 表示为 D:xx;②内部间接寻址 RAM 区 idata,IDE 表示为 I:xx;③外部 RAM 区 xdata,IDE 表示为 X:xxxx;④程序存储器 ROM 区 code,IDE 表示为 C:xxxx。这 4 个区域都可以在 View 菜单下的 Memory Windows 中观察和修改。在地址输入栏内输入待显示的存储器区的起始地址,就可看到各存储器单元的内容。若要修改存储器内容,可以用鼠标对准要修改的存储器单元,右击,从弹出的快捷菜单中选择 Modify Memory at 0x…命令,在接着弹出的对话框文本输入栏内输入相应数值后按 Enter 键,修改完成,或者直接双击存储单元,并输入相应数值即可。注意代码区数据不能更改。

5.2　Proteus 软件使用

Proteus 软件是由英国 Labcenter Electronics 公司开发的 EDA 工具软件,由 ISIS 和 ARES 两个软件构成,其中,ISIS 是一款便捷的电子系统仿真软件平台,ARES 是一款高级的布线编辑软件。Proteus ISIS 运行于 Windows 操作系统上,是一款集单片机和 SPICE 分析于一身,功能极其强大的仿真软件,可以仿真、分析(SPICE)各种模拟器件和集成电路。Proteus ISIS 实现了单片机仿真和分析电路仿真相结合,具有模拟电路仿真、数字电路仿真、单片机及其外围电路组成的系统的仿真、RS-232 动态仿真、I^2C 调试器、SPI 调试器、键盘和 LCD 系统仿真的功能,支持 68000 系列、8051 系列、AVR 系列、PIC12 系列、PICI6 系列、PIC18 系列、280 系列、HC11 系列等单片机类型及各种单片机外围电流仿真。同时,该软件可以提供全速、单步、设置断点等软件调试功能,并可以支持 Keil μVision 等第三方软件的编译和调试环境。另外,Proteus ISIS 具有强大的原理图绘制功能。

接下来以 5.1 节的流水灯控制实例来完整地介绍 Proteus ISIS 的处理过程和基本操作。在 AT89C51 单片机小系统的基础上,P1 口连接 8 个发光二极管指示灯,编程实现流水灯的控制,从低位到高位轮流点亮指示灯,一直重复。在 Keil μVision 中编程,形成 HEX 文件,在 Proteus 中设计硬件,下载程序,运行并查看结果。Proteus ISIS 的处理过程一般如下。

5.2.1　启动 Proteus

双击桌面上的 ISIS 7.8 Professional 图标,出现如图 5-14 所示的显示界面后,进入 Proteus ISIS 集成环境,如图 5-15 所示。

图 5-14　启动时显示的界面

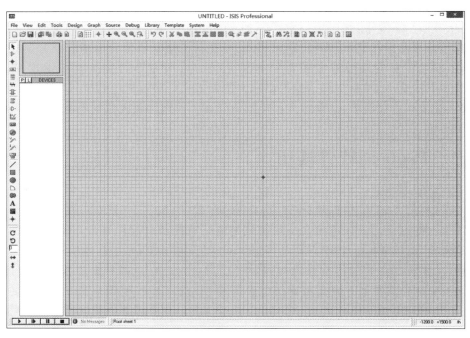

图 5-15　Proteus ISIS 的工作界面

Proteus ISIS 的工作界面是一种标准的 Windows 界面,包括标题栏、主菜单、标准工具栏、绘图工具栏、状态栏、对象选择按钮、方向控制按钮、仿真进程控制按钮、预览窗口、对象选择器窗口、图形编辑窗口等。

5.2.2　新建电路,选择元件

新建电路,选择元件的具体过程如下:

（1）Proteus ISIS 软件打开后，系统默认新建一个名为 UNTITLED 的未存盘的原理图文件，如图 5-16 所示。执行 File 菜单下的 Save 命令或者 Save as 命令，可以对该文件进行存盘，默认扩展名。为了使用方便，通常与 Keil μVision 编写的程序放在同一文件夹中。

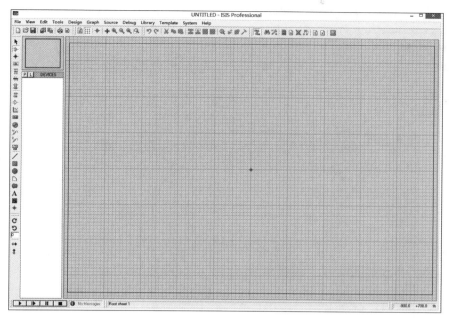

图 5-16　Proteus ISIS 窗口

（2）在主要模型下选择 Component Mode 选择元件工具，然后再单击窗口右上角的按钮 P，如图 5-15 所示，打开如图 5-17 所示的元件选择窗口。

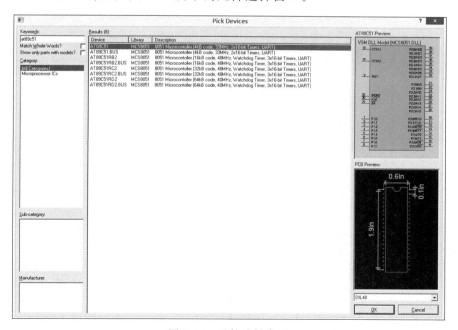

图 5-17　元件选择窗口

（3）在元件选择窗口的 Keywords 文本框中输入元件关键字,搜索元件。Proteus 中部分常用的元件如表 5-1 所示,找到元件后,双击元件将元件添加到列表栏,如图 5-18 所示,添加后的元件列于 DEVICES 元件列表栏中。实例中所用到的元件有 AT89C51 单片机、按钮 BUTTON、晶振 CRYSTAL、发光二极管 LED-RED、电阻 RES 以及电容 CAP。

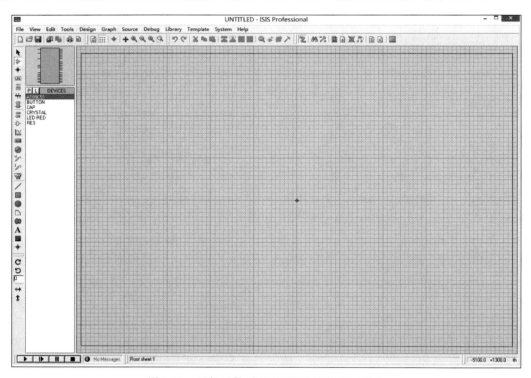

图 5-18　添加元件到 DEVICES 元件列表栏中

表 5-1　Proteus 中部分常用的元件

元 件 名 称	中文名说明	元 件 名 称	中文名说明
7407	驱动门	BATTERY	电池/电池组
1N914	二极管	CAP	电容
74LS00	与非门	CAPACITOR	电容器
74LS04	非门	CLOCK	时钟信号源
74LS08	与门	CRYSTAL	晶振
74LS390	TTL 双十进制计数器	FUSE	保险丝
7SEG	7 段式数码管开始字符	LAMP	灯
LED	发光二极管	POT-HG	三引线可变电阻器
LM016L	2 行 16 列液晶	RES	电阻
MOTOR	马达	RESISTOR	电阻器
SWITCH	开关	RESPACK	排阻
BUTTON	按钮	8051	51 系列单片机
Inductor	电感	ARM	ARM 系列
Speakers & Sounders	扬声器	PIC	PIC 系列单片机
ALTERNATOR	交流发电机	AVR	AVR 系列单片机

5.2.3   放置和调整元件

放置元件的过程如下：

（1）选择 Component Mode 工具。

（2）单击 DEVICES 元件列表中的元件名称，选中元件，这时在预览窗口将出现该元件的形状，此时选择方向工具，可改变元件的放置方向。移动鼠标到编辑窗口，单击，在鼠标指针处会出现元件形状，再移动鼠标，把元件移动到合适的位置，单击，元件就被放在相应的位置上。通过相同的方法，把所有元件放置到编辑窗口相应的位置，电源和地是在配件的终端接口 ⬛ 中。本实例的放置情况如图 5-19 所示。

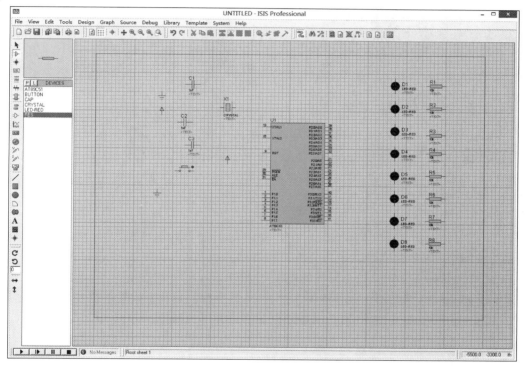

图 5-19   放置元件

元件放置后，可通过移动、旋转、删除、属性修改等操作对元件进行编辑。首先要选中元件。元件选择有以下几种方式：①单击选择；②对于活动元件，如按钮 BUTTON 等，通过鼠标左键拖动选择；③对于一组元件的选择，可以通过鼠标左键拖动选择框内的所有元件，也可按住 Ctrl 键再用鼠标左键依次单击要选择的元件。选中元件后，用鼠标左键拖动所选元件可以移动元件；按键盘的 Delete 删除键或者在选中的元件上右击，从弹出的快捷菜单中选择 Delete Object 命令可以删除元件；在右键菜单中选择相应的旋转选项可以旋转元件或修改元件属性。不同元件的元件属性对话框不同，如图 5-20 所示为电阻属性对话框。

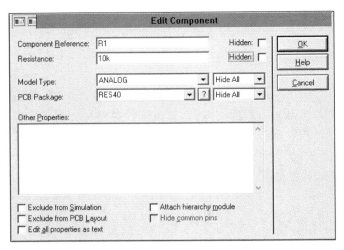

图 5-20　电阻属性对话框

5.2.4　连接导线

元件放置并调整完成后,需要用导线将各元件连接,形成电路图。在 Proteus 中,元件引脚间的连接有导线和总线两种连接方式。导线连接简单,但不适用于复杂电路,总线方式连接复杂,但适合连线较多的情况,而且电路美观。

1. 导线连接方式

导线连接过程如下:

(1) 把鼠标指针移动到第一个元件的连接点,鼠标指针前会出现". "形状,单击,这时会从连接点引出一条导线。

(2) 移动鼠标指针到第二个元件的连接点,在第二个元件的连接点上,鼠标指针前也会出现". "形状,单击,则在两个元件连接上导线,这时导线的走线方式是系统自动的而且是走直线,如果用户要控制走线路径,只需在相应的拐点处单击,如图 5-21 所示。

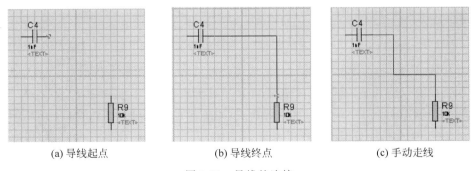

(a) 导线起点　　　　　　　(b) 导线终点　　　　　　　(c) 手动走线

图 5-21　导线的连接

用户也可用工具(Tools)菜单下面的自动走线命令(Wire Auto Router)取消自动走线,这时连接形成的就是直接从起点到终点的导线。另外,如果没有到第二个元件的连接点就双击,则从第一个元件的连接点引出一段导线。

(3) 导线加标签。也可通过加标签的方法进行导线连接。给导线加标签用主要模型中

的放置线标签 🏷 工具。处理过程如下：单击放置线标签 🏷 按钮，移动鼠标到需要加标签的导线上时，鼠标指针前会出现"×"形状，单击，弹出编辑线标签窗口，如图 5-22 所示。在 String 窗口组合框中输入线标签名。在一个电路图中，标签名相同的导线在逻辑上是连接在一起的。

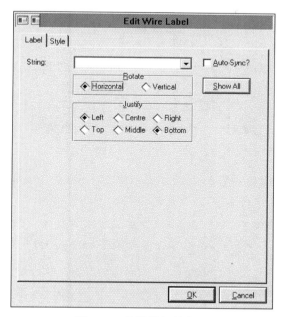

图 5-22　编辑线标签窗口

2. 总线方式

总线用于元件中间段的连接，便于减少电路导线的连接，而元件引脚端的连接必须用一般的导线。因此，使用总线时主要涉及绘制总线和导线与总线的连接。

（1）绘制总线

通过用主要模型中的绘制总线（Buses Mode）┿ 工具来绘制总线。选中该工具后，移动鼠标到编辑窗口，在需要绘制总线的开始位置单击，移动鼠标，到结束位置再单击，便可绘制出一条总线。

（2）导线与总线的连接

导线与总线的连接通常是从导线向总线方向连线，连接时一般有直线和斜线两种，如图 5-23 所示，斜线连接时一般要取消自动走线。

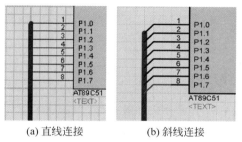

(a) 直线连接　　(b) 斜线连接

图 5-23　导线与总线的连接

　　总线绘制完成后,可以同时给总线中的一组信号线加标签,处理过程与导线加标签相同,标签采用例如 A[0],A[1],…,A[7]的形式。此时,便给总线中的 8 根信号线加了标签,8 根信号线的标签名分别为 A0,A1,…,A7。对于连接在总线上的导线,如果标签名相同,则它们在逻辑关系上是连接在一起的,如图 5-24 所示。

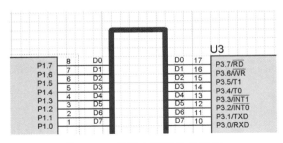

图 5-24　总线上信号线的连接

　　本实例中,电阻 R1 阻值设置为 $1k\Omega$,R2～R9 是 LED 的限流电阻,阻值设置为 200Ω,线路比较简单,采用导线方式连接,连接后的电路如图 5-25 所示。

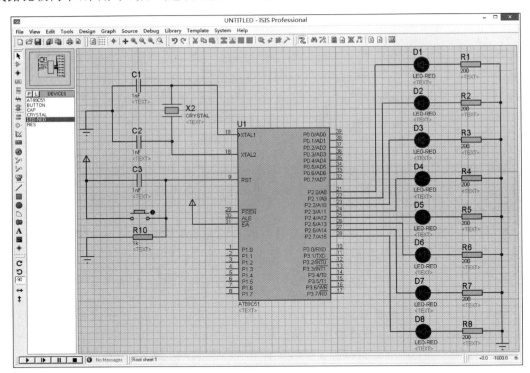

图 5-25　导线连接图

5.2.5　给单片机加载程序

　　各元件连接完成后,就可以给单片机加载程序。加载的程序只能是 HEX 文件,可以在 Keil μVision 软件中来设计,形成 HEX 文件,具体见 5.1.5 节。程序文件通常和硬件电路文件保存在同一文件夹下。

针对在 Keil μVision 中编译形成的名为 example.hex 的 HEX 文件，其加载过程如下：
在 Proteus 电路图中，选中单片机 AT89C51 芯片，单击(或从菜单中选择 Edit Properties 命
令)，打开 AT89C51 的属性对话框，如图 5-26 所示。然后，在 Program File 框中选择
example.hex 文件，将其加载到 AT89C51 芯片中。

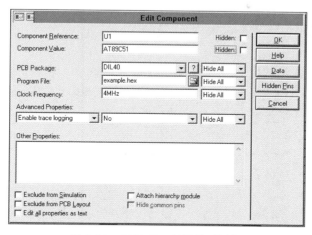

图 5-26　AT89C51 的属性对话框

5.2.6　运行仿真查看结果

程序加载完成后，可以通过运行按钮运行程序，并查看运行后的结果。本实例仿真结果如
图 5-27 所示。如果需要查看单片机的特殊功能寄存器或存储器中的内容，可以用暂停按钮暂停
程序，然后通过 Debug(调试)菜单下的相应命令打开特殊功能寄存器窗口或存储器窗口查看。

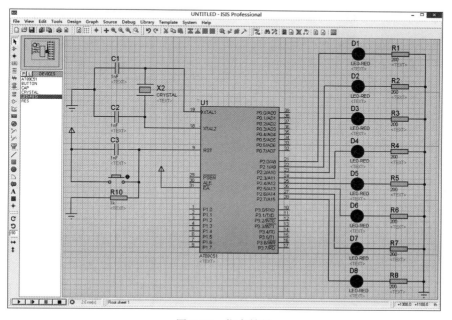

图 5-27　仿真结果

值得说明的是,在仿真调试时,如果程序出错,仿真后不能得到相应的结果,那么需要在 Keil μVision 中修改程序,程序修改后再对程序进行重新编译连接,形成 HEX 文件,但在 Proteus 中不需要再重新加载,可直接运行。

5.3   本章小结

本章以一个简单的实例为例,介绍了 Keil C51 和 Proteus 软件的工作环境和一些基本操作。详细介绍了 Keil 和 Proteus 软件的开发环境和基本操作;应该熟练使用 Keil 软件进行程序的编译调试;掌握 Keil 和 Proteus 软件的联调。

习题

简答题

1. 简要介绍 Keil μVision 5 的使用方法。

2. Keil μVision 5 环境下如何设置和删除断点?

3. 简要介绍在 Proteus 中单片机应用系统的仿真过程。

4. 在 Proteus 中,导线的连接方式有几种?

5. 在 Proteus 中,如何把程序加载到 51 单片机中?

6. 在 Proteus 中,仿真调试时如果程序出错,如何操作?

第6章

MCS-51单片机中断系统

中断是日常生活中常见的现象,例如在某条高速公路上发生了交通事故,会引起该公路的交通中断;我们正在工作时,突然来了一件更为紧急的任务,会引起当前工作的中断。综上,中断是指由于某种原因,必须停止正在执行的当前任务的情况。在日常生活中产生中断并不是目的,重要的是如何处理中断。中断处理是指解决中断产生问题的方案和过程,其中包括中断处理的结构和解决中断问题的策略等。本章重点讲述单片机中断系统的基本概念、中断系统的结构、中断控制等。

6.1 中断的基本概念

计算机系统中断当前的正常工作,转入处理突发事件,待突发事件处理完毕,再回到原来被中断的地方,继续原来的工作,这样的整个过程称为中断。一般系统允许有多个中断源,当几个中断源同时向CPU请求中断时,CPU根据中断源的排队情况优先处理排在队伍前面的中断请求。

与中断相关的基本概念包括以下几个:

(1)中断源。产生中断请求的事件称为中断源。根据事件类型不同,中断源可分为硬件中断源和软件中断源,例如中断请求可以由硬件发起,如键盘能够向CPU发起要求读入键盘输出字符的请求。中断请求也可以由软件发起,在单片机中,单步调试指令、除法指令(除数为零)等软件指令也会引起中断请求;根据中断源与单片机的位置关系,可将中断源分为内部中断源和外部中断源,例如键盘是一种外部中断源,单步调试指令是一种内部中断源。

(2)断点。中断源产生中断请求,单片机又将响应这一中断,则这一时刻单片机正在执行程序的位置称为断点。可以用程序计数器的值、相关寄存器的值以及堆栈的栈顶值等状态描述程序的断点。

(3)中断优先级。当主体存在多个中断源时,响应中断源的先后顺序称为中断优先级。产生中断的原因有很多,当系统中有多个中断源同时请求中断时,CPU在某个时刻只能对一个中断进行响应,根据中断源的优先级,先响应优先级高的中断。当处理低优先级中断时,高优先级中断源发起中断申请,CPU将停止低优先级中断源的处理,转而处理高优先级中断源。单片机通过设定专用寄存器来指定中断源的优先级。

（4）中断允许状态。控制主体是否响应中断源请求的开关称为中断允许状态。在单片机中,有专门的中断允许控制位,实现单片机对是否响应中断的控制。如果某个中断源被系统设置为屏蔽状态,则无论中断请求是否提出,都不会响应;若中断源设置为允许状态,又提出了中断请求,则CPU才会响应。

（5）中断响应和中断返回。当CPU检测到中断源提出的中断请求,且中断处于允许状态时,CPU就会响应中断进入中断响应过程。首先对当前的断点地址进行入栈保护,然后把中断服务程序的入口地址送给程序指针PC,转移到中断服务程序,在中断服务程序中进行相应的中断处理。最后,用中断返回指令RETI返回断点位置,结束中断。在中断服务程序中往往还涉及现场保护和恢复现场以及其他处理。

综上可以看出,中断系统是一种比较复杂的系统,虽然引入中断系统需要增加相应的硬件、软件设计,但是也使CPU不再长时间处于等待状态,大大提高了CPU的利用率。

6.2　MCS-51中断系统组成

MCS-51系列单片机的中断系统由5个中断源、与中断有关的若干特殊功能寄存器以及内部硬件查询电路组成,可实现二级中断服务嵌套。每个中断源可以设置为高优先级或者低优先级,用户可以根据需要设置中断允许寄存器（IE）控制CPU是否响应中断请求,每个中断源允许或禁止向CPU请求中断;由中断优先级寄存器（IP）设置各中断源的优先级;同一优先级内各中断同时提出中断请求时,由内部的查询逻辑确定响应次序。MCS-51单片机中断系统结构如图6-1所示。

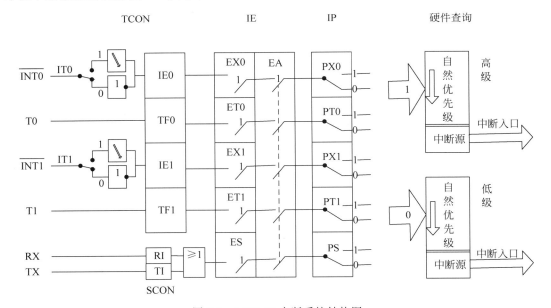

图 6-1　MCS-51 中断系统结构图

6.2.1　中断源

1. 中断源

MCS-51 单片机有 5 个中断源：2 个外部中断请求源（$\overline{INT0}$、$\overline{INT1}$）和 3 个内部中断源（TF0、TF1、RI）。

（1）外部中断源

外部事件中断由单片机外部的信号触发，外中断 0 和外中断 1 的中断请求信号分别由单片机的 $\overline{INT0}$（P3.2）、$\overline{INT1}$（P3.3）引脚输入有效的中断请求信号。

$\overline{INT0}$（P3.2），可由 IT0（TCON.0）选择其触发方式。当 CPU 检测到 P3.2 引脚上出现有效的中断信号时，中断标志 IE0（TCON.1）置 1，向 CPU 申请中断。

$\overline{INT1}$（P3.3），可由 IT1（TCON.2）选择其触发方式。当 CPU 检测到 P3.3 引脚上出现有效的中断信号时，中断标志 IE1（TCON.3）置 1，向 CPU 申请中断。

（2）内部中断源

TF0（TCON.5），片内定时/计数器 T0 溢出中断请求标志。当定时/计数器 T0 发生溢出时，置位 TF0，并向 CPU 申请中断。

TF1（TCON.7），片内定时/计数器 T1 溢出中断请求标志。当定时/计数器 T1 发生溢出时，置位 TF1，并向 CPU 申请中断。

RI（SCON.0）或 TI（SCON.1），串行口中断请求标志。当串行口接收完一帧串行数据时置位 RI 或当串行口发送完一帧串行数据时置位 TI，向 CPU 申请中断。

2. 中断请求标志

中断源向 CPU 申请中断后，会通过硬件电路改写对应的中断请求标志位。MCS-51 单片机在定时/计数器的控制寄存器（TCON）和串行口控制寄存器（SCON）中保存中断源的中断请求标志。CPU 通过读取这些中断请求标志位，判断中断源是否发出中断申请。TCON 和 SCON 都属于特殊功能寄存器，字节地址分别为 88H 和 98H，可进行位寻址。

（1）TCON 的中断标志

TCON 是定时/计数器控制寄存器，它锁存 2 个定时/计数器的溢出中断标志及外部中断 $\overline{INT0}$ 和 $\overline{INT1}$ 的中断标志，其字节地址为 88H。具体各位定义如图 6-2 所示。

D7	D6	D5	D4	D3	D2	D1	D0
TF1	TR1	TF0	TR0	IE1	IT1	IE0	IT0

图 6-2　TCON 寄存器

IT0（TCON.0）：外部中断 0 触发方式控制位。

当 IT0＝0 时，外部中断 0 触发方式选择为电平触发方式。CPU 在每个机器周期取样 $\overline{INT0}$ 引脚的输入电平，当取样到低电平时置 IE0＝1，表示 $\overline{INT0}$ 向 CPU 请求中断；当取样到高电平时，将 IE0 清 0。必须注意，在电平触发方式下，外部中断源信号必须保持低电平有效，同时 CPU 响应中断时，不能自动清除 IE0 标志，也就是说，IE0 状态完全由 $\overline{INT0}$ 状态决定。因此，在中断返回前必须清除 $\overline{INT0}$ 引脚的低电平，否则将产生另一次中断请求。

当 IT0＝1 时，外部中断 0 触发方式选择为边沿触发方式（下降沿有效）。CPU 在每个机器周期取样 $\overline{INT0}$ 引脚的输入电平，如果前一次机器周期中采样到 $\overline{INT0}$ 引脚为高电平，下一个机器周期采样到 $\overline{INT0}$ 引脚为低电平,即第一个周期取样到 $\overline{INT0}=1$,第二个周期取样到 $\overline{INT0}=0$,$\overline{INT0}$ 引脚电平产生负跳变则置 IE0＝1,向 CPU 申请中断,直到该中断被 CPU 响应,由硬件自动完成 IE0 清零。因此,采用边沿触发方式时,为保证 CPU 能检测到负跳变,$\overline{INT0}$ 的高、低电平时间应保持 2 个机器周期以上。

IE0(TCON.1):外部中断 0 的中断请求标志位。当外部中断源 $\overline{INT0}$ 引脚上输入为中断请求信号时,则 IE0＝1,表示向 CPU 请求中断。

IT1(TCON.2):外部中断 1 触发方式选择位。其操作功能与 IT0 相同。

IE1(TCON.3):外部中断 1 的中断请求标志位。IE1＝1 时,表示中断 1 向 CPU 请求中断。

TF0(TCON.5):定时/计数器 T0 溢出中断请求标志位。当启动 T0 计数后,T0 就开始由初值开始加 1 计数,当最高位产生溢出时由硬件对 TF0 置 1,表示产生中断请求。CPU 响应 TF0 中断时,由硬件自动对 TF0 清 0。

TF1(TCON.7):定时/计数器 T1 的溢出中断请求标志位。其操作功能与 TF0 相同。

(2) SCON 的中断标志

SCON 是串行口控制寄存器,它的低两位 TI 和 RI 与中断有关,如图 6-3 所示。

图 6-3　SCON 寄存器

RI(SCON.0):串行口接收中断标志位。当允许串行口接收数据时,接收到一帧数据后,由硬件对 RI 置 1,并向 CPU 提出中断申请。

TI(SCON.1):串行口发送中断标志位。当 CPU 将一个发送数据写入串行口发送缓冲器时,就启动了发送过程。每发送完一个数据帧,由硬件对 TI 置 1,并向 CPU 提出中断申请。

这两个标志位无论哪个标志位置 1,都请求串行口中断,故它们实际上合用一个中断源——串行口中断,串行口中断响应后,不能由硬件自动清零,必须由软件对 RI 或 TI 清零。

6.2.2　中断控制

要完成对 MCS-51 单片机的中断控制,需要通过设置中断允许寄存器控制 CPU 是否响应中断源所提出的中断申请,可以用软件独立地设定为中断允许状态或中断屏蔽状态;还需要通过设置中断优先级寄存器确定中断源为高级中断或低级中断。

1. 中断允许寄存器

MCS-51 单片机通过中断允许寄存器(IE)的各位来控制开中断和关中断,IE 的状态可通过程序由软件设定。IE 寄存器的字节地址为 A8H,可以进行位寻址,各位的定义如图 6-4 所示。

D7	D6	D5	D4	D3	D2	D1	D0
EA			ES	ET1	EX1	ET0	EX0

图 6-4　中断允许寄存器 IE

EX0(IE.0)：外部中断 0 的中断允许位。当 EX0＝0 时,CPU 屏蔽外部中断 0 的中断请求；当 EX0＝1 时,CPU 允许外部中断 0 的中断请求。

ET0(IE.1)：定时/计数器 T0 的中断允许位。当 ET0＝0 时,禁止定时/计数器 T0 计数溢出时向 CPU 申请中断；当 ET0＝1 时,允许定时/计数器 T0 计数溢出时向 CPU 申请中断。

EX1(IE.2)：外部中断 1 的中断允许位。当 EX1＝0 时,CPU 屏蔽外部中断 1 的中断请求；当 EX1＝1 时,CPU 允许外部中断 1 的中断请求。

ET1(IE.3)：定时/计数器 T1 的中断允许位。当 ET1＝0 时,禁止定时/计数器 T1 计数溢出时向 CPU 申请中断；当 ET1＝1 时,允许定时/计数器 T1 计数溢出时向 CPU 申请中断。

ES(IE.4)：串行口中断允许位。当 ES＝0 时,CPU 屏蔽串行口中断请求；当 ES＝1 时,CPU 允许串行口中断请求,能否响应串行口中断还取决于 EA 的值。

EA(IE.7)：CPU 中断允许总控位。当 EA＝0 时,CPU 屏蔽所有的中断请求,即使中断源发出了中断申请,CPU 都不会响应中断；当 EA＝1 时,CPU 开放中断,允许中断源向 CPU 申请中断,是否响应中断还要受各中断源自己的中断允许位控制。

2. 中断优先级寄存器

MCS-51 单片机定义了两级中断优先级,每一个中断源可以设定其中断优先级为高优先级中断或低优先级中断,可实现二级中断服务嵌套。通过设置中断优先级寄存器(IP)实现中断优先级管理。IP 寄存器的字节地址为 B8H,各位的定义如图 6-5 所示。

D7	D6	D5	D4	D3	D2	D1	D0
			PS	PT1	PX1	PT0	PX0

图 6-5 中断优先级寄存器 IP

PX0(IP.0)：外部中断 0 的中断优先级控制位。当 PX0＝1 时,外部中断 0 定义为高优先级中断；当 PX0＝0 时,外部中断 0 定义为低优先级中断。

PT0(IP.1)：定时/计数器 T0 的中断优先级控制位。当 PT0＝1 时,定时/计数器 T0 中断定义为高优先级中断；当 PT0＝0 时,定时/计数器 T0 中断定义为低优先级中断。

PX1(IP.2)：外部中断 1 的中断优先级控制位。当 PX1＝1 时,外部中断 1 定义为高优先级中断；当 PX1＝0 时,外部中断 1 定义为低优先级中断。

PT1(IP.3)：定时/计数器 T1 的中断优先级控制位。当 PT1＝1 时,定时/计数器 T1 中断定义为高优先级中断；当 PT1＝0 时,定时/计数器 T1 中断定义为低优先级中断。

PS(IP.4)：串行口的中断优先级控制位。当 PS＝1 时,串行口中断定义为高级优先中断；当 PS＝0 时,串行口中断定义为低级优先中断。

在同一级别的中断源请求中,系统有默认的优先级顺序,CPU 根据中断优先级排队顺序响应。默认的优先级顺序如表 6-1 所示。

CPU 在响应中断时,先查询外部中断 0 是否有中断请求。若有中断请求,响应其中断请求,不再查询其他同级的中断请求(同级中断源不能互相中断)；若没有中断请求,接着查询定时/计数器 T0 的中断请求,以此类推。

表 6-1 同级中断源响应优先级顺序

中 断 源	中 断 标 志	优先级顺序
外部中断 0(INT0)	IE0	高
定时/计数器中断 0(T0)	TF0	
外部中断 1(INT1)	IE1	
定时/计数器中断 1(T1)	TF1	
串行口中断	RI 或 TI	低

通过设置 IP 寄存器可以改变系统默认的优先级顺序。例如,将外部中断 1 的中断优先级设为最高(PX1 位置 1),其他按系统默认顺序(其余位置 0 即可),5 个中断源的优先级顺序更改为:外部中断 1,外部中断 0,定时/计数器 T0 中断,定时/计数器 T1 中断,串行口中断。通过设置 IP 寄存器,不仅可以改变中断源的优先级顺序还可以实现二级中断嵌套。当CPU 正在处理一个中断请求时,又发生了另一个优先级比它高的中断请求,CPU 能够暂时中止执行对原来中断源的处理程序,转而去处理优先级更高的中断请求,待处理完以后再继续执行原来的低级中断处理程序,这样的过程称为二级中断嵌套,如图 6-6 所示。

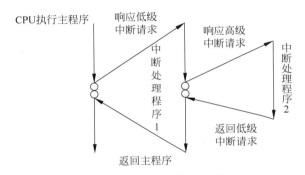

图 6-6 二级中断嵌套过程

MCS-51 单片机在处理中断优先级和二级中断嵌套时,遵循以下三条原则:

(1) CPU 同时接收到几个中断时,首先响应优先级别最高的中断请求。

(2) 正在进行的中断过程不能被新的同级或低优先级的中断请求所中断,直到该中断服务程序结束。

(3) 正在进行的低优先级中断服务,能被高优先级中断请求所中断,实现二级中断嵌套。

为了实现 MCS-51 单片机对于二级中断嵌套的处理,中断系统内部设有两个用户不能寻址的优先级状态触发器。其中一个置 1,表示正在响应高优先级的中断,它将阻断后来所有的中断请求。另一个置 1,表示正在响应低优先级中断,它将阻断后来所有的低优先级中断请求,允许高优先级中断形成二级嵌套。当中断响应结束时,对应的优先级状态触发器由硬件自动清零。

6.3　中断处理过程

中断处理过程指的是从中断源发出流程申请,到单片机 CPU 响应中断转到中断服务程序入口,到 CPU 执行中断服务程序,到最后结束服务,返回源程序继续执行源代码的全过程。

6.3.1　中断响应

1. 中断响应条件

CPU 响应中断源的中断请求具有一定的条件,主要包括:

(1) 中断源产生中断请求;

(2) 此中断源的中断允许位为 1;

(3) CPU 开中断(即 EA=1)。

同时满足这三个条件时,CPU 才有可能响应中断。

CPU 执行程序过程中,在每个机器周期的 S5P2 期间,对各个中断源进行优先级检测,并且在下一个周期找到所有有效的中断请求。如果某个中断标志在上一个机器周期的 S5P2 时被置成了 1,那么它将在目前的查询周期中被发现,CPU 响应中断。

在中断系统响应时还需要注意,如果现行指令不是所执行指令的最后一个机器周期时,需要完成所执行指令,保证指令在执行过程中不被打断才能接收中断请求;如果现行指令为 RET、RETI 或访问 IE 或 IP 寄存器的指令时,需要在这些指令后面至少再执行一条指令才能接收中断请求,否则硬件受阻,不响应中断。如果由于未满足响应条件,CPU 不能响应中断请求,当条件消失时该中断标志却已不再有效,那么该中断将不被响应,查询过程在下个机器周期将重新进行。

CPU 一旦响应中断请求,立即产生一个硬件调用,使程序转移到相应的中断服务程序的入口地址处去执行中断服务程序,直到执行完成中断服务程序的最后一条中断返回指令 RETI,才返回被中断的程序。MCS-51 单片机各个中断源的中断服务程序的入口地址是固定的,具体如表 6-2 所示。

表 6-2　中断服务程序的入口地址表

中　断　源	入　口　地　址
外部中断 0	0003H
定时/计数器 T0	000BH
外部中断 1	0013H
定时/计数器 T1	001BH
串行口	0023H
定时/计数器 T2(仅 52 系列有)	002BH

CPU 在响应中断时,在中断入口执行一条跳转指令,跳到用户设计的中断处理程序入口,CPU 执行中断处理程序一直到 RETI 指令为止(RETI 指令是中断服务程序的最后一条指令)。CPU 执行这条指令后,清零响应中断时置位的优先级状态触发器,从堆栈中弹出栈顶的 2 字节到程序计数器(PC),堆栈中保存的数据为执行中断服务程序前 CPU 正在执行

指令的下一条指令的地址。当该地址装入 PC 后,CPU 将继续执行被中断的程序。例如,若发生外部中断 0,则 CPU 会自动执行 LCALL 0003H,转向程序存储器的 0003H 单元执行相关代码。所以在程序设计中,用户的其他代码应该避免占用这些单元。

2. 中断响应时间

中断响应时间是指从 CPU 检测到中断请求信号到转入中断服务程序入口所需要的机器周期。

MCS-51 单片机的最短中断响应时间(从标志置 1 到进入相应的中断服务)为 3 个完整的机器周期。中断控制系统对各中断标志进行查询需要 1 个机器周期。如果响应条件具备,CPU 执行一条响应向量地址的长调用指令,这个过程要占用 2 个机器周期。因此中断响应时间共 3 个机器周期。

中断响应时序如图 6-7 所示,从中断源提出中断申请,到 CPU 响应中断(如果满足了中断响应条件),需要经历一定的时间。若 M1 周期的 S5P2 前某中断生效,在 S5P2 期间其中断请求被锁存在相应的标志位中。下一个机器周期 M2 恰逢某指令的最后一个机器周期,且该指令不是 RET、RETI 或访问 IE、IP 的指令。于是,后面两个机器周期 M3 和 M4 便可以执行硬件 LCALL 指令,M5 周期将进入中断服务程序。

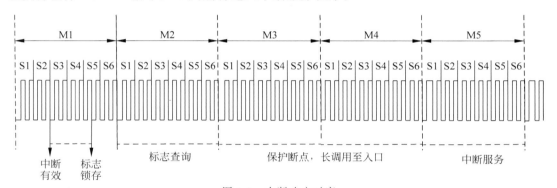

图 6-7　中断响应时序

另外,如果中断信号发生时出现以下 3 种情况,响应时间就会变长:

(1) CPU 正在执行同级或高级中断请求,响应时间取决于正在执行的中断服务程序的长短,等待的时间不确定。

(2) 当前 CPU 执行的指令是多指令周期,如乘除法指令(MUL 或 DIV)(4 个周期),最坏情况,还要等 3 个周期,此时响应周期变为 3+3=6 个周期。

(3) CPU 当前执行的指令是 RET、RETI 或访问 IE、IP 寄存器指令时,本指令(1 个周期)没有响应,且下一条指令执行完后才能响应,则由此引起的附加等待时间不会超过 5 个机器周期(1 个机器周期完成正在进行的指令再加上 MUL 或 DIV 的 4 个机器周期)。整个响应周期为 3+5=8 个周期。

所以整个中断响应时间为 3~8 个机器周期。

6.3.2　中断响应过程

1. 中断响应

CPU 响应中断即接收中断请求,整个过程需要硬件自动完成以下功能操作:①根据中断请求源的优先级高低,将相应的优先级状态触发器置"1";②保护断点,即把 PC 的内容压入堆栈保存;③清除内部硬件可清除的中断请求标志位(IE0、IE1、TF0、TF1);④把被响应的中断服务程序入口地址送入 PC 中,从而转入相应的中断服务程序并执行。

中断服务程序需要由用户编写程序来完成。编写中断服务程序时应注意以下 3 点:

(1)中断服务程序的结构应该简洁,尽可能做少量的工作,减少错误的产生。

(2)在相应的中断服务程序入口地址处用一个长转移指令 LJMP,使中断服务程序能灵活地安排在 64KB 程序存储器的任何地方。

(3)在中断响应的准备阶段,中断系统只是自动保护了 PC 的值,而对其他寄存器(如程序状态字寄存器 PSW、累加器 A 等)的内容并不做保护处理。所以,在中断服务程序的前面,需要用软件保护现场,在中断处理结束后、在返回主程序前,需要恢复被保护寄存器原有内容。保护现场和恢复现场可以通过简单的堆栈操作实现。

注意:保护现场必须位于中断处理程序的前面;恢复现场必须在中断处理程序之后才有意义。

2. 中断返回

中断服务结束后,CPU 要返回被中断的程序断点处继续执行程序。中断服务程序通过指令 RETI 返回源程序。RETI 指令是中断服务程序结束的标志。CPU 执行完成该指令后,完成以下两方面的任务:①将中断响应时压入堆栈保存的断点地址从栈顶弹出送回PC,弹出的第一个字节送入 PC 的高 8 位,弹出的第二个字节送入 PC 的低 8 位,CPU 从原来断点处继续执行程序;②将相应中断优先级状态触发器清 0,通知中断系统,中断服务程序已执行完毕。

注意,上述过程都由 CPU 自动完成,不需要用户编程操作。

6.3.3 中断程序举例

【例 6-1】 如图 6-8 所示,P2.0~P2.7 为输出端,外接发光二极管 L0~L7,采用外部中断 0 电平触发方式改变发光二极管 L0~L7 的显示状态。正常工作时,二极管 L0~L7 逐一亮起。当存在外部中断请求时,二极管 L0~L7 全部亮起并闪烁 8 次。之后继续从暂停的位置接着逐个点亮灯的操作。

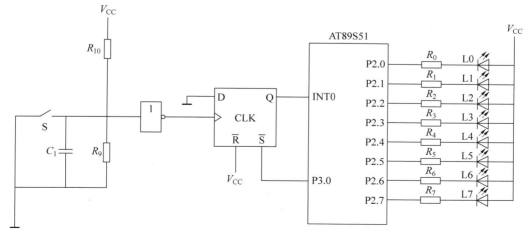

图 6-8 中断系统应用电路图(电平触发方式)

在图 6-8 中,按键 S 每按动一次就产生一个正脉冲,并接入 D 触发器 CLK 端,得到 Q＝
D,Q 端输出低电平并锁存。Q 端和单片机的 INT0(P3.2 引脚)相接,当为低电平时向 CPU
申请中断,CPU 响应中断后,由单片机 P3.0 引脚输出 0 至 D 触发器 S 端,此时 D 触发器工
作在置位状态,Q 端输出 1,从而撤销单片机外部中断 INT0 引脚上的低电平中断请求信
号。按照这一过程,当下一次按 S 键时,就可以触发一次新的中断。

C51 程序:

```
# include < reg52.h >
# include < intrins.h >
void delay();
sbit P3_0 = P3^0;
unsigned char a;
main()
{
    a = 0xfe ;
    IT0 = 0 ;                    //外部中断 0 电平触发方式
    EA = 1 ;
    EX0 = 1 ;
    PX0 = 0 ;
    while(1)
       {
         P1 = a;
         a = _crol_(a,1);         //左移,产生下一个显示控制码
         delay();
       }
}
void delay()
   {
     unsigned int b ;
     b = 2000 ;
     while ( b > 0 ) b-- ;
   }
extern0() interrupt 0 using 1      // 中断函数
{
    unsigned char i ;
    P3_0 = 0 ;
    for (i = 8; i = > 0; i-- )
    {
     P1 = 0x00;
     delay();
     P1 = 0xff ;
     delay();
    }
}
```

选用电平触发方式时,外部中断请求标志 IE0(或 IE1)在 CPU 响应中断时不能由硬件
自动清除,需要在中断返回前撤销中断请求信号,所以将 P3.0 与 D 触发器复位端相连,当
单片机检测到 $\overline{\text{INT0}}$ 引脚或者 $\overline{\text{INT1}}$ 引脚为高电平时,才能清除中断请求标志位 IE0 或者
IE1。选用边沿触发方式的外部中断 0 或者外部中断 1 时,CPU 在响应中断后由硬件自动

清除其中断标志位 IE0 或者 IE1,无须采取其他措施。

【例 6-2】 外部中断源的扩展。单片机系统中只提供了两个外部中断源,而在某些单片机实际应用系统中可能有 2 个以上的中断源需要处理。此时必须对外部中断源进行扩展。扩展外部中断源的方法主要有:定时/计数器扩展法;中断和查询相结合的扩展法;硬件电路扩展法。本例题简单介绍中断和查询相结合的外部中断源扩展法。

图 6-9 中,共有 6 个外部中断源,分别为 0 号、1 号、2 号、3 号、4 号、5 号中断源,按照它们的轻重缓急进行中断优先级排队。中断请求采用电平触发方式,0 号中断源的中断优先级别最高,接在 $\overline{\text{INT0}}$ 端单片机优先响应,单片机接收到 0 号中断源中断请求时,8 个 LED 灯闪烁显示 10 次,1 号、2 号、3 号、4 号、5 号中断源为低级中断源,用线与门的方式接到 $\overline{\text{INT1}}$ 端,当其中 1 个发出中断请求信号时,则触发外部中断 $\overline{\text{INT1}}$ 的中断请求,然后在 INT1 的中断服务程序中,通过查询 P1.0~P1.4 的状态,判定是哪一个中断源请求中断,然后执行响应的中断服务程序。在查询中,先查询的优先级别高,后查询的优先级别低。本例中低优先级中断源的中断优先顺序为 5 号、4 号、3 号、2 号、1 号。无中断请求时为高电平,某路信号如果变为低电平,即为中断请求信号。

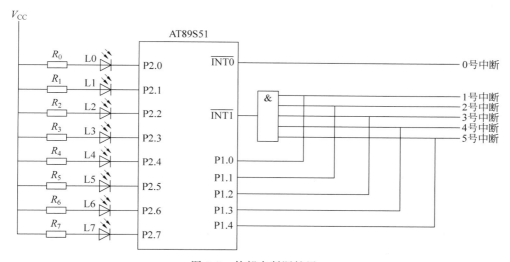

图 6-9 外部中断源扩展

C51 程序:

```
#include <reg52.h>
void     delay();              // 延时函数声明
void     PINT1_5();            // 5 号中断调用的函数声明
void     PINT1_4();            // 4 号中断调用的函数声明
void     PINT1_3();            // 3 号中断调用的函数声明
void     PINT1_2();            // 2 号中断调用的函数声明
void     PINT1_1();            // 1 号中断调用的函数声明
sbit     P1_0 = P1^0;
sbit     P1_1 = P1^1;
sbit     P1_2 = P1^2;
sbit     P1_3 = P1^3;
sbit     P1_4 = P1^4;
```

```
unsigned char a ;
main ()
  {
    IT0 = 0 ;                              // 外部中断 0 电平触发方式
    IE = 0x85 ;
    IP = 0x01 ;
      ...
    While (1) ;
  }
void delay ()
{
  unsigned int b ;
  b = 20000 ;
  while (b > 0) b-- ;
  }
void    PINT1_5 () { ... }                 // 5 号中断调用的函数定义
void    PINT1_4 () { ... }                 // 4 号中断调用的函数定义
void    PINT1_3 () { ... }                 // 3 号中断调用的函数定义
void    PINT1_2 () { ... }                 // 2 号中断调用的函数定义
void    PINT1_1 () { ... }                 // 1 号中断调用的函数定义
extern0 () interrupt 0 using 2            // 0 号中断函数
{
    unsigned char i ;
    for (i = 10 ; i > 0 ; i-- )
     {
       P2 = 0x00 ;
       delay () ;
       P2 = 0xff ;
       delay () ;
       }
   }
extern0 () interrupt 2                     // 外部中断 1 中断函数
{
  if (P1_4 == 0) PINT1_5 () ;             // 1～5 号中断为同级中断,按照查询顺序只响应一个
   else if (P1_3 == 0) PINT1_4 () ;
      else if (P1_2 == 0) PINT1_3 () ;
          else if (P1_1 == 0) PINT1_2 () ;
             else if (P1_0 == 0) PINT1_1 () ;
  }
```

6.4 本章小结

本章以 MCS-51 单片机为例,详细介绍了单片机中断系统的基本概念和软硬件组成,基本概念主要包括中断源、中断优先级、中断响应条件和中断响应过程等。在中断系统的硬件结构部分,主要讲述了中断请求寄存器、中断控制寄存器的位定义及操作方法。对于中断系统的软件结构,主要通过两个具体的设计实例,给出利用单片机中断系统软件编写的一般过程及中断服务程序的通用流程。

习题

1．什么是中断？

2．什么是中断允许和中断屏蔽？

3．简述 MCS-51 单片机内部中断源，并指出各中断源中断服务程序入口地址。

4．MCS-51 有几个中断源？中断请求如何提出？

5．MCS-51 单片机中断响应条件是什么？

6．简述单片机中二级中断嵌套的概念。

7．外部中断源有电平触发和边沿触发两种触发方式，这两种触发方式所产生的中断过程有何不同？如何设定？

8．设计一个外部事件中断计数器，使用外部中断 0 的边沿触发方式，对外部发生的中断事件进行计数。

第7章

MCS-51单片机定时/计数器

定时/计数器在工业控制和日常生活中都具有广泛的应用。各种型号的单片机,无论功能强弱,都有定时/计数器。在单片机应用系统设计中,经常需要进行定时输出、定时检测、定时扫描等定时控制设计,也需要对外部事件进行计数设计。MCS-51 单片机片内提供两个 16 位的可编程定时/计数器:T0 和 T1。它们既可以用作硬件定时,也可以对外部脉冲计数。

目前有以下三种方法实现定时功能:

(1) 软件定时:编写一段程序实现定时。通过让 CPU 反复执行一段有确定执行时间的程序段实现定时,该方法的优点是不占用硬件资源即可实现定时功能,但由于 CPU 需要反复执行定时程序,占用了 CPU 时间,降低了 CPU 的利用率。

(2) 硬件定时:采用时基电路定时。采用 555 电路,外接必要的元器件(电阻和电容),即可方便地实现定时功能。虽然该方法实现容易,但在硬件连接好以后,定时值与定时范围不能通过软件编程进行控制和修改。

(3) 可编程定时:采用可编程芯片定时。定时芯片的定时值及定时范围可以通过软件编程来确定和修改。芯片定时功能强,使用灵活,可以独立运行,定时期间不会占有 CPU 的资源,克服了软件定时及硬件定时的缺点。

定时/计数器还具有计数功能,即对外部输入的脉冲信号进行加法计数,目前可以利用可编程计数器(如专用芯片 8253),实现对脉冲的计数。

通常计数器同时也是定时器,从本质上讲,定时也是通过计数实现的,在已知驱动定时/计数器时钟周期的条件下,时间等于周期乘以计数值。

7.1 定时/计数器的结构和工作原理

7.1.1 结构构成

定时/计数器的结构框图如图 7-1 所示,由加法计数器(T0,T1)、方式寄存器(TMOD)、控制寄存器(TCON)等组成。MCS-51 单片机中计数器的计数方式为加 1 计数,计数时钟信号可以是单片机内部时钟信号,也可以是外部输入的时钟信号。其中 T0 是由高 8 位 TH0 和低 8 位 TL0 这两个 8 位二进制加法计数器组成的 16 位二进制加法计数器,T1 是由 TH1 和 TL1 这两个 8 位二进制加法计数器组成的 16 位二进制加法计数器。TMOD 是定时/计数器的工作方式寄存器,由它确定定时/计数器的工作方式和功能;TCON 是定时/计数器的控制寄存器,用于控制 T0、T1 的启动和停止以及设置溢出标志。

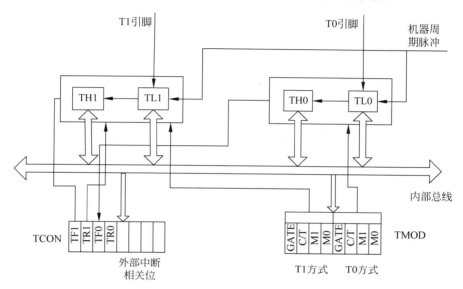

图 7-1　定时/计数器的结构框图

7.1.2　工作原理

1. 定时方式

当定时/计数器用于定时方式时,加法计数器对单片机内部的机器周期信号进行计数,由于机器周期是定值,对该确定周期的时钟信号计数,即实现定时。例如计数时钟信号为周期 T 的脉冲信号,计数器的计数值为 n,则定时时间为

$$t = nT$$

式中,T 为时钟信号周期;n 为计数器的计数值;t 为定时时间。可见设置为定时器模式时,加 1 计数器是对内部机器周期的计数(1 个机器周期等于 12 个振荡周期,即计数频率为晶振频率的 1/12)。计数值乘以机器周期就是定时时间。

当定时/计数器工作于定时方式时,其输入的计数脉冲有两个来源,一个是由系统的时钟振荡器输出脉冲经 12 分频后输入;另一个是由 T0 或 T1 引脚输入的外部脉冲源,每来一个脉冲,计数器加 1。可以通过向计数器置初值 n 的方式设定定时时间,计数器从初值 n 开始加 1 计数,直至计数溢出使 TCON 中的 TF0 或 TF1 置 1,向 CPU 发出中断请求(定时/计数器中断允许时),则表示定时时间为

$$t = T(2^{N_0} - n)$$

式中,N_0 表示计数器的位数。

例如,某单片机使用 12MHz 的晶振,定时/计数器为 16 位的定时/计数器,计数初值为 15536,则单片机的机器周期为

$$T = 12\frac{1}{f_{osc}} = 12 \times \frac{1}{12 \times 10^6} = 1\mu s$$

定时/计数器的定时时间为

$$t = T(2^N - n) = 1\mu s \times (2^{16} - 15536) = 50ms$$

由例题可见,在机器周期一定的情况下,定时时间仅与计数初值有关。

2. 计数方式

当定时/计数器用于计数方式时,加法计数器对外部输入的脉冲信号计数,外部事件的脉冲信号由 T0(P3.4)或 T1(P3.5)引脚输入计数器。计数过程如下:在每一个机器周期的 S5P2 时刻对 T0 或 T1 引脚上的信号取样 1 次。当某周期取样到一高电平,而下一周期取样到一低电平时,则计数器在下一个机器周期的 S5P2 时刻加 1。由于检测一个从 1 到 0 的下降沿需要 2 个机器周期,因此要求被取样的电平至少要维持 1 个机器周期,所以最高计数频率为晶振频率的 1/24。例如当晶振频率为 12MHz 时,最高计数频率不超过 1/2MHz,即计数脉冲的周期要大于 2μs。

7.2　定时/计数器的方式和控制寄存器

MCS-51 单片机与 16 位定时/计数器 T0、T1 有关的特殊功能寄存器有 TH0、TL0、TH1、TL1、TMOD、TCON,与定时/计数器中断相关的寄存器还有 IE、IP。其中 TMOD 为 T0 和 T1 的方式寄存器,用于设置工作方式;TCON 为 T0 和 T1 的状态和控制寄存器,存放 T0、T1 的运行控制位和溢出中断标志,用于控制启动和中断申请。

1. 方式寄存器 TMOD

TMOD 用于设置定时/计数器的工作方式,低 4 位为 T0 的方式字段,高 4 位为 T1 的方式字段,它们的含义完全相同。其格式如图 7-2 所示。

位	7	6	5	4	3	2	1	0
字节地址:(89H)	GATE	C/$\overline{T}$	M1	M0	GATE	C/$\overline{T}$	M1	M0

图 7-2　方式寄存器 TMOD

(1) GATE:门控位。GATE 位用于控制定时/计数器的启动是否受外部中断请求信号的影响,当 GATE=0 时,定时/计数器的启动与外部中断请求信号引脚 $\overline{INT0}$ 和 $\overline{INT1}$ 无关,只能用软件使 TCON 中的 TR0 或 TR1 为 1,启动定时/计数器工作。当 GATA=1 时,除了要用软件使 TR0 或 TR1 为 1,还要求外部中断引脚 $\overline{INT0}$ 或 $\overline{INT1}$ 也为高电平时,才能启动定时/计数器工作,即 TR0=1 且 $\overline{INT0}$=1 时,启动 T0;TR1=1 且 $\overline{INT1}$=1 时,启动 T1。

(2) C/T:定时/计数模式选择位。定时/计数器工作于定时还是计数方式,取决于选择哪一种计数脉冲源。当计数脉冲源为单片机内部时钟源时为定时方式;当计数脉冲源为外部引脚脉冲输入时为计数方式。

$C/\overline{T}=0$ 为定时模式,将单片机内部振荡器输出的脉冲信号经过 12 分频后的信号作为计数脉冲信号,每一个机器周期定时/计数器在计数初值的基础上开始加"1",直到计数溢出这段时间为定时时间。$C/\overline{T}=1$ 为计数模式,将外部引脚上的输入脉冲作为计数脉冲,T0计数器的计数脉冲由 $\overline{INT0}$ 引脚输入,T1 计数器的计数脉冲由 $\overline{INT1}$ 引脚输入,内部硬件电路在每个机器周期取样外部引脚的状态,当外部输入电平发生负跳变时,计数器加 1。

(3) M1M0:工作方式设置位。定时/计数器有 4 种工作方式,通过设置 M1 和 M0 选择不同的工作方式,如表 7-1 所示。

表 7-1 各中断源响应优先级及中断服务程序入口表

M1M0	工 作 方 式	说 明
00	方式 0	13 位定时/计数器
01	方式 1	16 位定时/计数器
10	方式 2	8 位自动重装定时/计数器
11	方式 3	T0 分成两个独立的 8 位定时/计数器,且 T1 停止计数

在对 TMOD 进行设置时应该注意:由于 TMOD 不能进行位寻址,所以只能用字节指令设置定时/计数器的工作方式;CPU 复位时 TMOD 所有位清 0,需要对它重新设置。

2. 控制寄存器 TCON

在单片机中断系统中已经介绍了 TCON 寄存器,其低 4 位用于存储中断源的中断请求标志位和设定外部中断源的触发方式,其高 4 位用于控制定时/计数器的启动和溢出标志位。TCON 的高 4 位格式如图 7-3 所示。

位	7	6	5	4	3	2	1	0
字节地址: (88H)	TF1	TR1	TF0	TR0				

图 7-3 定时/计数器控制寄存器 TCON

(1) TF1:T1 计数溢出标志位。当 T1 允许计数以后,T1 从初值开始加"1"计数,计数溢出时由硬件自动置 TF1 为 1。CPU 响应中断后,TF1 由硬件自动清 0。T1 工作时,可以由程序查询 TF1 的状态,所以 TF1 可用作查询测试的标志。TF1 也可以用软件置 1 或清 0,同硬件置 1 或清 0 的效果一样。

(2) TR1:T1 运行控制位。由软件置 1 或清 0,当 GATE 门控位为 0 时,T1 计数器由 TR1 控制,将 TR1 置 1 时,T1 开始工作,从计数初值开始进行加 1 计数;TR1 置 0 时,T1 停止计数。当 GATE 门控位为 1 时,TR1 置 1 且 $\overline{INT1}$ 引脚输入高电平时,T1 开始计数。所以用软件可控制定时/计数器 T1 的启动与停止。

(3) TF0:T0 计数溢出标志位,其功能与 TF1 类似。

(4) TR0:T0 运行控制位。由软件置 1 或清 0,当 GATE 门控位为 0 时,T0 计数器由 TR0 控制,将 TR0 置 1 时,T0 开始工作,从计数初值开始进行加 1 计数;TR0 置 0 时,T0 停止计数。当 GATE 门控位为 1 时,TR0 置 1 且 $\overline{INT1}$ 引脚输入高电平时,T0 开始计数。

7.3　定时/计数器的工作方式

MCS-51单片机的定时/计数器T0有4种工作方式(方式0、1、2、3),定时/计数器T1有3种工作方式(方式0、1、2)。前3种工作方式,T0和T1除了所使用的寄存器、有关控制位、标志位不同外,其他操作完全一致。下面以定时/计数器T0为例,说明定时/计数器4种工作方式的结构和工作原理。

1. 方式0

当TMOD寄存器的M1M0为00时,定时/计数器T0或T1工作于方式0,工作原理如图7-4所示。当工作在方式0时,16位的加法计数器只用了13位计数,分别由TL0(或TL1)的低5位(高3位未用)和TH0(或TH1)的8位组成。

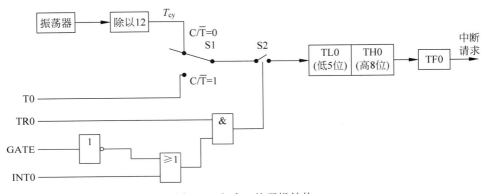

图7-4　方式0的逻辑结构

计数过程为:每一个计数脉冲都使相应计数器加1,TL0的低5位加1溢出时向TH0进位,TH0计数加1溢出则置位TCON中的溢出标志位TF0,同时计数初值重新载入TL0和TH0。TF0置1后,T0向CPU发出中断请求,若T0的中断是允许的,并满足中断响应条件,则系统执行T0的中断服务程序。此时TF0被硬件自动清零,若采用软件对TF0置1,则此时需要使用软件手动将TF0清零。

当$C/\overline{T}=0$时,T0为定时模式,电子开关S1与振荡器侧连接,振荡器的输出信号经过12分频后的信号作为T0的计数脉冲信号;定时时间与计数个数的关系可以描述为$N=t/T_{cy}$,其中,t为定时时间,N为计数个数,T_{cy}为机器内部时钟周期。当$C/\overline{T}=1$时,T0为计数模式,电子开关S1与T0侧连接,以T0引脚上的输入信号为计数脉冲信号。通常,在定时/计数器的应用中要根据计数个数求出送入TH1、TL1和TH0、TL0中的计数初值。计数初值的计算公式为

$$X = 2^{13} - N$$

式中,X为计数初值,最大计数值为2^{13}(即8192),当计数个数为1时,初值X为8191;当计数个数为8192时,初值X为0。即初值为8191～0时,计数为1～8192。

从结构图7-4中可以看出,门控位GATE具有特殊的作用。当GATE=0时,GATE信号经过非门反相后输出为1,再经过或门输出始终为1,此时控制信号仅由TR0决定,当

TR0＝1 时,与门输出为 1,控制开关控制端为高电平,电子开关 S2 闭合,允许定时/计数器 T0 开始计数;当 TR0＝0 时,则与门输出为 0,控制开关控制端为低电平,电子开关 S2 断开,定时/计数器 T0 停止计数。当 GATE＝1 时,GATE 信号经过非门反向后输出为 0,此时只有 $\overline{INT0}$ 引脚输入高电平,或门才能输出高电平,即 $\overline{INT0}$＝1 且 TR0＝1 时,与门才能输出高电平,电子开关 S2 闭合,定时/计数器 T0 开始计数。因此当 GATE＝1 时,必须同时满足 TR0＝1 和 $\overline{INT0}$ 引脚输入高电平两个条件,才能让定时/计数器开始计数。

定时/计数器 T0 工作于方式 0 的过程中,当 13 位计数器从计数初值开始加 1 计数,直至计满溢出时,由单片机硬件自动置位 TF0 同时将 13 位计数器清零,但计数过程不会结束。此时计数脉冲来时,同样会进行加 1 计数,只是计数器从 0 开始计数,所以方式 0 下是满值计数,计数器的计数为 $1 \sim 8192(2^{13})$。

2. 方式 1

当 TMOD 寄存器的 M1M0 为 01 时,定时/计数器 T0 或 T1 工作于方式 1。电路结构与方式 0 基本相同,它们的差别仅在于方式 1 时,T0 为 16 位的定时/计数器,如图 7-5 所示。16 位计数器由 TL0 中的 8 位和 TH0 中的 8 位组成,其中 TL0 中的 8 位作为计数器的低 8 位,TH0 中的 8 位作为高 8 位。T0 计数时,当 TL0 计满溢出时向 TH0 进位,TH0 计满溢出时置位溢出标志位 TF0。

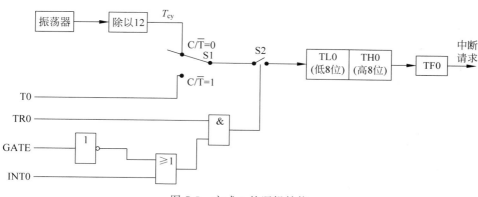

图 7-5　方式 1 的逻辑结构

由于方式 1 的计数位数是 16 位,因而最大计数值(满值)为 2 的 16 次幂,计数个数 N 与计数初值 X 的关系为

$$X = 2^{16} - N$$

可见,当 N 为 1 时,初值 X 为 65535;当 N 为 65536 时,初值 X 为 0。即初值 X 为 $65535 \sim 0$ 时,N 为 $1 \sim 65536$。

【例】　若要求定时器 T0 工作于方式 1,定时时间为 50ms,当晶振频率为 12MHz 时,求送入 TH0 和 TL0 的计数初值各为多少?

【解】　由于晶振频率为 12MHz,所以机器周期 T_{cy} 为 1μs。

$$N = t/T_{cy} = 50 \times 10^{-3}/1 \times 10^{-6} = 5000$$

$$X = 2^{16} - N = 65536 - 5000 = 15536 = 3CB0H(十六进制)$$

即应将 3CH 作为初值送入 TH0 中,B0H 作为初值送入 TL0 中。

在计满后,方式 1 与方式 0 的情况相同。当计数器计满溢出时,计数器的计数过程不会结束,而是以满值开始计数。如果需要重新实现 N 个计数,就要将初值再次置入 TH0 和 TL0 中。

3. 方式 2

当 TMOD 寄存器的 M1M0 为 10 时,定时/计数器 T0 工作于方式 2,为 8 位自动重装初值的定时计数器,方式 2 的逻辑结构如图 7-6 所示。

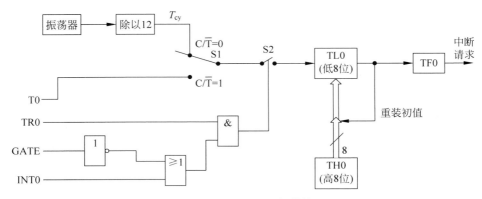

图 7-6 方式 2 的逻辑结构

在利用方式 2 计数时,16 位的计数器只用了 TL0 的 8 位来计数,而 TH0 作为 8 位初值寄存器,当 TL0 计满溢出时,由硬件使溢出标志位 TF0 置 1,向 CPU 发出中断请求,同时溢出信号又将触发导通三态门,TH0 中的计数初值就自动送入 TL0 计数器中。TL0 计数器从这个初值重新进行加 1 计数。周而复始,直至 TR0＝0 才会停止。计数个数 N 与计数初值 X 的关系为

$$X = 2^8 - N$$

可见,在方式 2 时,计数器中计数满值较小,最大计数值(满值)为 2^8(即 256)。当 N 为 1 时,初值 X 为 255;当 N 为 256 时,初值 X 为 0。即初值 X 为 255～0 时,N 为 1～256。

与前两种计数方式相比较,方式 2 的最大特点是能够自动地把 TH0 中的计数初值送入 TL0 中,不用重新置入初值。

4. 方式 3

当 T0 方式字段中的 M1M0 为 11 时,定时/计数器 T0 被设置为方式 3,且只有定时/计数器 T0 有方式 3。此时定时/计数器 T1 相当于 TR1＝0,停止计数。方式 3 的逻辑结构如图 7-7 所示。

在方式 3 时,T0 分为两个独立的 8 位计数器 TL0 和 TH0,TL0 使用 T0 的所有控制位和状态标志位:$C/\overline{T}$、GATE、TR0、TF0 和 $\overline{INT0}$。此时 TL0 为一个独立的 8 位定时器或外部计数器,当 TL0 计数溢出时,由硬件使 TF0 置 1,向 CPU 发出中断请求。同时 TL0 计数器清零,与方式 0,方式 1 类似,TL0 的计数初值必须由软件赋值。而 TH0 固定为定时方式(不能进行外部计数),并借用 T1 的控制位和状态标志位 TR1 和 TF1;当 TR1＝1 时,TH0 开始计数;当 TR1＝0 时,TH0 停止计数。因此 TH0 的启、停受 TR1 控制,TH0 计满溢出时将置位溢出标志位 TF1。在方式 3 下,计数器的最大计数值和初值的计算方法与方式 2 一致。

在这种工作方式下,T1 的控制位 $C/\overline{T}$、M1M0 并未交出,不能使用运行控制位 TR1 和溢出标志位 TF1,进而无法发出中断请求信号。这种情况适用于 T1 不需要产生中断的应

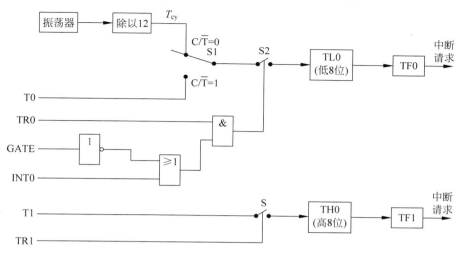

图 7-7 方式 3 的逻辑结构

用,即将 T1 用作波特率发生器,此时 T0 选择工作方式 3,使单片机多出一个定时/计数器。方式设定后,T1 将自动运行,如果要使 T1 停止工作,只需将它设置为方式 3(定时/计数器T1 没有方式 3)。

7.4　定时/计数器的初始化编程及应用

1．定时/计数器的编程

MCS-51 的定时/计数器是可编程的,可以设定为对机器周期进行计数,实现定时功能,也可以设定为对外部脉冲进行计数,实现计数功能。它有 4 种工作方式,使用时可根据情况选择其中的一种。因此在利用定时/计数器进行定时或计数之前,首先要通过软件对它进行初始化。过程如下:

(1) 根据要求选择方式,确定方式控制字,对 TMOD 赋值。

(2) 根据要求计算定时/计数器的计数值,再由计数值求得初值,写入 TH0、TL0 或TH1、TL1。

(3) 根据需要开放定时/计数器中断时,对 IE 赋值(后面需编写中断服务程序)。

(4) 设置定时/计数器控制寄存器 TCON 的 TR0 或 TR1 值,启动定时/计数器开始工作。

(5) 等待定时/计数时间到,则执行中断服务程序;如用查询处理,则编写查询程序,判断溢出标志,若溢出标志等于1,则进行相应的处理。

2．定时/计数器的应用

通常利用定时/计数器来产生周期性的波形。利用定时/计数器产生周期性波形的基本思想是:利用定时/计数器产生周期性的定时,定时时间到则对输出端进行相应的处理。例如产生周期性的方波只需定时时间到对输出端取反一次即可。方式不同时定时的最大值不同;如定时的时间很短,则选择方式 2。方式 2 形成周期性的定时不需要重置初值;如定时比较长,则选择方式 0 或方式 1;如时间很长,一个定时/计数器不够用时,还可用两个定时/计数器或一个定时/计数器加软件计数的方法。

【例 7-1】　设系统晶振频率为 12MHz,用定时/计数器 T1 编程实现从 P1.1 输出周期为 200μs 的方波。Proteus 中的硬件电路如图 7-8 所示。

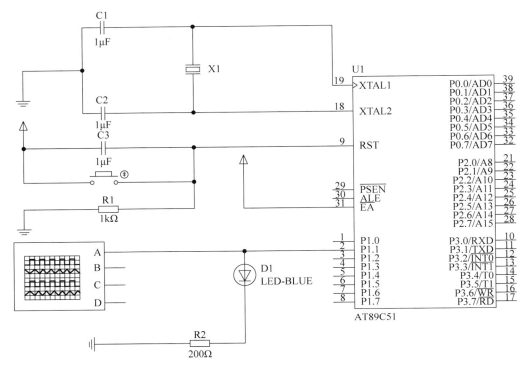

图 7-8　P1.1 输出周期为 200μs 的方波的电路图

在 AT89C51 单片机小系统基础上 P1.0 接示波器,示波器在配件(Gadgets)工具栏的 Virtual Instruments Mode 虚拟仪表中,名称为 OSCILLOSCOPE,另外连接了一个发光二极管(LED-RED)显示。

从 P1.1 输出周期为 200μs 的方波,只需 P1.1 每 100μs 取反一次即可。当系统晶振为 12MHz 时,定时/计数器 T1 工作于方式 2 时,即 8 位自动重装方式,最大的定时时间为 256μs,满足 100μs 的定时要求,方式控制字应设定为 00100000B(20H)。系统时钟频率为 12MHz,时钟周期为 1μs,定时 100μs 时,计数值 N 为 100,初值 $X = 256 - 100 = 156$,换算成二进制为 10011100,则计数初始值 TH1 = TL1 = 9CH。

(1)中断方式。设置定时/计数器工作于方式 1,定时方式,同时中断允许。

实现程序如下:

```
# include < reg51.h>             //包含特殊功能寄存器库
sbit P1_1 = P1^1;
void main()
{
    TMOD = 0x20;
    TH1 = 0x9C; TL1 = 0x9C;
    EA = 1; ET1 = 1;
```

```
        TR1 = 1;
        while(1);
}
void time0_int(void) interrupt 1          //中断服务程序
{
        P1_1 = !P1_1;
}
```

在中断方式时,CPU 响应溢出中断请求时,自动把溢出标志位清零。因此,在中断处理程序中无须对溢出标志位清零。

（2）查询方式。采用查询方式时,T1 仍然工作于方式 1 的定时方式,但设置为不允许 T1 向 CPU 申请中断。

实现程序如下：

```
# include < reg51.h>                      //包含特殊功能寄存器库
sbit P1_1 = P1^1;
void main()
{
        TMOD = 0x20;
        TH1 = 0x9C; TL1 = 0x9C;
        TR1 = 1;
        For(;;)
        {
        If (TF1) { TF1 = 0; P1_1 = ! P1_1; }  //查询计数溢出
        }
}
```

在 Keil μVision 中编译程序,形成 HEX 文件,在 Proteus 中仿真运行,通过示波器显示波形,结果如图 7-9 所示,波形周期为 200μs。

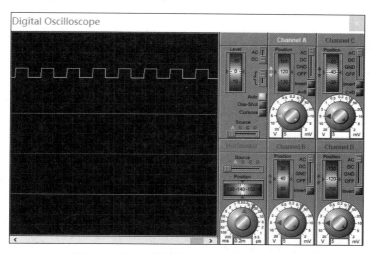

图 7-9　例 7-1 的周期为 200μs 的仿真波形

在例 7-1 中,由于单片机系统的晶振频率为 12MHz,当计数初值 a 为 0 时,定时时间最长为 256μs,如果定时时间小于 256μs,用方式 2 处理比较方便。如果定时时间大于 256μs,超过定时/计数器的计数范围,则此时用方式 2 不能直接处理。如果定时时间小于 8192μs,

则可用方式 0 直接处理。如果定时时间小于 65536μs,则用方式 1 可直接处理,处理时与方式 2 的不同在于,定时时间到后需重新置初值。

【**例 7-2**】 设系统晶振频率为 12MHz,编程实现从 P1.2 输出周期为 2s 的方波。

硬件电路与前面例 7-1 相同,只是用示波器测量 P1.2 引脚。根据例 7-2 的处理过程,这时应产生 1s 的周期性的定时,定时到时通过对 P1.2 取反实现。由于定时时间较长,一个定时/计数器不能直接实现,可用定时/计数器 T0 产生周期为 10ms 的定时,然后用一个寄存器 R2 对 10ms 计数 100 次或用定时/计数器 T1 对 10ms 计数 100 次来实现。由于系统时钟为 12MHz,定时/计数器 T0 定时 10ms,计数值 N 为 10000,只能选方式 1,方式控制字为 0000000 1B(01 H),初值为

$$X = 65536 - 10000 = 55536 = 1101100011\ 110000B$$

则 TH0=1101 1000B=D8H,TL0=111 10000B=F0H。

(1) 用寄存器 R2 作计数器进行软件计数,溢出位采用中断处理方式。

实现程序如下:

```
#include <reg51.h>                   //包含特殊功能寄存器库
sbit P1_2 = P1^2;
char i;
void main()
{
    TMOD = 0x01;
    TH0 = 0xD8; TL0 = 0xf0;
    EA = 1; ET0 = 1;
    i = 0;
    TR0 = 1;
    while(1);
}
void time0_int(void) interrupt 1     //中断服务程序
{
    TH0 = 0xD8; TL0 = 0xf0;
    i++;
    if(i == 100) { P1_2 = ! P1_2; i = 0}
}
```

图 7-10 是仿真后示波器的显示情况,结果表明得到的波形周期为 2s。

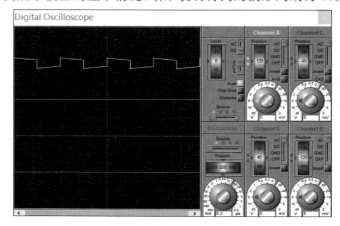

图 7-10 例 7-2 的周期为 2s 的仿真波形

7.5　本章小结

定时/计数器在很多领域都有着广泛的应用。从本质上讲,定时和计数都是基于计数的原理,区别在于定时模式时计数脉冲来自单片机内部的时钟电路,脉冲周期已知;计数模式时计数脉冲来自外部引脚的输入信号,脉冲周期未知。MCS-51 单片机内有两个可编程定时/计数器 T0 和 T1,都可以通过软件对 TMOD 中的 C/T 位设定为定时模式或计数模式。不论选择哪种工作模式,都可由 TMOD 中的 M1M0 设定 4 种工作方式。

习题

1. MCS-51 单片机内部有几个定时/计数器? 由哪些功能寄存器组成?

2. 简述定时/计数器工作于定时和计数方式时的区别与联系?

3. 定时/计数器 T0 有几种工作方式? 各自的特点有哪些?

4. 要求定时/计数器的运行控制完全由 TR1、TR0 确定和完全由 INT0、INT1 高低电平控制时,初始化编程应作何处理?

5. 当定时/计数器 T0 用工作方式 3 时,定时/计数器 T1 工作在何种方式? 如何控制T1 的开启和关闭?

6. 利用定时/计数器 T0 从 P1.0 输出周期为 1s,脉宽为 20ms 的正脉冲信号,晶振频率为 12MHz。试设计程序。

7. 要求从 P1.1 引脚输出频率为 1000Hz 的方波,晶振频率为 12MHz。试设计程序。

8. 试用定时/计数器 T1 对外部事件计数。要求每计数 100,就将 T1 改成定时方式,控制 P1.7 输出一个脉宽为 10ms 的正脉冲,然后又转为计数方式,如此反复循环。设晶振频率为 12MHz。

9. 利用定时/计数器 T0 产生定时时钟,由 P1 口控制 8 个指示灯。编一个程序,使 8 个指示灯依次一个一个闪动,闪动频率为 20 次/s(8 个灯依次亮一遍为一个周期)。

第8章

MCS-51单片机串行接口

串行接口是单片机一个重要的外部接口,是单片机与外设通信的渠道之一。串行接口使得单片机与外设的通信变得更为灵活而简单。串行通信是数据按顺序一位接一位传送的通信方式,与并行通信相比,串行通信有其特有的优势:①串行通信的连接线少;②利用一定的辅助设备,串行通信可以实现长距离通信。由于串行通信存在诸多优势,在数据通信中有着广泛的应用。MCS-51 单片机的串行口有 4 种工作方式,3 种通信模式。在使用中,可以通过设置串行口控制寄存器选择不同的工作方式和通信模式,操作简单方便,易于实现。

8.1　基本概念

单片机 CPU 和外部设备进行数据交换称为通信,这种数据交换可以分为两大类: 并行通信与串行通信。

1. 并行通信

并行通信是将数据的各个位用多条数据线同时并行传送的通信方式,数据以字或字节为单位并行传送,每一根数据线传送一位二进制代码,如图 8-1 所示。

并行通信的优点是控制简单、传输速度快;缺点是需要通信线路较多、通信成本高、不适合长距离通信的场合。所以并行通信适用于近距离传输和处理速度较快的场合,多用于计算机内部。

2. 串行通信

串行通信是指数据按时间先后顺序,将字节分成一位一位的形式在一条传输线上顺序传送,如图 8-2 所示。与并行通信相比,串行通信具有占用传输线数量少、硬件成本低、传输距离长等优点;缺点是传输速度慢、效率低。所以串行通信适用于较远距离的数据传输,多用于计算机与计算机之间、计算机与外部设备之间远距离的通信。

在通信中数据的交换具有方向性,根据数据传送的方向,串行通信可以分为 3 种方式:单工方式、半双工方式和全双工方式,如图 8-3 所示。

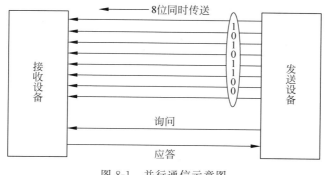

图 8-1 并行通信示意图

图 8-2 串行通信示意图

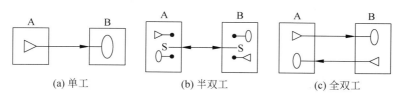

图 8-3 串行通信方式

单工方式只有一根数据线且只能单向传输,数据只能从一端传输到另一端,不能反方向传输。半双工方式也只有一根数据线且允许数据向两个相反的方向传输,但是数据需要分时传输。全双工有两根数据线,一根数据线发送数据,另一根数据线接收数据,可以实现数据在同一时刻的双向传输。

在串行通信中,数据信息和控制信息要按位在一条线上依次传送。为了对数据和控制信息进行区分,收发双方要事先约定数据格式、同步方式、传输速率、校验方式等。根据通信双方同步方法的不同又可分两种:异步通信和同步通信。

（1）异步通信

异步通信方式是以字符或字节数据为单位进行传输的,一个字符或字节数据称为一帧。每帧数据由 4 部分组成:起始位、数据位、校验位和停止位。异步通信方式一帧的数据格式如图 8-4 所示。数据传送时,每一个字符前加一个低电平作为起始位,接着是数据位,数据位可以是 5～8 位(低位在前,高位在后),数据位后可带一个校验位,最后加一个高电平作为停止位。字符(帧)之间可以有不定长度的空余位(高电平)。

异步通信时通信的发送与接收设备可以使用各自的时钟,但要求双方的时钟尽可能一致。具体方法为:传送的每一个字符都以起始位"0"开始,将起始位作为联络信号,告诉收方传送过程开始,再以停止位"1"结束,以此进行收发双方的同步,停止位和空余位作为时钟频率偏差的缓冲。

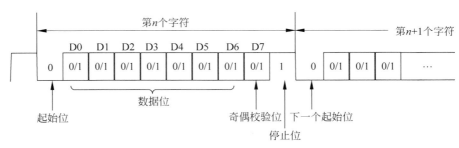

图 8-4 异步通信数据格式

传送开始后,接收设备检测传输线,如果收到一系列的"1"(空闲位或停止位)之后,检测到一个"0",说明起始位出现,就开始接收该帧的数据位和奇偶校验位以及停止位。经过处理将停止位去掉,把数据位拼成一个并行字节,并且经校验无误才算完成一个字符的接收。一个字符接收完毕后,接收设备又继续测试传输线,监视"0"电平的到来(下一个字符开始),直到全部数据接收完毕。

异步通信的特点是对收发双方时钟的要求不高,线路简单,设备开销小,实现容易,但每个字符要附加起始位、校验位和停止位,且各帧之间还有间隔,占用了传输时间,因此传输效率不高。

(2)同步通信

同步通信方式是以字符块为单位进行传输的,一个数据块由多个字符按照先后顺序组成,在数据块前面加上同步字符作为数据块的起始符号,在数据块的后面加上校验字符,用于检查数据是否存在错误。格式如图 8-5 所示。

同步字符1	同步字符2	数据块	校验字符1	校验字符2

图 8-5 同步通信数据格式

当通信双方采用同步通信方式时,首先要建立发送方时钟对接收方时钟的直接控制,即使用同一个时钟,使双方达到完全同步。一方先发送同步字符,另一方检测到同步字符时开始数据传输,当接收到校验字符并处理确认数据正确后,结束一次数据传输。可见同步通信方式在数据块的间隔添加了附加信息,由于数据块构成的帧比一个字符的帧长,则附加信息相对占比小,因此传输效率提高。

由于在同步通信中要求使用同一个时钟,对于近距离通信可以通过增加时钟线的方式实现,但是对于远距离通信则需要利用锁相环技术实现,控制线路复杂。所以异步通信与同步通信方式各有所长,异步通信方式线路简单,但传输效率较低;同步通信方式线路复杂,但传输效率较高。

3. 波 特 率

波特率是数据通信传输速率的一个重要概念,表征了单位时间内传送的信息量。定义为:单位时间内传送的二进制位数,单位为 b/s。如每秒传送 240 位二进制位,则波特率为 240b/s。在异步通信中,传输速率也可以用每秒传送多少字节来描述,它与波特率的关系为

$$波特率(b/s) = 一个字符的二进制位数 \times 字符/秒(B/s)$$

例如,设每个字符格式包含 11 位(1 个起始位、1 个校验位、1 个停止位、8 个数据位),每秒传送 200 个字符,则波特率为

$$11 \times 200 = 2200 \ (b/s)$$

8.2 MCS-51 的串行口硬件结构

MCS-51 系列单片机提供一个可编程的全双工串行通信口,可以同时发送和接收数据。发送、接收数据可以通过查询方式或中断来灵活处理,能方便地与其他计算机或外部设备(如串行打印机)实现双机或多机通信。

8.2.1 MCS-51 串行口的结构

MCS-51 串行口主要由发送数据寄存器(SBUF)、发送控制器、接收 SBUF、接收寄存器、串行口控制寄存器等组成,其内部简化结构如图 8-6 所示。

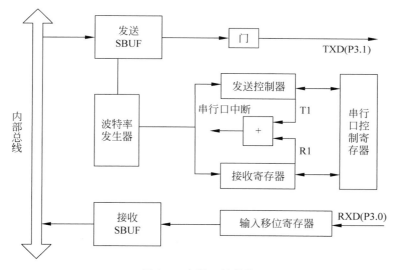

图 8-6 串行口的结构

串口内部有两个物理上独立的接收、发送缓冲器,但共享同一个字节地址 99H,共享一个特殊功能数据寄存器 SBUF。当 CPU 向 SBUF 写数据时,执行写 SBUF 命令(MOV SBUF,A),即向发送 SBUF 装载并开始由 TXD(P3.1)引脚向外发送一帧数据。一个字符发送完毕,使串行口控制寄存器中的发送中断标志位 T1=1;当 CPU 从 SBUF 读数据时,执行读 SBUF 命令(MOV A,SBUF),则可以由接收 SBUF 取出信息并通过内部总线送到 CPU。即发送 SBUF 只能写入,不能读出;接收 SBUF 只能读出,不能写入。

8.2.2　串行口的控制寄存器

MCS-51 单片机串行口只有两个控制寄存器：串行口控制寄存器（SCON）和特殊功能寄存器（PCON）其中的一个，可以通过将初始化程序写入这两个特殊功能寄存器来实现对串行口的控制。

1. 串行口控制寄存器 SCON

SCON 是一个特殊功能寄存器，字节地址为 98H，共 8 位，位地址为 98H～9FH，每一位都具有位寻址功能。主要用于设定串行口的工作方式、接收/发送控制和存储串行口中断标志位，数据位格式如图 8-7 所示。

图 8-7　串行口控制寄存器 SCON

（1）SM0 和 SM1：是串行口工作方式选择位，通过对 SM0、SM1 编码可选择串行口的 4 种工作方式，如表 8-1 所示。

表 8-1　串行口的工作方式

SM0	SM1	方式	功　能	波　特　率
0	0	0	移位寄存器	$f_{osc}/12$
0	1	1	10 位异步收发器（起始位＋8 位数据＋停止位）	可变
1	0	2	11 位异步收发器（起始位＋9 位数据＋停止位）	$f_{osc}/32$ 或 $f_{osc}/64$
1	1	3	11 位异步收发器（起始位＋9 位数据＋停止位）	可变

（2）SM2（SCON.5）：方式 2 和方式 3 的多机通信控制位。当串行口以方式 2 或方式 3 接收数据时，若 SM2＝1，可以利用接收到的第 9 位数据（RB8）来控制是否激活 RI。当 RB8＝0 时，串行口接收无效，则输入移位寄存器中接收的数据不能移入到接收 SBUF 中，接收中断标志位 RI 不置 1，接收到的信息丢弃；当 RB8＝1 时，串行口接收有效，将输入移位寄存器中接收的数据移入到接收 SBUF 中，接收中断标志位 RI 置 1，产生中断请求，进而在中断服务中将数据从 SBUF 中读取。当 SM2＝0 时，不论收到的第 9 位数据（RB8）为 0 还是 1，都将输入移位寄存器中的数据送入接收 SBUF 中，同时接收中断标志位 RI 置 1，产生中断请求，接收都有效（即此时 RB8 不具有控制 RI 置位的功能）。所以通过控制 SM2，可以实现多机通信。

另外，在方式 0 时，SM2 必须为 0。在方式 1 时，若 SM2＝1，则只有接收到有效停止位时，接收中断标志位 RI 才置 1，接收才有效。

（3）REN：允许接收控制位。可以由软件置 1 或清 0，当 REN＝1 时，启动串行口接收数据；当 REN＝0 时，禁止串行口接收数据。

（4）TB8：发送数据的第 9 位。在方式 2 和方式 3 中，TB8 是发送数据的第 9 位，可以用软件置 1 或清 0。在双机通信中，可以用作数据的奇偶校验位；在多机通信中，可作为地址帧/数据帧的标志位，当 TB8＝1 时，发送的是地址帧；当 TB8＝0 时，发送的是数据帧。在方式 0 和方式 1 中，该位未使用。

（5）RB8：接收数据的第 9 位。在方式 2 和方式 3 中，RB8 是接收到数据的第 9 位，作为奇偶校验位或地址帧。在方式 1 中，若 SM2＝0，则 RB8 是接收到数据的停止位。在方式 0 时，不使用 RB8。

（6）TI：发送中断标志位。在一组数据发送完后由硬件置位。在方式 0 时，当串行口发送第 8 位数据结束时由内部硬件将 TI 置 1；在其他方式时，当串行口发送停止位的开始时由内部硬件将 TI 置 1。TI 置 1 表示上一个数据发送完毕，向 CPU 发送中断申请。CPU响应中断后，向 SBUF 中写入要发送的下一帧数据。在中断服务程序中，必须用软件将 TI清 0，取消此中断申请。

（7）RI：接收中断标志位。在方式 0 时，当串行口接收第 8 位数据结束时，由内部硬件将 RI 置 1；在其他方式时，串行口接收到停止位时，由内部硬件将 RI 置 1。RI 置 1 表示一帧数据接收完毕，向 CPU 发送中断申请。在中断服务程序中，必须用软件将 RI 清 0，取消此中断申请。

在系统复位时，SCON 的所有位都被清 0。

2．电源控制寄存器 PCON

PCON 主要用于管理电源，字节地址为 87H。在 PCON 中只有 SMOD 位与串行口工作方式有关，PCON 的数据格式如图 8-8 所示。

图 8-8　电源控制寄存器 PCON

SMOD：波特率加倍选择位。在串行口工作于方式 1、方式 2、方式 3 时，波特率与SMOD 有关，当 SMOD＝1 时，串行口波特率提高一倍；复位时，SMOD＝0，串行口波特率不会提高。

8.3　串行口的工作方式

MCS-51 串行口可设置 4 种工作方式，由 SCON 中的 SM0 和 SM1 定义，串行口 4 种工作方式的功能特性和工作原理分析如下。

8.3.1　方式 0

当 SM0＝0，SM1＝0 时，串行口工作于方式 0，为同步移位寄存器的输入输出方式，主要用于扩展并行输入输出口。输出时将发送 SBUF 中的内容串行地移到外部寄存器，输入时先将外部移位寄存器的内容移入内部移位寄存器，再写入接收 SBUF 中。数据由 RXD（P3.0）引脚输入或输出，同步移位脉冲由 TXD（P3.1）引脚输出。波特率固定为单片机振荡频率的 $1/12(f_{osc}/12)$，发送和接收数据长度为 8 位，低位在前，高位在后。

1．方式 0 发送

在 TI＝0 时，当向发送 SBUF 中写入一个数据时，如"MOVE SBUF，A"，就启动串行口的发送过程。经过一个完整的机器周期，写入发送 SBUF 中的数据按低位在前，高位在后的顺序从 RXD 引脚输出至外部移位寄存器,同步时钟从 TXD 输出。当一帧数据 D0～D7 位发送完毕后,由硬件将发送中断标志位 TI 置位,向 CPU 申请中断。若需要发送下一字节数据,必须先用软件将 TI 清零,再重复上述过程。图 8-9 表示 1 字节的数据发送时序图。

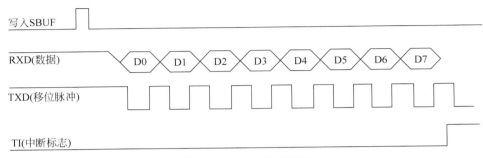

图 8-9　方式 0 发送时序

方式 0 输出时,串行口可以外接串行输入/并行输出的移位寄存器,如 74LS164,用以扩展并行输出口,其接口逻辑如图 8-10 所示。TXD 引脚输出的同步移位脉冲将 RXD 引脚输出的数据逐位移入 74LS164,低位 D0 在先,高位 D7 在后。

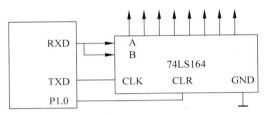

图 8-10　方式 0 扩展并行输出口

2. 方式 0 接收

方式 0 时,在 RI=0 且 REN=1 时启动一次接收过程,TXD 引脚输出同步移位脉冲,移位脉冲将并行数据逐一移入 RXD 端。当 8 位数据全部移入移位寄存器后,由硬件使接收中断标志 RI 置位,向 CPU 申请中断。CPU 响应中断后,单片机执行“MOV A,SBUF”指令,取走接收 SBUF 中的数据。如果需要再接收下一字节数据,必须先用软件将 RI 清零。图 8-11 表示 1 字节的数据接收时序图。

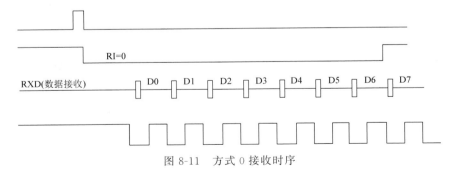

图 8-11　方式 0 接收时序

方式 0 输入时,可以扩展一片或多片并行输入/串行输出的移位寄存器,如 74LS165,其接口逻辑如图 8-12 所示。并行输入的数据从 74LS165 的并行数据输入引脚输入,由

74LS165 转换为串行数据后输入单片机的 RXD 引脚,单片机 TXD 引脚输出同步移位脉冲信号。

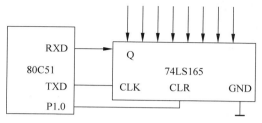

图 8-12　方式 0 扩展并行输入口

8.3.2　方式 1

当 SM0＝0,SM1＝1 时,串行口工作于方式 1,为 8 位异步通信方式。TXD 为数据发送引脚,RXD 为数据接收引脚,传送一帧数据的格式如图 8-13 所示:1 位低电平起始位,8 位数据位(先低位后高位),1 位高电平停止位。

图 8-13　串行口方式 1 的数据传送格式

方式 1 时,发送和接收数据的波特率可变,由定时/计数器 T1 的溢出率决定,因此需要对定时/计数器 T1 进行初始化。

1. 方式 1 发送

当 TI＝0 时,CPU 执行一条向 SBUF 写数据的指令"MOV SBUF,A"时,CPU 向串行口发送 SBUF 写入 1 字节的数据,启动串行口发送过程。在发送移位时钟(由波特率确定)的同步下,从 TXD 引脚先送出起始位,接着从低位开始输出 8 位数据,最后输出停止位 1。当一帧数据发送完毕后,由硬件使发送中断标志 TI 置 1,向 CPU 申请中断,串行口停止工作,完成一次发送过程。CPU 执行程序判断 TI 为 1 后,软件清零 TI 中断标志,再向 SBUF 写入数据,启动串行口发送下一帧数据。方式 1 的发送时序如图 8-14 所示。

2. 方式 1 接收

当用软件将允许接收控制位 REN 置为 1 时,串行口接收器接收数据,接收器以所选择波特率的 16 倍速率采样 RXD 引脚电平,当采样到从 1 到 0 的跳变时,启动接收控制器开始接收数据。在接收移位脉冲的控制下,数据依次移入移位寄存器。当 RI＝0,且 SM2＝0(或接收到的停止位为 1 时,接收控制器发出装载 SBUF 的信号,将输入移位寄存器中 9 位数据

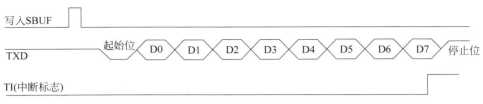

图 8-14　方式 1 的发送时序

的前 8 位数据装入接收 SBUF 中,第 9 位(停止位)装入 RB8,并置 RI＝1,表示串行口接收到有效的一帧数据,向 CPU 请求中断。CPU 响应中断时,取走接收 SBUF 中的 1 字节数据,并软件清零 RI 接收中断标志位。接收控制器继续采样 RXD 引脚,检测到负跳变电平时开始接收下一帧数据。方式 1 的接收时序如图 8-15 所示。

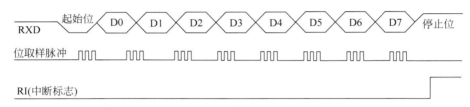

图 8-15　方式 1 的接收时序

8.3.3　方式 2 和方式 3

串行口工作于方式 2 和方式 3 时,为 9 位数据的异步通信接口。TXD 为数据发送引脚,RXD 为数据接收引脚,传送一帧的数据格式如图 8-16 所示:1 位低电平起始位,8 位数据位(先低位后高位),1 位附加的第 9 位数据位,1 位高电平停止位。方式 2 与方式 3 的区别在于波特率不同,方式 2 发送和接收的波特率固定为晶振频率的 1/64 或 1/32;方式 3 的波特率由定时/计数器 T1 的溢出率决定。

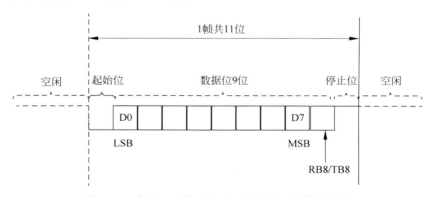

图 8-16　串行口工作于方式 2 和方式 3 的数据格式

1. 方式 2 和方式 3 的发送

方式 2 和方式 3 的发送过程与方式 1 类似,不同的是,必须把要发送的第 9 位数据装入 SCON 寄存器中的 TB8 中。当 TI＝0 时,CPU 将要发送的第 9 位数据装入 SCON 寄存器的 TB8 中,接着 CPU 向 SBUF 中写入发送的字符数据来启动发送过程。方式 2 和方式 3

的发送时序如图 8-17 所示。

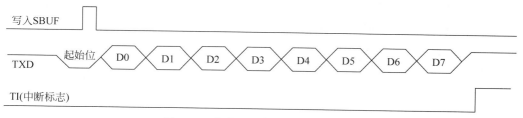

图 8-17 方式 2 和方式 3 的发送时序

发送开始时,在内部移位脉冲控制下,先把起始位 0 输出到 TXD 引脚,然后从低位开始依次发送 SBUF 中的 8 位数据到 TXD 引脚,再发送第 9 位数据 TB8,最后发送停止位。发送完数据后置位发送中断标志位 TI,CPU 判断 TI 为 1 后,软件清零 TI 位,然后可发送下一帧数据。

2. 方式 2 和方式 3 的接收

方式 2 和方式 3 的接收过程与方式 1 类似,不同的是 RB8 存放第 9 位数据,而方式 1 中 RB8 存放停止位。当接收允许位 REN＝1 时,启动接收过程,接收器就以所选频率的 16 倍速率采样 RXD 引脚的电平状态,当检测到 RXD 引脚发生负跳变时,说明起始位有效,开始接收这一帧数据。方式 2 和方式 3 的接收时序如图 8-18 所示。

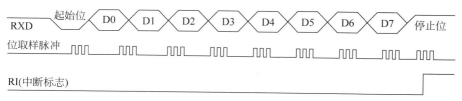

图 8-18 方式 2 和方式 3 的接收时序

接收时,数据从右边移入输入移位寄存器,当 RI＝0,且 SM2＝0 时,接收到的数据装入接收 SBUF 和 RB8(接收数据的第 9 位),置 RI＝1,表示串行口接收到有效的一帧信息,向 CPU 请求中断。如果 RB8＝0 时,则数据丢失,且不置位 RI,继续搜索 RXD 引脚的负跳变。

8.4 串行通信接口标准

微型计算机和单片机系统大都采用总线结构,单片机常用的总线有并行总线和串行总线,其中,常用的串行总线有 RS-232C、RS-422、RS-485 总线。

8.4.1 RS-232C 串行口标准

RS-232C 是美国电子工业协会(Electronic Industries Association,EIA)于 1962 年制定的串行总线标准,用于实现数字设备之间的数据通信,它规定了接口的机械特性、功能特性和电气特性几方面的内容。该标准适用于通信距离不大于 15m,传输速率不大于 20kb/s 的场合。RS-232C 定义了 25 条信号线,采用负逻辑电平。

1. RS-232C 的电气特性

RS-232C 的电气标准是：$-12 \sim -5\text{V}$ 为逻辑电平 1；$+5 \sim +12\text{V}$ 为逻辑电平 0。

RS-232C 具有如下主要电气特性：

（1）带 $3 \sim 7\text{k}\Omega$ 负载时驱动器的输出电平是：$-12 \sim -5\text{V}$ 为逻辑电平 1；$+5 \sim +12\text{V}$ 为逻辑电平 0。

（2）不带负载时驱动器的输出电平为 $-25 \sim +25\text{V}$。

（3）输出短路电流为 0.5A。

（4）驱动器转换速率小于 $30\text{V}/\mu\text{s}$。

（5）接收器输入阻抗为 $3 \sim 7\text{k}\Omega$。

（6）接收器输入电压的允许范围为 $-25 \sim +25\text{V}$。

（7）输入开路时接收器的输出为逻辑 1。

（8）$+3\text{V}$ 输入时接收器的输出为逻辑 0。

（9）-3V 输入时接收器的输出为逻辑 1。

（10）最大负载电容为 2500pF。

利用 RS-232C 接口传送数据时，可使用标准的异步串行通信帧格式：1 位起始位，8 位数据位，1 位奇偶校验位，1 位、1.5 位或 2 位停止位。

RS-232C 使用的连接器有 DB-25 和 DB-9 两种。完整的 RS-232C 总线由 25 根信号线组成，DB-25 有 25 只引脚，是 RS-232C 总线的标准连接器；DB-9 有 9 只引脚，是简约型的 RS-232C 总线的标准连接器。

2. RS-232C 与 TTL 的电平转换

在单片机应用系统中，单片机常常作为 PC 的前置机，单片机完成数据采集，通过串行口把数据传输给 PC。但是 MCS-51 单片机串行口与 PC 机的 RS-232C 接口电平不一致（MCS-51 系列单片机的串行口电平为 TTL 电平标准，大于 0.8V 为 1，小于 0.3V 为 0；PC 串行口的电平标准为 RS-232C 标准），不能直接连接，必须进行电平转换。可采用 TTL-RS232 电平转换芯片，如 MAX232。

如图 8-19 所示的 MAX232 电平转换器，只需要外接 5 个电容，单一 $+5\text{V}$ 供电，就能提供双路的输入输出电平转换，使用简单方便。芯片内部有 2 组 TTL 电平到 RS-232C 电平转换器，有 2 组 RS-232C 电平到 TTL 电平转换器，从 T1in 引脚（11 脚）输入 TTL 电平，从 T1out 引脚（14 脚）输出 RS-232C 电平；从 T2in 引脚（10 脚）输入 TTL 电平，从 T2out 引脚（7 脚）输出 RS-232C 电平；从 R1in 引脚（13 脚）输入 RS-232C 电平，从 R1out 引脚（12 脚）输出 TTL 电平；从 R2in 引脚（8 脚）输入 RS-232C 电平，从 R2out 引脚（9 脚）输出 TTL 电平。

3. RS-232C 接口存在的问题

虽然 RS-232C 接口在使用中具有易于实现，简单方便的优点，但是也存在着一些缺点：

（1）传输距离短，速率低：传输距离一般不超过 15m，最高传输速率为 20kb/s。

（2）电平偏移：由于 RS-232C 接口收发双方共地，当通信距离较远时，两端的地电位差别较大，导致逻辑电平偏移较大，甚至发生错误。

（3）抗干扰能力差：RS-232C 采用单端输入输出，传输过程中的干扰和噪声会混在正常的信号中，导致信噪比降低。

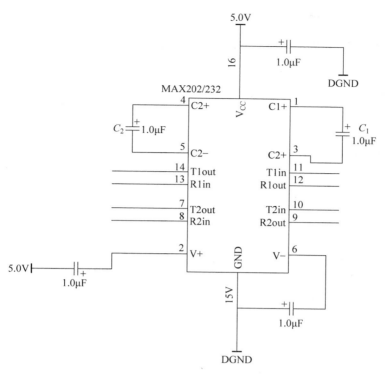

图 8-19　MAX232 电平转换器

为了解决 RS-232C 标准的缺点,EIA 又推出了一些新的串行总线标准,如 RS-422、RS-485。这些标准提高了串行通信的传输特性。

8.4.2　RS-485 标准串行总线接口

EIA 于 1983 年在 RS-422(最大传输距离为 300m,传输速率为 10Mb/s)的基础上制定了 RS-485 标准,增加了多点、双向通信能力,允许多个发送器连接到同一条总线上,同时增加了发送器的驱动能力和冲突保护特性,扩展了总线共模范围。RS-485 标准中,数据信号采用差分传输方式,最大传输距离为 1219m,最大传输速率为 10Mb/s。使用该标准的通信能够在远距离条件下以及电子噪声大的环境下有效传输信号。

TTL 电平到 RS-485 电平转换,一般使用芯片 MC3487,而 RS-485 电平到 TTL 电平转换,使用芯片 MC3486。MC3487 和 MC3486 的引脚如图 8-20 所示。

	MC3487				MC3486	
1A	1	16 V$_{CC}$		1B	1	16 V$_{CC}$
1Y	2	15 4A		1A	2	15 4B
1Z	3	14 4Y		1Y	3	14 4A
1.2EN	4	13 4Z		1.2EN	4	13 4Y
2Z	5	12 3.4EN		2Y	5	12 3.4EN
2Y	6	11 3Z		2A	6	11 3Y
2A	7	10 3Y		2B	7	10 3A
GND	8	9 3A		GND	8	9 3B

(a) MC3487　　　　　　(b) MC3486

图 8-20　引脚

8.5　单片机串行口编程及应用举例

1. 波特率的设定

波特率是串行通信中的一个重要概念,表示串行口发送和接收数据的传输速率。单片机串行通信的波特率由内部定时器产生,因此波特率与定时器的溢出率有关;串行口的工作方式不同,计算波特率的公式也不同,所以波特率还与串行口工作方式有关。具体如下:

(1) 方式 0 的波特率

串行口工作于方式 0 的波特率是固定的,其值为振荡频率的 1/12,不需要对波特率进行设置。表示为

$$方式 0 的波特率 = f_{osc}/12$$

式中,f_{osc} 为振荡频率。

(2) 方式 2 的波特率

串行口工作于方式 2 的波特率也是固定的,由 PCON 中的 SMOD 位决定。当 SMOD=0 时,方式 2 的波特率是振荡频率的 1/64;当 SMOD=1 时,方式 2 的波特率是振荡频率的 1/32。表示为

$$方式 2 的波特率 = (2^{SMOD}/64) \times f_{osc}$$

(3) 方式 1 和方式 3 的波特率

串行口工作于方式 1 和方式 3 的波特率是可变的,由定时/计数器 T1 的溢出率和 SMOD 位一起确定。由于可以通过编程设置 T1 的计数初值,则溢出时间可选择的范围比较大,溢出率可选范围也大,即波特率可变,方式 2 和方式 3 也是串行通信中最常用的工作方式。表示为

$$方式 1(方式 3) 的波特率 = (2^{SMOD}/32) \times T1 溢出率$$

当 T1 作为波特率发生器时,禁止 T1 中断,最典型的用法是使 T1 工作在 8 位自动重装初值工作方式,即方式 2,且 TCON 的 TR1=1,以启动定时器。这时溢出率取决于 TH1 中的初值。

$$T1 溢出率 = f_{osc}/[12 \times (256 - 初值)]$$

此时波特率的计算公式为

$$方式 1(方式 3) 的波特率 = 2^{SMOD} f_{osc}/[32 \times 12(256 - 初值)]$$

表 8-2 列出了在方式 1 和方式 3 下,常用波特率对应的振荡频率、T1 的计数初值(T1 工作于方式 2 的定时工作方式)、波特率以及各参数的关系。在单片机应用中,常用的晶振频率为 12MHz 和 11.0592MHz,根据选定的计数初值,可以实现波特率的相对误差为 0,所以选用的波特率也相对固定。

表 8-2　常用波特率与定时器 1 的参数关系

波特率/(kb/s)	f_{osc}/MHz	SMOD	C/T	定时器 T1 工作方式	初　　值
52.5	12	1	0	2	FFH
19.2	11.0592	1	0	2	FDH

续表

波特率/(kb/s)	f_{osc}/MHz	SMOD	C/T	定时器 T1 工作方式	初　　值
9.6	11.0592	0	0	2	FDH
4.8	11.0592	0	0	2	FAH
2.4	11.0592	0	0	2	F4H
1.2	11.0592	0	0	2	E8H

2. 串行口初始化编程

在应用串行口发送和接收数据之前,必须要对串行口进行初始化编程,主要是设置产生波特率的定时器 T1、串行口的工作方式和中断控制等。具体步骤如下:

(1)确定波特率:确定 T1 的工作方式(编程 TMOD 寄存器);计算 T1 的初值,装载 TH1、TL1;启动 T1(编程 TCON 中的 TR1 位);

(2)确定串行口的工作方式:通过对 SCON 初始化编程确定,如设置是否接收允许,以及 TI,RI 标志位,如有第 9 位数据,设置 TB8;

(3)确定串行口是否中断允许及中断优先级:通过对特殊功能寄存器 IE、IP 初始化编程确定。

3. 串行通信应用举例

在单片机的使用过程中,将其串行口通信模式归纳为 3 种:扩展并行 I/O 接口;点对点的双机通信;多机通信。

1) 扩展并行 I/O 接口

MCS-51 单片机工作在串行口工作方式 0 时为移位寄存器方式,常用于串口-并口的扩展。通过方式 0 的发送方式完成串行-并行数据格式的转换;通过方式 0 的接收方式完成并行-串行数据格式的转换,因此若外接一个串入并出的移位寄存器,就可以扩展并行输出口;若外接一个并入串出的移位寄存器,就可以扩展并行输入口。

【例 8-1】　串行口方式 0 输出扩展并行口

如图 8-21 所示,串行口外接两片 74LS164,编程使得 0#74LS164 的输出端并行输出存储单元 40H 单元数据,1#74LS164 的输出端并行输出存储单元 41H 单元数据。74LS164 的 A、B 为串行输入端,MR 为清零控制端,Q0～Q7 为移位寄存器的输出,CP 为移位时钟脉冲信号输入端。当 MR 为高电平,CP 脉冲的上升沿到来时,Q0＝A·B,Q0～Q7 逐次右移 1 位;当 MR 为低电平时,输出端清零。

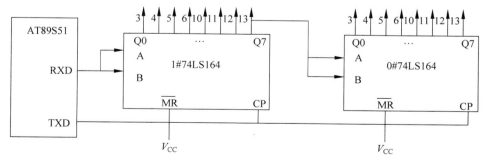

图 8-21　串行口扩展 16 位并行输出电路

C51 程序如下：

```
# include < reg52.h >
# define uchar unsigned char
# include < absacc.h >
# define data1 DBYTE [0x40]
# define data2 DBYTE [0x41]
void main (void)
{
  SCON = 0x00 ;              //设置串行口工作于方式 0
  SBUF = data1;              //数据送入串口发送缓冲器,启动串口发送
  while(T1 == 0) ;
  T1 = 0;
  SBUF = data2;
}
```

【例 8-2】　串行口方式 0 并行输入口扩展

如图 8-22 所示的 16 位接口电路读入数据,并把数据分别存放在 40H 和 41H 单元,其中,0♯74LS165 的输入数据 D0～D7 存放于 30H 单元,对应 D0 存放在 30H.0 位,D7 存放在 30H.7 位;1♯74LS165 的输入数据 D0～D7 存放于 31H 单元。74LS165 是具有并行输入/串行输出功能的 8 位移位寄存器,S/L 为移位和并行数据装入控制,DS 为串行数据输入,QH 为串行数据输出,CLK 为时钟信号输入,CLK INH 为时钟禁止。当 S/L＝0 时,并行输入 A～H 的状态被锁入移位寄存器;当 S/L＝1,CLK INH＝0 时,在移位时钟信号CLK 的作用下,数据将由 QH 一位一位移位输出,先移出低端数据。

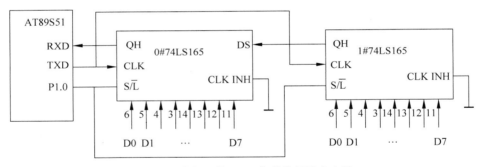

图 8-22　串行口扩展 16 位的并行输入电路

C51 程序如下：

```
# include < reg51.h >          //包含特殊功能寄存器库
# include < intrins.h >        //包含内部函数库
# define uchar unsigned char
uchar i , data1[ ];
sbit P1_0 = P1^0 ;
void main ( void )
{
  P1_0 = 0 ;
  _ nop()_ ;
  P1_0 = 1 ;
```

```
SCON = 0x00;                          //串口初始化方式 0,允许接收
for (i = 0;i < 2;i++)
  {
    while (RI == 0);
    RI = 0;
    data1[i] = SBUF;
  }
}
```

说明：串行口和 74LS165 正常移位工作时,在移位脉冲的作用下,最先移入 RXD 端的是 0♯74LS165 的数据 D0,在下次移位脉冲上升沿到来时,移入 RXD 端的是 0♯74LS165 的数据 D1,直至 16 次移位脉冲上升沿到来时,移入 RXD 端的是 0♯74LS165 的数据 D7,2 字节的数据全部移入串行口。

2) 单片机与单片机间的双机通信

有两个单片机子系统,它们分别独立地完成主系统的某一功能,且这两个系统具有一定的信息交换需求,此时就可以用串行通信的方式将两个子系统联系起来。如果两个单片机子系统在一个电路板或同处于一个机箱内,只需要将甲单片机的 TXD 与乙单片机的 RXD 相连,将甲单片机的 RXD 与乙单片机的 TXD 相连,地线与地线相连。软件选择相同的工作方式,设置相同的波特率即可实现。

【例 8-3】 设两台单片机进行串行通信,0♯单片机发送数据,1♯单片机接收数据,0♯单片机将字符串 AT89S52 Microcomputer 发送到 1♯单片机接收,并存储到 1♯单片机内部 RAM 从 30H 开始的存储单元,发送字符串以 0 结束,两台单片机的晶振频率均为 110592MHz,波特率均为 9600b/s。试编写两个单片机的串行口通信程序。

【解】 0♯单片机和 1♯单片机之间串行通信使用单工通信方式,一台单片机只发送数据,另外一台单片机只具有接收数据的功能。①两台单片机应该工作于方式 1,8 位波特率可变的异步通信方式。0♯单片机工作于发送方式,SCON＝40H。1♯单片机工作于接收方式,SCON＝50H。②使用定时/计数器 T1 作为波特率发生器,T1 工作于方式 2,8 位自动重装初值的工作方式,波特率为 9600b/s 时,查表可知计数初值应设定为 FDH。

0♯单片机的发送程序如下：

```
♯ include < reg52.h >
unsigned char string[ ] = {"AT89S52 Microcomputer"};      // 字符串常量
unsigned char i = 0;
main()
{
TMOD = 0X20 ;
TH1 = 0XFD ;
TL1 = 0XFD ;
SCON = 0X40 ;                                    //串行口初始化
TR1 = 1 ;
TI = 1 ;
While (string[i]! = 0)
  {
    while(TI == 0);
      TI = 0 ;
```

```
        SBUF = string[i];
        i ++ ;
    }
}
```

1♯单片机的接收程序如下：

```
    # include < reg52. h >
    unsigned char string[ ];                          // 字符串常量
    unsigned char i = 0;
    main()
{
TMOD = 0X20 ;
TH1 = 0XFD ;
TL1 = 0XFD ;
SCON = 0X50 ;                                        //串行口初始化
TR1 = 1 ;
While(1)
    {
      while (RI == 0);
        RI = 0 ;
        string[ i] = SBUF;
        i ++ ;
    }
}
```

【例 8-4】　当两台单片机通信均采用 TTL 电平方式时，传输距离不超过 1.5m，为了提高串行通信的传输距离，采用 RS-232C 接口形式，通过 MAX232 芯片实现电平转换，如图 8-23 所示。晶振为 11.0592MHz，波特率为 9600b/s。甲机通过 K1 键控制向乙机发送控制命令字符，甲机同时接收乙机发送的数字，并显示在数码管上。乙机接收到甲机发送的信号后，根据相应信号控制 LED 完成不同闪烁动作，并通过 K2 键控制向甲机发送数字。

【解】　两台单片机之间串行通信使用全双工通信方式，工作于方式 1,8 位波特率可变的异步通信方式。使用定时/计数器 T1 作为波特率发生器，T1 工作于方式 2,8 位自动重装初值的工作方式，波特率为 9600b/s 时，查表可知计数初值应设定为 FDH。

甲机的通信程序如下：

说明：当 K1 按下时甲机控制向乙机发送字符"A""B""C""D"，并将接收到的字符显示在 LED 上。

```
# include < reg51. h >
# define uchar unsigned char
# define uint unsigned int
sbit LED1 = P1^0;
sbit LED3 = P1^3;
sbit K1 = P1^7;
uchar Operation_No = 0;
uchar code DSY_CODE[] = {0x3f,0x06,0x5b,0x4f,0x66,0x6d,0x7d,0x07,0x7f,0x6f}; // 0～9 数码管
                                                                    //显示代码
void Delay(uint t)
```

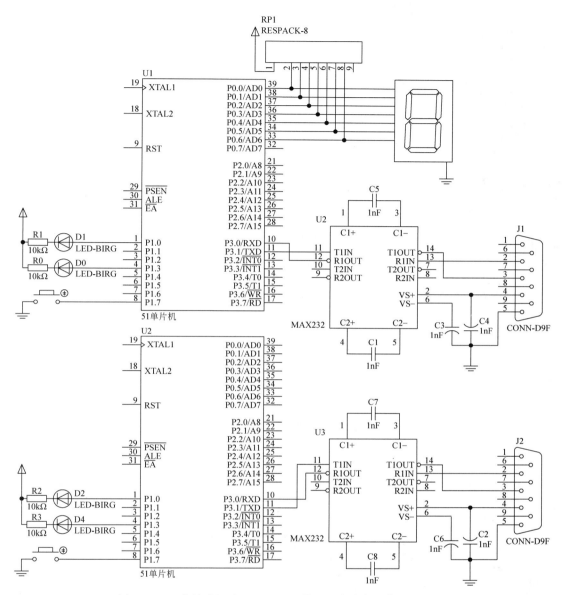

图 8-23　两台单片机采用 RS-232C 接口形式串行通信连接电路

```
{
uchar i;
while(t--)
for(i = 0; i < 120; i++);
viod SerialPort_T(uchar c)          // 甲机发送函数
{
SBUF = c;
while(TI == 0);
TI = 0;
}
void main()
```

```
{
LED1 = LED2 = 1;
P0 = 0x00;
SCON = 0x50;                      //串口模式1,允许接收
TMOD = 0x20;                      //T1 工作模式2
PCON = 0x00;                      //波特率不倍增
TH1 = 0xfd;                       //波特率为9600b/s
TL1 = 0xfd;
TI = RI = 0;
TR1 = 1;
IE = 0x90;                        //允许串口中断
While(1)
{
Delay(100)
if(K1 == 0)                       //按下 K1 时选择操作代码 0,1,2,3
{
while(K1 == 0);                   //等待按键释放
Operation_No = (Operation_No + 1) % 4;
switch(Operation_No)             //根据操作代码发送字符 A、B、C、D
{
case 0: SerialPort_T('D');        //全灭
LED3 = LED1 = 1;
break;
case 1: SerialPort_T('A');        //D1 亮
LED1 = 0;LED3 = 1;
break;
case 2: SerialPort_T('B');        //D0 亮
LED1 = 1;LED1 = 0;
break;
case 3: SerialPort_T('C');        //D0、D1 全亮
LED1 = 0;LED3 = 0;
break;
}}}}
Void Serial_INT() interrupt4      // 甲机串口接收中断函数
{
if(RI)
{
RI = 0;
P0 = DSY_CODE[SBUF];              //显示接收数字
}
}
```

乙机接收程序如下：

说明：乙机通过 K2 控制向甲机发送 0～9 字符,并在接收到甲机发送的字符后,根据相应信号控制 LED 完成不同闪烁动作。

```
# include < reg51.h >
# define uchar unsigned char
# define uint unsigned int
sbit LED2 = P0^0;
```

```c
sbit LED4 = P0^3;
sbit K2 = P1^7;
unchar NumB = - 1;
void Delay (uint t)
{
unchar i;
while (t -- )
for (i = 0;i < 120;i++);
}
void main()
  {
  LED3 = LED2 = 1;
  SCON = 0x50;                      //串口模式1,允许接收
  TMOD = 0x20;                      //T1 工作模式 2
  TH1 = 0xfd;                       //波特率为 9600b/s
  TL1 = 0xfd;
  PCON = 0x00;                      //波特率不倍增
  RI = TI = 0;
  TR1 = 1;
  IE = 0x90;                        //允许串口中断
while(1)
{
  Delay(100)
  if(K2 == 0)                       //按下 K2 时选择操作代码 0,1,2,3
  {
    while(K2 == 0);                 //等待 K2 按键释放
    NumB = (NumB + 1) % 10;         //产生 0~9 的数字
    SBUF = NumB;                    //向甲机发送
    while (TI == 0);
    TI = 0;
}
}
}
void Serial_INT() interrupt 4       //接收中断
{
if (RI)
{
RI = 0;
switch (SBUF)                       //根据所接收到的不同命令字符完成不同动作
{
case'D' : LED4 = LED2 = 1; break;   //全灭
case'A' : LED2 = 0; LED4 = 1; break;  //LED2 亮
case'B' : LED2 = 1; LED4 = 0; break;  //LED4 亮
case'C' : LED4 = LED2 = 0;          //全亮
}
}
}
```

8.6 本章小结

串行通信是数据通信中的一种重要方式,由于它具有传输线少,传输距离长的特点,在工程中得到了广泛的应用。串行通信有异步通信和同步通信两种方式,异步通信是按字符传输的,每传送一个字符,就用起始位来进行收发双方的同步;同步串行通信进行数据传送时,发送和接收双方要保持完全的同步,因此要求接收和发送设备必须使用同一时钟。

MCS-51 单片机串行口可以通过编程,设定 4 种工作方式:同步移位寄存器输入输出方式(方式 0)、8 位异步通信方式(方式 2)及波特率不同的两种 9 位的异步通信方式(方式 1 和方式 3)。方式 0 和方式 2 的波特率是固定的,而方式 1 和方式 3 的波特率是可变的,由定时器 T1 的溢出率来决定。

使用单片机串行口时涉及对特殊功能寄存器编程,包括确定正确的工作方式,以及依据波特率的规定,选取并设置相关定时/计数器的工作方式等,在掌握寄存器的设置方法以外,还需要为通信双方或多方设计一个合理的通信协议,包括通信数据帧格式、数据块的构成、波特率、通信控制流程等,通信协议是保证单片机正常通信的重要组成部分。

习题

1. MCS-51 单片机串行口有几种工作方式?如何选择?简述它们的特点。

2. 单工、半双工和全双工有什么区别?

3. 设某异步通信接口,每帧信息格式为 10 位,当接口每秒传送 1000 个字符时,其波特率是多少?

4. 串行口数据寄存器 SBUF 有什么特点?

6. 简要叙述串行口在方式 3 下的接收和发送过程。

7. 利用单片机串行口扩展 24 个发光二极管和 8 个按键,要求画出电路图并编写程序,使 24 个发光二极管按照不同的顺序发光,发光的时间间隔为 1s。

8. 简述 MCS-51 单片机多机通信的特点。

第9章

51单片机与D/A、A/D转换器的接口

在实际工程中经常需要检测被测对象的一些物理参数,经常会遇到连续变化的模拟量,如温度、压力、速度等物理量,这些模拟量必须先转换成数字量才可以送给单片机处理,经过单片机处理后,也常常需要把数字量转换成模拟量后再送给外部设备。如果输入的是非电信号,还需要经过传感器转换成模拟电信号。实现数字量转换成模拟量的器件称为数模转换器(D/A转换器,DAC),实现模拟量转换成数字量的器件称为模数转换器(A/D转换器,ADC)。本章将介绍D/A转换器和A/D转换器与51单片机的接口。

9.1 D/A转换器与51单片机的接口

9.1.1 D/A转换器概述

1. D/A转换器的基本原理

D/A转换器(DAC)是一种把数字信号转换成模拟信号的器件,其输入是数字量,输出是模拟量。数字量由一位一位的二进制数组成,不同的位代表的大小是不一样的。D/A转换过程就是把每一位数字量转换成相应的模拟量,然后把所有的模拟量叠加起来,得到的总模拟量就是输入的数字量所对应的模拟量。

如输入的数字量为 D,输出的模拟量为 V_0,则有

$$V_0 = D \times V_{REF} \tag{9-1}$$

式中,V_{REF} 为基准电压。若

$$D = d_{n-1}2^{n-1} + d_{n-2}2^{n-2} + \cdots + d_1 2^1 + d_0 2^0 = \sum_{i=0}^{n-1} d_i 2^i \tag{9-2}$$

则

$$V_0 = (d_{n-1}2^{n-1} + d_{n-2}2^{n-2} + \cdots + d_1 2^1 + d_0 2^0) \times V_{REF} = \sum_{i=0}^{n-1} d_i 2^i V_{REF} \tag{9-3}$$

D/A转换一般由电阻解码网络、基准电压、模拟电子开关、运算放大器等组成。按电阻解码网络的组成形式,可将D/A转换器分成T型电阻解码网络D/A转换器、有权电阻解码

网络 D/A 转换器和开关树型电阻解码网络 D/A 转换器等。其中,T 型电阻解码网络 D/A 转换器只用到两种电阻,精度较高,容易集成化,在实际中使用最为频繁。下面以 T 型电阻解码网络 D/A 转换器为例介绍 D/A 转换器的工作原理。T 型电阻解码网络 D/A 转换器的基本原理如图 9-1 所示。

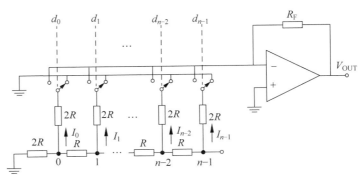

图 9-1　T 型电阻解码网络 D/A 转换器的基本原理

电阻解码网络由两种电阻 R 和 $2R$ 组成,有多少位数字量就有多少个支路,每个支路由 1 个 R 电阻和 1 个 $2R$ 电阻组成,形状如 T 形,通过一个受二进制代码 d_i 控制的电子开关控制,当代码 $d_i = 0$ 时,支路接地;当代码 $d_i = 1$ 时,支路接到运算放大器的反相输入端;由于各支路电流方向相同,所以支路电流在运算放大器的反相输入端会叠加;对于该电阻解码网络,从右往左看,节点 $n-1, n-2, \cdots, 1, 0$ 相对于地的等效电阻都为 R,两边支路的等效电阻都是 $2R$,所以从右边开始,基准电压 V_{REF} 流出的电流每经过一个节点,电流就减半,因此各支路的电流为

$$I_{n-1} = \frac{V_{REF}}{2R}, \quad I_{n-2} = \frac{V_{REF}}{2^2 R}, \cdots, I_1 = \frac{V_{REF}}{2^{n-1} R}, \quad I_0 = \frac{V_{REF}}{2^n R}(n \text{ 为总位数}) \tag{9-4}$$

流向运算放大器的反向端的总电流 I 为分代码为 1 的各支路电流之和,即

$$I = I_0 + I_1 + I_2 + \cdots + I_{n-2} + I_{n-1} = \sum_{i=0}^{n-1} d_i I_i = \sum_{i=0}^{n-1} \frac{d_i V_{REF}}{2^{n-i} R} = D \frac{V_{REF}}{2^n R} \tag{9-5}$$

经运算放大器转换成输出电压 V_0,即

$$V_0 = -I \times R_F = -D \frac{V_{REF} R_F}{2^n R} \tag{9-6}$$

从式(9-6)可以看出,输出电压与输入数字量成正比。调整 R_F 和 V_{REF} 可调整 D/A 转换器的输出电压范围和满刻度值。

另外,如取 $R_F = R$(电阻解码网络的等效电阻),则

$$V_0 = -\frac{D}{2^n} V_{REF} \tag{9-7}$$

例如,设 T 型电阻网络 D/A 转换器为 8 位,基准电压 $V_{REF} = -10V$,令 $R_F = R$,则输入数字量为全 0 时,$V_0 = 0V$。

当输入数字量为 00000001 时,$V_0 = (1 \times 2^0) \times 10 \div 2^8 \approx 0.039V$。

当输入数字量为全 1 时,$V_0 = (255 \times 2^0) \times 10 \div 2^8 = 9.96V \approx 10V$。

由 D/A 转换器的工作原理可知,把一个数字量转换成模拟量一般通过两步来实现。①先把数字量转换为对应的模拟电流 I,这一步由电阻解码网络结构中的 D/A 转换器完成。②将模拟电流 I 转变为模拟电压 V_0,这一步由运算放大器完成。

所以,D/A 转换器通常有两种类型,一种是 D/A 转换器内只有电阻解码网络,没有运算放大器,转换器输出的是电流,这种 D/A 转换器称为电流型 D/A 转换器,若要输出模拟电压,还必须外接运算放大器;另一种是内部既有电阻解码网络,又有运算放大器,转换器输出的直接是模拟电压,这种 D/A 转换称为电压型 D/A 转换器,它使用时无须外接放大器。目前大多数 D/A 转换器都属于电流型 D/A 转换器。

2. D/A 转换器的性能指标

(1)分辨率为 8 位。

(2)电流建立时间为 1μs。

(3)数据输入可采取双缓冲、单缓冲或直通方式。

(4)输入电流线性度可在满量程下调节。

(5)输入逻辑电平与 TTL 兼容。

(6)单电源供电。

(7)功耗低。

3. D/A 转化器的分类

D/A 转换器品种繁多、性能各异。按输入数字量的位数,可以分为 8 位、10 位、12 位和 16 位等;按输入的数码,可以分为二进制方式和 BCD 码方式;按传送数字量的方式,可以分为并行方式和串行方式;按输出形式,可以分为电流输出型和电压输出型,电压输出型又有单极性和双极性之分;按与单片机的接口,可以分为带输入锁存的和不带输入锁存的。

9.1.2 典型的 D/A 转换器芯片 DAC0832

1. DAC0832 芯片概述

DAC0832 是采用 CMOS 工艺制成的电流型 8 位 T 型电阻解码网络 D/A 转换器芯片,它是 DAC0830 系列的一种。它的分辨率为 8 位,满刻度误差为 ±1LSB,线性误差为 ±0.1%,建立时间为 1μs,功耗为 20mW。其数字输入端具有双重缓冲功能,可以双缓冲、单缓冲或直通方式输入。由于 DAC0832 与单片机接口方便,转换控制容易,价格便宜,所以在实际工作中广泛使用。

2. DAC0832 的内部结构

DAC0832 主要由 8 位输入寄存器、8 位 DAC 寄存器、8 位 D/A 转换器和控制逻辑电路组成,内部结构如图 9-2 所示。

8 位输入寄存器接收从外部发送来的 8 位数字量,锁存于内部的锁存器中。8 位 DAC 寄存器从 8 位输入寄存器中接收数据,并能把接收的数据锁存于它内部的锁存器中。8 位 D/A 转换器对从 8 位 DAC 寄存器发送来的数据进行转换,转换的结果通过 I_{out1} 和 I_{out2} 输出。8 位输入寄存器和 8 位 DAC 寄存器都分别有自己的控制端 $\overline{LE1}$ 和 $\overline{LE2}$,LE1 和 LE2 通过相应的控制逻辑电路控制,通过它们,DAC0832 可以很方便地实现双缓冲、单缓冲或直通方式处理。

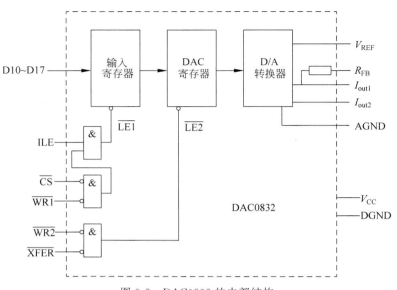

图 9-2　DAC0832 的内部结构

3. DAC0832 的引脚

DAC0832 有 20 个引脚,采用双列直插式封装,如图 9-3 所示。

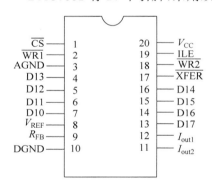

图 9-3　DAC0832 的引脚

各引脚信号线的功能如下。

D10～D17(D10 为最低位):8 位数字量输入端。

ILE:数据允许控制输入线,高电平有效。

$\overline{WR1}$:写信号线 1。

$\overline{WR2}$:写信号线 2。

$\overline{CS}$:片选信号。

$\overline{XFER}$:数据传送控制信号输入线,低电平有效。

R_{FB}:片内反馈电阻引出线,反馈电阻集成在芯片内部,该电阻与内部的电阻网络相匹配。

I_{out1}:模拟电流输出线 1,它是数字量输入为 1 的模拟电流输出端。当输入数字量为全 0 时,其值最小,为 0;当输入数字量为全 1 时,其值最大,约为 V_{REF}。

I_{out2}:模拟电流输出线 2,它是数字量输入为 0 的模拟电流输出端。当输入数字量为全 1 时,其值最小,为 0;当输入数字量为全 0 时,其值最大,约为 V_{REF}。I_{out1} 加 I_{out2} 等于常数 (V_{REF})。采用单极性输出时,I_{out2} 常常接地。

V_{REF}:基准电压输入线。电压范围为 $-10～+10V$。

V_{CC}:工作电源输入端,可接 $+5～+15V$ 电源。

AGND:模拟地。

DGND:数字地。

4. DAC0832 的工作方式

通过改变控制引脚 ILE、$\overline{WR1}$、$\overline{WR2}$、$\overline{CS}$ 和 $\overline{XFER}$ 的连接方法,DAC0832 具有单缓冲

方式、双缓冲方式和直通方式 3 种工作方式。

（1）单缓冲方式。通过连接 ILE、$\overline{\text{WR1}}$、$\overline{\text{WR2}}$、$\overline{\text{CS}}$ 和 $\overline{\text{XFER}}$ 引脚，使得两个寄存器中的一个处于直通状态，另一个处于受控状态，或者两个同时被控制，DAC0832 就工作于单缓冲方式。此方式适用于只有一路模拟量输出，或有几路模拟量输出但并不要求同步的系统。

（2）双缓冲方式。当 8 位输入寄存器和 8 位 DAC 寄存器分开控制导通时，DAC0832 工作于双缓冲方式，此时单片机对 DAC0832 的操作先后分为两步。

使 8 位输入寄存器导通，将 8 位数字量写入 8 位输入寄存器中；使 8 位 DAC 寄存器导通，8 位数字量从 8 位输入寄存器送入 8 位 DAC 寄存器，这一步只使 DAC 寄存器导通，在数据输入端写入的数据无意义。

（3）直通方式。当引脚 $\overline{\text{WR1}}$、$\overline{\text{WR2}}$、$\overline{\text{CS}}$ 和 $\overline{\text{XFER}}$ 直接接地时，ILE 接电源，DAC0832 工作于直通方式下，此时，8 位输入寄存器和 8 位 DAC 寄存器都直接处于导通状态，当 8 位数字量到达 DI0～DI7，就立即进行 D/A 转换，从输出端得到转换的模拟量。这种方式处理简单，但 DI0～DI7 不能直接和 MCS-51 单片机的数据线相连，只能通过独立的 I/O 接口来连接。

9.1.3　DAC0832 与 51 单片机的接口与应用

1．DAC0832 与 51 单片机的接口

51 单片机与 DAC0832 连接时，是把 DAC0832 作为外部数据存储器的存储单元来处理的。具体的连接与 DAC0832 的工作方式相关。在实际操作中，如果是单片 DAC0832，通常采用单缓冲方式与 51 单片机连接；如果是多片 DAC0832，通常通过双缓冲方式与 51 单片机连接。

图 9-4 是 Proteus 中单片 DAC0832 与 51 单片机通过单缓冲方式连接的电路图，其中 DAC0832 的 $\overline{\text{WR2}}$ 和 $\overline{\text{XFER}}$ 引脚直接接地，ILE 引脚接电源，$\overline{\text{WR1}}$ 引脚接 51 单片机的片外数据存储器写信号线 $\overline{\text{WR}}$，$\overline{\text{CS}}$ 引脚接 51 单片机的片外数据存储器地址线最高位 A15（P2.7），DI0～DI7 与 51 单片机的 P0 口（数据总线）相连。因此，DAC0832 的输入寄存器受 51 单片机控制导通，DAC 寄存器直接导通，当 51 单片机向 DAC0832 的输入寄存器写入转换的数据时，就直接通过 DAC 寄存器送入 D/A 转换器开始转换，转换结果通过输出端输出。输出端接了运算放大器（LM324），用于实现把电流转换成电压，送示波器（OSCILLOSLCOPE）显示。

图 9-5 是 Proteus 中两片 DAC0832 与 51 单片机通过双缓冲方式连接的电路图，其中，两片 DAC0832 的 ILE 都接电源，数据线 DI0～DI7 并联，与 51 单片机的 P0 口（数据总线）相连，两片 DAC0832 的 $\overline{\text{WR1}}$ 和 $\overline{\text{WR2}}$ 都连在一起，与 51 单片机的片外数据存储器写信号线 $\overline{\text{WR}}$ 相连，第一片 DAC0832 的 CS 引脚与 51 单片机的 P2.6 相连，第二片 DAC0832 的 $\overline{\text{CS}}$ 引脚与 51 单片机的 P2.7 相连，两片 DAC0832 的 $\overline{\text{XFER}}$ 连接在一起，与 51 单片机的 P2.5 相连，即两片 DAC0832 的输入寄存器分开控制，而 DAC 寄存器一起控制。

如图 9-5 所示。51 单片机先分别向两片 DAC0832 的输入寄存器写入转换的数据，再让两片 DAC0832 的 DAC 寄存器一起导通，则两个输入寄存器中的数据同时写入 DAC 寄存器，一起开始转换，转换结果通过输出端同时输出，这样即可实现两路模拟量同时输出。

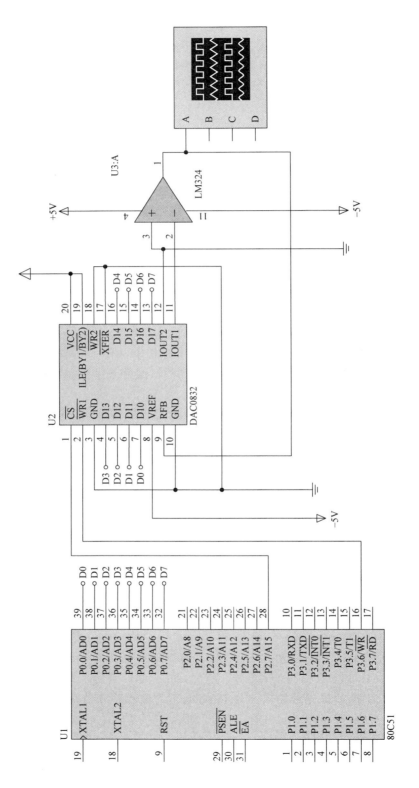

图 9-4 单缓冲方式的连接

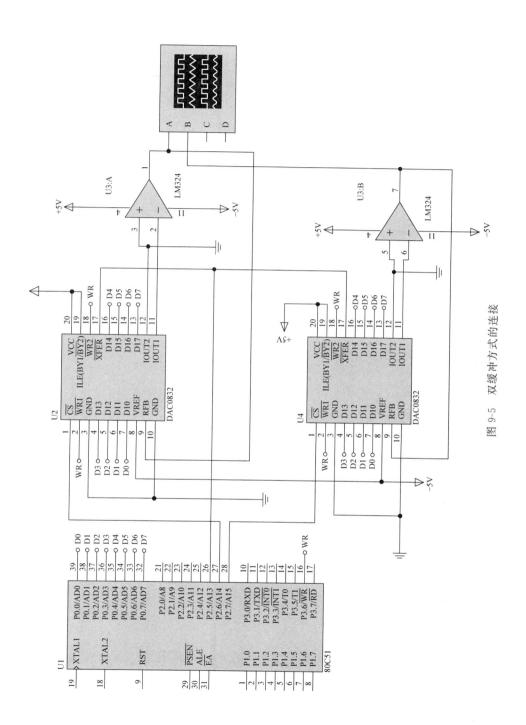

图 9-5　双缓冲方式的连接

2. DAC0832 的应用

D/A 转换器在实际中经常作为波形发生器使用,通过它可以产生各种波形。D/A 转换器产生波形的原理如下:利用 D/A 转换器输出模拟量与输入数字量成正比这一特点,通过程序控制 CPU 向 D/A 转换器送出随时间呈一定规律变化的数字,则 D/A 转换器输出端就可以输出按一定规律随时间变化的波形。

【例 9-1】 根据图 9-4 编程。从 DAC0832 输出端分别产生锯齿波和正弦波。根据图 9-4 的连接,DAC0832 的输入寄存器地址可取 7FFFH(无关的地址位都取成 1)。C 语言编程如下:

锯齿波:

```c
# include < absacc. h >              //定义绝对地址访问
# define uchar unsigned char
# define DAC0832 XBYTE [0x7FFF]
void main()
{
uchar i;
while(1)
for(i = 0; i < 0xff; i++)
{ DAC0832 = i;}
}
void delay()                         //延时函数
{
uchar i ;
for (i = 0; i < 0xff; i++) {;}
}
```

正弦波:

```c
# include < absacc. h >              //定义绝对地址访问
# define uchar unsigned char
# define DAC0832 XBYTE[0x7FFF]
uchar sindata[64] =
{ 0x80,0xBc, 0x98, 0xa5, 0xb0, 0xbc, 0xc7, 0xd1,
0xda, 0xe2, 0xea, 0xf0, 0xf6, 0xfa, 0xfd, 0xff,
0xff,0xff, 0xfd, 0xfa, 0xf6, 0xf0, 0xea, 0xe3,
0xda, 0xd1, 0xc7,0xbc, 0xbl, 0xa5, 0x99,0x8C,
0x80, 0x73, 0x67, 0x5b, 0x4f, 0x43, 0x39, 0x2e,
0x25, 0x1d, 0x15, 0xf, 0x9, 0x5, 0x2, 0x0, 0x0,
0x0, 0x2, 0x5, 0x9, 0xe, 0x15, 0x1c, 0x25, 0x2e,
0x38, 0x43, 0x4e, 0x5a, 0x66, 0x73} ; //正弦波数据表
void delay (uchar m)                 //延时函数
{
uchar i;
for(i = 0; i < m; i++);
}
void main(void)
{
uchar k;
while (1)
{
for(k = 0; k < 64; k++)
{
DAC0832 = sindata[k] ;                //查找正弦波数据并输出
```

```
delay(1) ;
          }
        }
      }
```

【例 9-2】　根据图 9-5 编程，从第一片 DAC0832 输出端产生锯齿波，同时从第二片 DAC0832 输出端产生正弦波。

根据图 9-5 的连接，第一片 DAC0832 的输入寄存器地址为 BFFFH，第二片 DAC0832 的输入寄存器地址为 7FFFH，两片 DAC0832 的 DAC 寄存器地址相同，为 DFFFH，无关的地址位都取成 1。C 语言编程如下：

锯齿波：

```
# include < absacc. h >                  //定义绝对地址访问
# define uchar unsigned char
# define DAC0832A XBYTE[0xBFFF]          //第一片 DAC0832 的输入寄存器地址
# define DAC0832B XBYTE [0x7FFF]         //第二片 DAC0832 的输入寄存器地址
# define DAC0832C XBYTE [0xDFFF]         //两片 DAC0832 的 DAC 寄存器地址
uchar sindata[64] =
{0x80, 0x8c, 0x98, 0xa5, 0xb0, 0xbc, 0xc7, 0xd1,
0xda, 0xe2, 0xea, 0xf0, 0xf6, 0xfa, 0xfd, 0xff,
0xff, 0xff, 0xfd, 0xfa, 0xf6, 0xf0, 0xea, 0xe3,
0xda, 0xd1, 0xc7, 0xbc, 0xb1, 0xa5, 0x99, 0x8c,
0x80, 0x73, 0x67, 0x5b, 0x4f, 0x43, 0x39, 0x2e,
0x25, 0x1d, 0x15, 0xf, 0x9,0x5, 0x2, 0x0,0x0,
0x0, 0x2, 0x5, 0x9, 0xe, 0x15, 0x1c, 0x25, 0x2e,
0x38, 0x43, 0x4e, 0x5a, 0x66, 0x73}; //正弦波数据表
void delay (uchar m)                    //延时函数
{
uchar i;
for(i = 0; i < m; i++);
}
void main()
{
uchar i = 0,j = 0;
while(1)
{
i++; if (i == 0xff) i = 0;
j++; if (j == 64) j = 0;
DAC0832A = i;                           //给第一片 DAC0832 的输入寄存器送锯齿波数据
DAC0832B = sindatalj];                  //给第二片 DAC0832 的输入寄存器送正弦波数据
DAC0832C = i;
delay(1);                               //两片 DAC0832 的 DAC 寄存器送 DAC 转换
}
}
```

9.2　A/D 转换器与 51 单片机的接口

9.2.1　A/D 转换器概述

1. 类型及其原理

A/D 转换器的作用是把模拟量转换成数字量。随着超大规模集成电路技术的飞速发

展,现在有很多类型的 A/D 转换器芯片。不同的芯片其内部结构不同,转换原理也不同,A/D 转换芯片根据转换原理可以分为计数型、逐次逼近型、双重积分型。

（1）计数型 A/D 转换器,如图 9-6 所示。

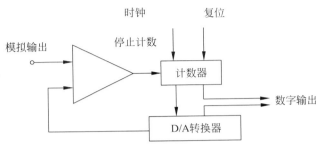

图 9-6　计数型 A/D 转换器

工作时,计数器从 0 开始加 1 计数,每计一次,计数值送到 D/A 转换器进行转换,转换后,再与模拟信号器进行比较,若前者小于后者,则计数器继续加,直到当 D/A 转换后的模拟信号与输入的模拟信号相同则停止。

（2）逐次逼近型 A/D 转换器,如图 9-7 所示。

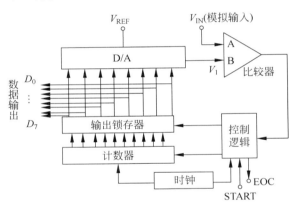

图 9-7　逐次逼近型 A/D 转换器

逐次逼近型 A/D 转换器是一个具有反馈回路的闭路系统。转换过程如下：开始时,逐次逼近寄存器所有位清 0,转换时,先将最高位置 1,送 D/A 转换器转换,转换结果与输入的模拟量比较,如果转换的模拟量比输入的模拟量小,则 1 保留,如果转换的模拟量比输入模拟量大,则 1 不保留,然后从次高位依次重复上述过程,直至最低位,最后逐次逼近寄存器中的内容就是输入模拟量对应的数字量,转换结束后,结束信号有效。逐次逼近型 A/D 转换器的优点是速度较快,功耗低。

（3）双重积分型 A/D 转换器,如图 9-8 所示。

双重积分型 A/D 转换器由电子开关、积分器、比较器和控制逻辑等部件组成。双重积分型 A/D 转换器是将待转换的模拟输入信号的未知电压 V_X 转换成时间值来间接测量的转换过程,该过程分为采样和比较两个过程。采样即用积分器对输入模拟电压 V_{in} 进行固定时间的积分；比较即用基准电压（$+V_\tau$ 或 $-V_\tau$）对积分器进行反向积分,直至积分器的值

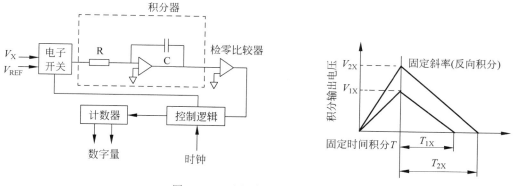

图 9-8 双重积分型 A/D 转换器

为 0。由于基准电压值大小固定,所以采样值越大,反向积分时积分时间越长,积分时间与采样值成正比;综合起来,积分时间就与输入模拟量成正比。最后把积分时间转换成数字量,则该数字量就为输入模拟量对应的数字量。由于在转换过程中进行了两次积分,所以称为双重积分型。双重积分型 A/D 转换器转换精度高,稳定性好,测量的是输入电压在一段时间的平均值,而不是输入电压的瞬间值。

2. 主要性能指标

(1) 分辨率。分辨率是 A/D 转换器对输入信号的分辨能力。例如,8 位 A/D 转换器的数字输出量为 0～255,当输入电压满刻度为 5V 时,转换电路对输入模拟电压的分辨能力为 $5V \div 255 \approx 19.6mV$。目前常用的 A/D 转换集成芯片的转换位数有 8 位、10 位、12 位和 14 位等。

(2) 转换时间。转换时间指的是 A/D 转换器完成一次转换所需要的时间。目前,常用的 A/D 转换集成芯片的转换时间为 200μs 以内。在选用 A/D 转换集成芯片时,一般来说,转换时间越短,转换速度越快,应综合考虑分辨率、精度、转换时间、使用环境温度以及经济性等因素。

(3) 量程。量程是指所能转换的输入电压范畴。

(4) 转换精度。转换精度是实际模拟量输入与理论模拟输入之差的最大值,也可分为绝对精度和相对精度。绝对精度是实际需要的模拟量和理论值之差。相对精度是当满刻度值校准后,任意数字量对应的实际模拟量和理论值之差。

9.2.2 典型的 A/D 转换器芯片 ADC0808/0809

ADC0808/0809 是 8 位 COMS 逐次逼近型 A/D 转换器芯片,主要区别在于 ADC0809 的最小误差为 ±1LSB,ADC0808 的最小误差为 ±1/2LSB。每片 ADC0808 有 8 路模拟量输入通道,带转换起停控制,输入模拟电压为 0～+5V。

1. ADC0808/0809 的内部结构

ADC0808/0809 的内部结构如图 9-9 所示。

模拟输入通道选择部分包括一个 8 路模拟开关和地址锁存与译码电路。输入的三位通道地址信号由锁存器锁存,经译码电路译码后控制模拟开关选择相应的模拟输入,译码后形成当前模拟通道的选择值号,送给 8 路模拟通道选择开关;比较器、8 位开关树型 D/A 转换器、逐次逼近型寄存器、定时和控制电路组成 8 位 A/D 转换器。当 START 信号由高电平

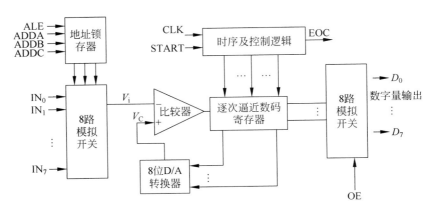

图 9-9　ADC0808/0809 的内部结构

变为低电平时,启动转换,同时 EOC 引脚由高电平为低电平,经过 8 个 CLOCK 时钟,转换结束,转换得到的数字量送到 8 位三态锁存器,同时 EOC 引脚回到高电平。当 OE 信号输入高电平时,保存在三态输出锁存器中的转换结果可通过数据线 $D_0 \sim D_7$ 输出。

2. ADC0808/0809 的引脚

ADC0809 的外部引脚如图 9-10 所示。

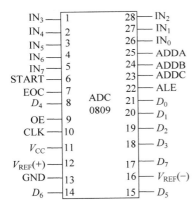

图 9-10　ADC0809 的外部引脚图

（1）$D_0 \sim D_7$,8 位数字量输出端。

（2）$IN_0 \sim IN_7$,8 通道模拟量输入,可连接 8 路模拟量输入。

（3）ADDA、ADDB、ADDC,8 路开关地址选择,用于选择 8 路中的一路输入。

（4）START,A/D 转换启动信号。该信号上升沿清除 ADC 的内部各寄存器,下降沿启动转换。

（5）ALE,A/D 转换结束信号,上升沿有效,把 ADDA、ADDB、ADDC 三个选择线的状态锁存到多路开关地址寄存器中。

（6）EOC,转换完成输出信号,高电平有效。该引脚输出低电平时表示正在转换,输出高电平时表示一次转换结束。

（7）OE,数据输出允许信号,高电平有效。

（8）CLK,时钟信号输入端,时钟频率不高于 640kHz。

（9）$V_{REF}(-)$,$V_{REF}(+)$,参考电压输入端。在多数情况下,$V_{REF}(+)$ 接 $+5V$,$V_{REF}(-)$ 接 GND。

（10）V_{CC},5V 电源输入。

（11）GND,接地。

3. ADC0808/0809 的工作流程

ADC0808/0809 的工作流程详细描述如下:

（1）如图 9-11 所示,输入 3 位地址,并使 ALE=1,将地址存入地址锁存器中,经地址

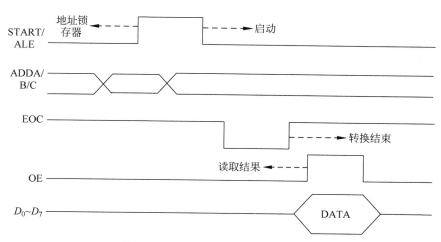

图 9-11 ADC0808/0809 的工作流程

译码器译码,从 8 路模拟通道中选通一路模拟量送到比较器。

(2) 送入 START 一个高脉冲,START 的上升沿使逐次逼近寄存器复位,下降沿启动 A/D 转换,并使 EOC 信号为低电平。

(3) 当转换结束时,转换的结果送入三态输出锁存器并使 EOC 信号回到高电平,通知 CPU 已转换结束。

(4) 当 CPU 执行一个读数据指令时,使 OE 为高电平,则从输出端 $D_0 \sim D_7$ 读出数据。

4. ADC0808/0809 的工作方式

(1) 延时方式:连接时 EOC 悬空,启动转换后延时 $100\mu s$,跳过转换时间后再读入转换结果。

(2) 查询方式:EOC 接单片机并口线,启动转换后,查询单片机并口线,如果变为高电平,说明转换结束。

(3) 中断方式:EOC 经非门接单片机中断请求端,将转换结束信号作为中断请求信号向单片机提出中断请求。

5. ADC0808/0809 与 51 单片机接口

采用动态方式显示,由 51 定时/计数器 1 产生 20ms 的周期性定时,定时时间到,对 4 个数码管依次显示一次。

```
# include < REG51.H>
# define uchar unsigned char
# define uint unsigned int
uchar code dispcode[4] = {0x08,0x04,0x02,0x00};
uchar code codevalue[10] = {0xC0,0xF9,0xA4,0xB0,0x99,0x92,0x82,0xF8,0x80,0x90};
uchar temp;
uchar dispbuf[4];

sbit ST = P3^0;
sbit OE = P3^1;
sbit EOC = P3^2;
sbit CLK = P3^7;
```

```
uchar count;
uchar getdata;

void delay(uchar m)
{
    while(m -- )
    {}
}

void main()
{
    ET0 = 1;
    ET1 = 1;
    EA = 1;
    TMOD = 0x12;
    TH0 = 246;
    TL0 = 246;
    TH1 = (65536 - 20000)/256;
    TL1 = (65536 - 20000) % 256;
    TR1 = 1;
    TR0 = 1;
    while(1)
    {
        ST = 0;
        ST = 1;
        ST = 0;
        while(EOC == 0) {;}
        OE = 1;
        getdata = P0;
        OE = 0;
        temp = getdata;
        dispbuf[2] = getdata/100;
        temp = temp - dispbuf[2] * 100;
        dispbuf[1] = temp/10;
        temp = temp - dispbuf[1] * 10;
        dispbuf[0] = temp;
    }
}

void T0X() interrupt 1 using 0
{
    CLK = ~CLK;
}

void T1X() interrupt 3 using 0
{
    TH1 = (65536 - 20000)/256;
    TL1 = (5536 - 20000) % 256;
    for(count = 0;count <= 3;count++)
    {
        P2 = dispcode[count];
        P1 = codevalue[dispbuf[count]];
        delay(255);
    }
}
```

通过仿真,结果如图 9-12 所示。

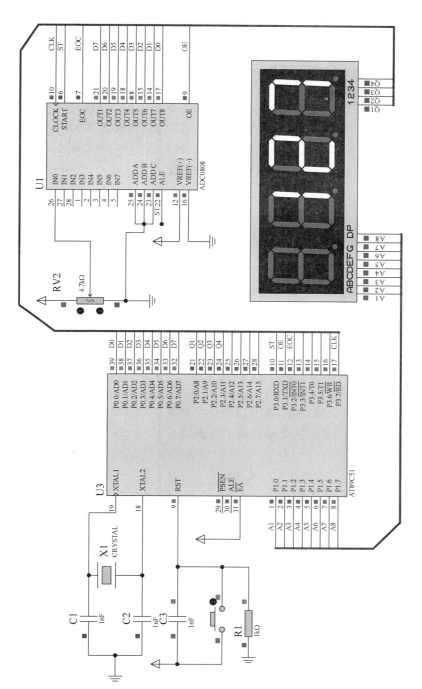

图 9-12　ADC0808 与 MCS-51 的接口电路

9.3 本章小结

本章介绍了 A/D 和 D/A 转换器的概念、转换器的工作原理、转换器的主要参数和常用的转换器芯片。A/D 转换器是把模拟量转换为数字量。通过变换器或传感器对模拟量进行测量,以模拟电压或电流的形式输出,把模拟量转换为数字量,输入计算机中进行运算处理。常用的 A/D 转换器的工作原理有逐次逼近法和双重积分法。逐次逼近型 A/D 转换器应用广泛,双重积分型 A/D 转换器的抗干扰能力强,精度高,但速度不如逐次逼近型的快。D/A 转换器的作用是把数字量转换为模拟量。D/A 转换器是一种解码器,一般由基准电源、电阻解码网络、运算放大器和缓冲寄存器等部件构成。

习题

1. 简述 D/A 转换器的基本原理。
2. 简述 D/A 转换器的组成。
3. 简述数字量转换成模拟量的步骤。
4. 简述 D/A 转换器的性能指标。
5. 简述 D/A 转换器的分类。
6. 简述 DAC0832 的引脚的功能。
7. 简述 A/D 转换器的性能指标。
8. 根据图 9-4 编程,从 DAC0832 输出端产生三角波。
9. 根据图 9-4 编程,从 DAC0832 输出端产生方波。
10. 根据图 9-5 编程,从第一片 DAC0832 输出端产生锯齿波,同时从第二片 DAC0832 输出端产生方波。

第10章

MCS-51单片机的系统扩展

MCS-51 系列单片机芯片内部集成了计算机的基本功能部件,如 CPU、RAM、ROM、并行和串行 I/O 口以及定时/计数器等,使用非常方便,这对于小型的测控系统已经足够了,但对于较大的应用系统,往往还需要扩展一些外围芯片,以弥补片内硬件资源的不足。

在单片机应用系统中,显示设备是非常重要的输出设备。目前广泛使用的显示器件主要有 LED(数码管显示器)和 LCD(液晶显示器)。其中,LED 数码管显示器虽然显示信息简单,只能显示十六进制数和少数字符,但具有显示清晰、亮度高、使用电压低、寿命长、与单片机接口方便等特点,所以在单片机应用系统中经常用到。

10.1 存储器的扩展

10.1.1 程序存储器的扩展

1. 扩展总线

由于受引脚个数的限制,MCS-51 系列单片机的数据线和地址线(低 8 位)是分时复用的。当系统要求扩展时,为了便于与各种芯片相连接,应将它的外部连线变为与一般 CPU 类似的三总线结构形式,即地址总线(AB)、数据总线(DB)和控制总线(CB)。

数据总线宽度为 8 位,由 P0 口提供。地址总线宽度为 16 位,可寻址范围达 2^{16},即 64KB。低 8 位 A7～A0 由 P0 口经地址锁存器提供,高 8 位 A15～A8 由 P2 口提供。由于 P0 口是数据、地址分时复用的,所以 P0 口输出的低 8 位地址必须用地址锁存器进行锁存。控制总线由 $\overline{RD}$、$\overline{WR}$、$\overline{EA}$、ALE 和 $\overline{PSEN}$ 等信号组成,用于读/写控制、片外 ROM 选通、地址锁存控制和片内、片外 ROM 选择。地址锁存器一般选用带三态缓冲输出的八锁存器 74LS373,74LS373 的逻辑功能及与 MCS-51 系列单片机的连接方法如图 10-1 所示。

74LS373 是具有三态门输出的电平允许 D 锁存器。当使能端 G 为高电平时,锁存器的数据输出端 Q 的状态与数据输入端 D 相同(透明的)。当 G 端从高电平返回到低电平时(下降沿后),输入端的数据就被锁存在锁存器中,数据输入端 D 的变化不再影响 Q 端输出。

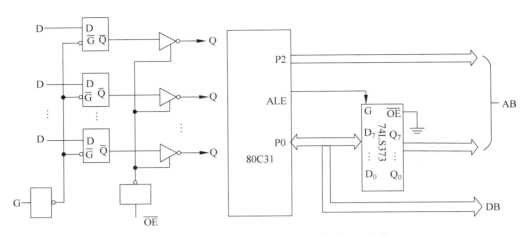

图 10-1　74LS373 的逻辑功能及与单片机的连接

由于 74LS573 引脚排列更易于 PCB 板布线，因此在实际应用中经常用它来代替 74LS373。

2. 片外 ROM 操作时序

在 MCS-51 系列单片机应用系统的扩展中，经常要进行 ROM 扩展。单片机的地址总线为 16 位，扩展的片外 ROM 最大容量为 64KB，地址为 0000H～FFFFH，扩展的片外RAM 最大容量也为 64KB，地址也为 0000H～FFFFH。由于 MCS-51 采用不同的控制信号和指令，对 ROM 的读操作由 $\overline{\text{PSEN}}$ 控制，指令用 MOVC 类；对 RAM 的读操作用 $\overline{\text{RD}}$ 控制，指令用 MOVX。所以，尽管 ROM 与 RAM 的逻辑地址是重叠的(物理空间是独立的)，也不会发生混乱。

MCS-51 对片内和片外 ROM 的访问使用相同的指令，内外 ROM 的选择是由硬件实现的，当 $\overline{\text{EA}}=0$ 时，选择片外 ROM；当 $\overline{\text{EA}}=1$ 时，选择片内 ROM。

【例 10-1】　读外部 ROM 时序，若指令 MOV A，♯50H 的 2 字节编码 74H 和 50H 分别存放在片外 ROM 的 3412H 和 3413H 单元，指令执行的时序如图 10-2 所示。

从图 10-2 可见，地址锁存允许信号 ALE 上升为高电平后，P2 口输出高 8 位地址(PCH)为 34H，P0 口输出低 8 位地址(PCL)为 12H；ALE 下降为低电平后，P2 口信息仍为34H，而 P0 口将用来读取片外 ROM 中的指令码。因此低 8 位地址(12H)要在 ALE 降为低电平时由地址锁存器锁存起来(从而合成为完整的地址 3412H)。在 $\overline{\text{PSEN}}$ 低电平有效并选通片外 ROM 后，P0 口转为输入状态，读入片外 ROM 中指令的操作码字节 74H 继而再读入操作数字节 50H。

由此可知，MCS-51 系列单片机的 CPU 在访问片外 ROM 的一个机器周期内，信号ALE 出现两次(正脉冲)，ROM 选通信号 $\overline{\text{PSEN}}$ 也两次有效，这说明在一个机器周期内，CPU 可以两次访问片外 ROM，即在一个机器周期内可以处理 2 字节的指令代码，单片机指令系统中配置有很多单周期双字节指令。

3. ROM 芯片及扩展方法

常用的 EPROM 芯片有 27C64、27C128、27C256、27C512 等，它们的主要特性见表 10-1。

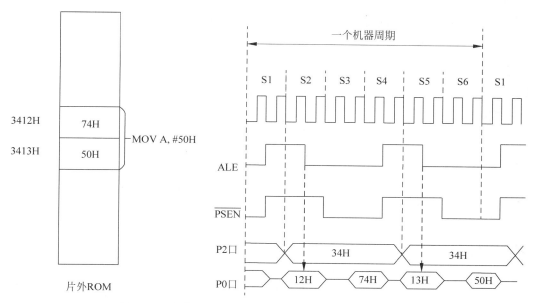

图 10-2 片外 ROM 中指令 MOV A,♯50H 的操作时序

表 10-1 微芯公司几种 EPROM 芯片的主要技术特性

芯 片 型 号	27C64	27C128	27C256	27C512
容量	8KB	16KB	32KB	64KB
引脚数	28	28	28	28
读出时间/ns	120	120	90	90
最大工作电流/mA	20	20	20	25
最大维持电流/mA	0.1	0.1	0.1	0.03

EPROM 芯片的容量不同,引脚定义也有一些差别,但常用的几种芯片在使用上基本兼容。各个引脚定义如图 10-3 所示。

27C512	27C256	27C128	27C64			27C64	27C128	27C256	27C512
A15	V_{PP}	V_{PP}	V_{PP}	1	28	V_{CC}	V_{CC}	V_{CC}	V_{CC}
A12	A12	A12	A12	2	27	$\overline{PGM}$	$\overline{PGM}$	A14	A14
A7	A7	A7	A7	3	26	NC	A13	A13	A13
A6	A6	A6	A6	4	25	A8	A8	A8	A8
A5	A5	A5	A5	5	24	A9	A9	A9	A9
A4	A4	A4	A4	6	23	A11	A11	A11	A11
A3	A3	A3	A3	7	22	$\overline{OE}$	$\overline{OE}$	$\overline{OE}$	$\overline{OE/V_{PP}}$
A2	A2	A2	A2	8	21	A10	A10	A10	A10
A1	A1	A1	A1	9	20	$\overline{CE}$	$\overline{CE}$	$\overline{CE}$	$\overline{CE}$
A0	A0	A0	A0	10	19	Q7	Q7	Q7	Q7
Q0	Q0	Q0	Q0	11	18	Q6	Q6	Q6	Q6
Q1	Q1	Q1	Q1	12	17	Q5	Q5	Q5	Q5
Q2	Q2	Q2	Q2	13	16	Q4	Q4	Q4	Q4
GND	GND	GND	GND	14	15	Q3	Q3	Q3	Q3

27C64
27C128
27C256
27C512

图 10-3 几种芯片的引脚定义

32KB ROM 的扩展电路如图 10-4 所示。

由于 80C31 无片内 ROM,故 EA 应接地,使用片外 ROM。P0 口为低 8 位地址及数据

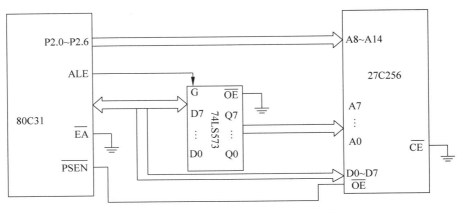

图 10-4　80C31 扩展 2764A 程序存储器

总线的分时复用引脚,需接地址锁存器,将低 8 位的地址锁存后再接到 27C256 的 A0～A7 上,图中采用 74LS573 作为地址锁存器。80C31 的地址锁存允许信号线 ALE 接锁存器控制端 G,当 ALE 发生负跳变时,将低 8 位地址锁存于 74LS573 中,这时 P0 口就可作为数据总线使用了。27C256 的高位地址线有 7 条:A8～A14,直接接到 P2 口的 P2.0～P2.6 即可,输出允许信号 $\overline{OE}$ 由 80C31 的片外 ROM 读选通信号 $\overline{PSEN}$ 控制。

　　由于是单片 EPROM 扩展,故无须考虑片选问题,27C256 的片选端 $\overline{CE}$ 直接接地即可。根据容量要求选择 ROM 芯片时,应尽可能使系统简化。在满足容量要求的前提下,尽可能选择大容量的芯片,以减少芯片数量,减轻总线的负担,提高系统可靠性。小容量芯片使用较少,价格还高于大容量芯片,所以采用大容量芯片无论从经济上还是可靠性方面都是有好处的。

10.1.2　数据存储器的扩展

　　由于 80C31 单片机片内 RAM 仅 128B,当系统要求较大容量的数据存储时,就需要扩展片外 RAM,片外最大容量可扩展到 64KB。

　　1. RAM 扩展原理

　　扩展 RAM 和扩展 ROM 类似,由 P2 口提供高 8 位地址,P0 口分时地作为低 8 位地址总线和 8 位双向数据总线。片外 RAM 的读和写由 MCS-51 单片机的 RD 和 WR 信号控制,所以,虽然与 ROM 的地址重叠,但不会发生混乱。

　　外部 RAM 访问时,P2 口输出片外 RAM 的高 8 位地址(DPH)内容,P0 口输出片外 RAM 的低 8 位地址(DPL)内容,这里 ALE 的下降沿锁存在地址锁存器中。如果是读操作,则 P0 口变为数据输入方式,在读信号 $\overline{RD}$ 有效时,片外 RAM 中相应单元的内容出现在 P0 口线上,由 CPU 读入累加器 A 中;若是写操作,则 P0 口变为数据输出方式,在写信号 $\overline{WR}$ 有效时,将 P0 口线上出现的累加器 A 中的内容写入相应的片外 RAM 单元中。

　　【例 10-2】　读操作时序。若(DPTR)= 2030H,片外 RAM 单元 2030H 的内容为 55H,指令 MOV A,@ DPTR(该指令代码为 E0H)所在片外 ROM 的地址为 2314H,指令执行的时序如图 10-5 所示。

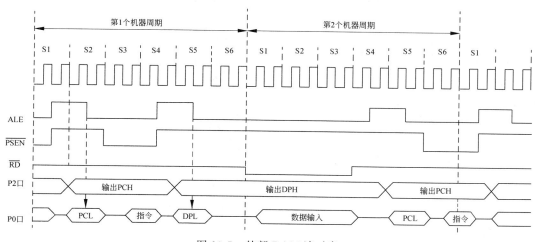

图 10-5 外部 RAM 读时序

【例 10-3】 写操作时序。若(DPTR)=1040H,(A)=88H,指令 MOV @ DPTR,A（该指令代码为 F0H）所在片外 ROM 的地址为 2218H,指令执行的时序如图 10-6 所示。

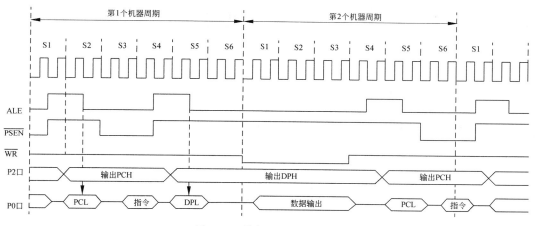

图 10-6 外部 RAM 写时序

MCS-51 系列单片机通过 16 根地址总线可对片外 64KB ROM（无片内 ROM 的单片机）及片外 64KB RAM 寻址。在对片外 ROM 操作的整个取指令周期里,$\overline{PSEN}$ 为低电平以选通片外 ROM,而 $\overline{WR}$ 或 $\overline{RD}$ 始终为高电平,此时片外 RAM 不能进行读写操作;在对片外 RAM 操作的周期里,$\overline{RD}$ 或 $\overline{WR}$ 为低电平,$\overline{PSEN}$ 为高电平,所以对片外 ROM 不能进行读操作,只能对片外 RAM 进行读或写操作。

2. 数据存储器扩展方法

1）数据存储器

目前常用的数据存储器 SRAM 芯片有 6264、62128、62256 等,主要技术特性、操作方式分别如表 10-2、表 10-3 所示。

表 10-2　常用 RAM 芯片的主要技术特性

芯 片 型 号	6264	62128	62256
容量	8KB	16KB	32KB
典型工作电流/mA	40	8	8
典型维持电流/mA	2	0.5	0.5
最大存取时间/ns	200	200	200

表 10-3　常用 RAM 芯片的操作方式

方　　式	$\overline{CE}$	$\overline{OE}$	$\overline{WE}$	D0～D7
读	0	0	1	数据输出
写	0	1	0	数据输入
维持	1	任意	任意	高阻状态

　　这些芯片的引脚排列如图 10-7 所示,图中 CS 为 62C64 的片选信号输入线,高电平有效,可用于掉电保护。

62C256	62C128	62C64			62C64	62C128	62C256
A14	NC	NC	1	28	V_{CC}	V_{CC}	V_{CC}
A12	A12	A12	2	27	WE	WE	WE
A7	A7	A7	3	26	CS	A13	CS
A6	A6	A6	4	25	A8	A8	A8
A5	A5	A5	5	24	A9	A9	A9
A4	A4	A4	6	23	A11	A11	A11
A3	A3	A3	7	22	OE	OE	OE/RFSH
A2	A2	A2	8	21	A10	A10	A10
A1	A1	A1	9	20	CE	CE	CE
A0	A0	A0	10	19	D7	D7	D7
D0	D0	D0	11	18	D6	D6	D6
D1	D1	D1	12	17	D5	D5	D5
D2	D2	D2	13	16	D4	D4	D4
GND	GND	GND	14	15	D3	D3	D3

（中间标注：62C64 62C128 62C256）

图 10-7　常用数据存储器的引脚

　　2) 数据存储器扩展电路

　　用 62C64 扩展 8KB 的 RAM 如图 10-8 所示。芯片允许用 P2.7 进行控制,当 P2.7 为

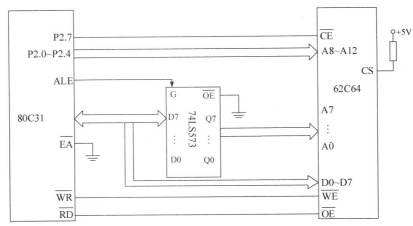

图 10-8　62C64 的扩展电路

低电平时,62C64 被选中,因此片外 RAM 的地址为 0000H～1FFFH。片选线 CS 接高电平。将图 10-4 和图 10-8 合并,可以构成完整的扩展了 ROM 和 RAM 的应用系统,读者可以自己完成相应的接线(扩展的片外 ROM 未画出)。

10.2　输入输出及其控制方式

原始数据或现场信息要利用输入设备输入单片机中,单片机对输入的数据进行处理加工后,还要输出给输出设备。常用的输入设备有键盘、开关及各种传感器等,常用的输出设备有 LED/LCD 显示器、微型打印机及各种执行机构等。

MCS-51 单片机内部有 4 个并行口和 1 个串行口,对于简单的 I/O 设备可以直接连接。当系统较为复杂时,往往要借助于输入输出接口电路(简称 I/O 接口)完成单片机与 I/O 设备的连接。现在,许多 I/O 接口已经系列化、标准化,并具有可编程功能。

10.2.1　输入输出接口的功能

CPU 与 I/O 设备间的数据传送,实质上是 CPU 与 I/O 接口间的数据传送。单片机与 I/O 设备的关系如图 10-9 所示。

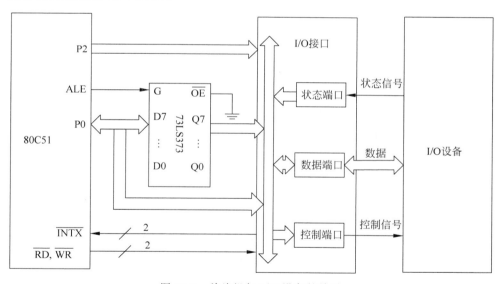

图 10-9　单片机与 I/O 设备的关系

单片机应用系统的设计,在某种意义上可以认为是 I/O 接口芯片的选配和驱动软件的设计。I/O 接口的功能如下:

1)对单片机输出的数据锁存

对数据的处理速度来讲,单片机要比 I/O 设备快得多。因此单片机对 I/O 设备的访问时间大大短于 I/O 设备对数据的处理时间。I/O 接口的数据端口要锁存数据总线上瞬间出现的数据,以解决单片机与 I/O 设备的速度协调问题。

2) 对输入设备的三态缓冲

单片机系统的数据总线是双向总线,是所有 I/O 设备分时复用的。设备传送数据时要占用总线,不传送数据时该设备必须对总线呈高阻状态。利用 I/O 接口的三态缓冲功能,可以实现 I/O 设备与数据总线的隔离,从而实现 I/O 设备的总线共享。

3) 信号转换

由于 I/O 设备的多样性,必须利用 I/O 接口实现单片机与 I/O 设备间信号类型(数字与模拟、电流与电压)、信号电平(高与低、正与负)、信号格式(并行与串行)等的转换。

4) 时序协调

单片机输入数据时,只有在确知输入设备已向 I/O 接口提供了有效的数据后,才能进行读操作;单片机输出数据时,只有在确知输出设备已做好了接收数据的准备后,才能进行写操作。不同的 I/O 设备的定时与控制逻辑是不同的,且与 CPU 的时序往往是不一致的,这就需要 I/O 接口进行时序的协调。

10.2.2　单片机与 I/O 设备的数据传送方式

不同的 I/O 设备,需用不同的传送方式。CPU 可以采用无条件传送、查询状态传送、中断传送和直接存储器存取(DMA)传送等方式与 I/O 设备进行数据交换。

1. 无条件传送

这种传送方式不测试 I/O 设备的状态,单片机只在规定的时间,用输入或输出指令来进行数据的输入或输出,即用程序来控制数据传送。

CPU 要进行数据输入时,所选数据端口的数据必须已经准备好,即输入设备的数据已送到 I/O 接口数据端口,这时单片机可以直接执行输入指令。CPU 要进行数据输出时,所选数据端口必须为空(数据已被输出设备取走),即数据端口已经处于准备接收数据的状态,这时单片机可以直接执行输出指令。

此种方式只适用于对简单的 I/O 设备(如开关、LED 显示器、继电器等)的操作,或者 I/O 设备的定时固定(或已知)的场合。

2. 查询状态传送

查询状态传送时,单片机在执行输入输出指令前,首先要查询 I/O 接口状态端口的状态。数据输入时,用输入状态指示要输入的数据是否已准备就绪;数据输出时,用输出状态指示输出设备是否空闲。由状态条件来决定是否可以执行输入输出。

当单片机工作任务较轻时,应用查询状态传送方式可以较好地协调中、慢速 I/O 设备与单片机之间的速度差异问题。

查询状态传送的主要缺点是:单片机必须执行程序循环等待,不断测试 I/O 设备的状态,直至 I/O 设备为传送的数据准备就绪时为止。这种循环等待方式花费时间多,降低了单片机的运行效率。

3. 中断传送

查询状态传送方式会使单片机运行效率降低,而且一般在实时控制系统中,往往会有数十个 I/O 设备,有些 I/O 设备还要求单片机为它们进行实时服务。采用查询状态方式除浪费大量的查询等待时间外,还很难及时地响应 I/O 设备的请求。

采用中断传送方式,I/O 设备处于主动申请中断的地位。所谓中断是指 I/O 设备或其他中断源终止单片机当前正在执行的程序,转去执行为该 I/O 设备服务的中断程序。一旦中断服务结束,再返回执行原来的程序。这样,在 I/O 设备处理数据期间,单片机就不必浪费大量的时间去查询 I/O 设备的状态。

4. DMA 传送

利用中断传送方式,虽然可以提高单片机的工作效率,但仍需由单片机通过执行程序来传送数据,并在处理中断时,还要保护现场和恢复现场,而这两部分操作的程序段又与数据传送没有直接关系,却要占用一定时间。这对于高速外设以及成组交换数据的场合,就显得太慢了。

DMA(Direct Memory Access)方式是一种采用专用硬件电路执行输入输出的传送方式,它使 I/O 设备可直接与内存进行高速的数据传送,而不必经过 CPU 执行传送程序,这就不必进行保护现场之类的额外操作,实现了对存储器的直接存取。这种传送方式通常采用专门的硬 DMA 控制器(即 DMAC,如英特尔公司的 8257 及摩托罗拉公司的 MC6844等),也可以选用具有 DMA 通道的单片机,如 80C152J 或 83C152J。

10.2.3　单片机扩展 TTL 芯片的输入输出

在 MCS-51 单片机扩展方式的应用系统中,P0 口和 P2 口用来作为外部 ROM、RAM和扩展 I/O 接口的地址总线,而不能作为 I/O 口;只有 P1 口及 P3 口的某些位线可直接用作 I/O 线。因此,单片机提供给用户的 I/O 接口线并不多,对于复杂些的应用系统要进行I/O 口的扩展。

80C51 单片机将片外扩展的 I/O 口和片外 RAM 统一编址,扩展的接口相当于扩展的片外 RAM 的单元,访问外部接口就像访问外部 RAM 一样,使用的都是 MOVX 指令,并产生读($\overline{RD}$)或写($\overline{WR}$)信号。用 $\overline{RD}$、$\overline{WR}$ 作为输入输出控制信号,如图 10-10 所示。

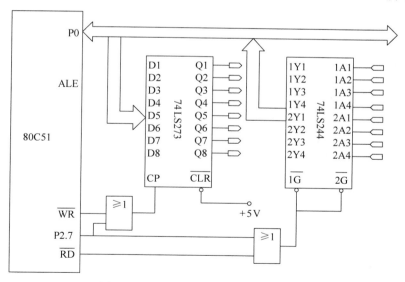

图 10-10　用 TTL 芯片扩展并行 I/O 口

由图 10-10 可见,P0 为双向口,既能从 74LS244 输入数据,又能将数据传送给 74LS273 输出。

输入控制信号由 P2.7 和 $\overline{RD}$ 经或门合成一个负脉冲信号,将数据输入端的数据送到74LS244 的数据输出端,并经 P0 口读入单片机。

输出控制信号由 P2.7 和 $\overline{\text{WR}}$ 经或门合成一个负脉冲信号,该负脉冲信号的上升沿(后沿)将 P0 口数据送到 74LS273 的数据输出端并锁存。

输入和输出都是在 P2.7 为低电平时有效,74LS273、74LS244 的地址均为 7FFFH。由于采用 $\overline{\text{RD}}$ 和 $\overline{\text{WR}}$ 分别控制,不会发生冲突。

```
MOV     DPTR,     ♯7FFFH
LOOP:   MOVX      A,@ DPTR      ;从 7FFFH 地址读取数据
MOVX    @ DPTR,A                ;数据写入 7FFFH 地址
JMP     LOOP
```

在选择接口芯片时,要注意不同的芯片需要不同的控制方式。如触发器 74LS273 是脉冲的上升沿传送数据并锁存(图 10-10 电路中采用或门输出的后沿);而锁存器 74LS373 是高电平传送数据。图 10-11 电路中采用或门输出再反相的信号,为低电平锁存。

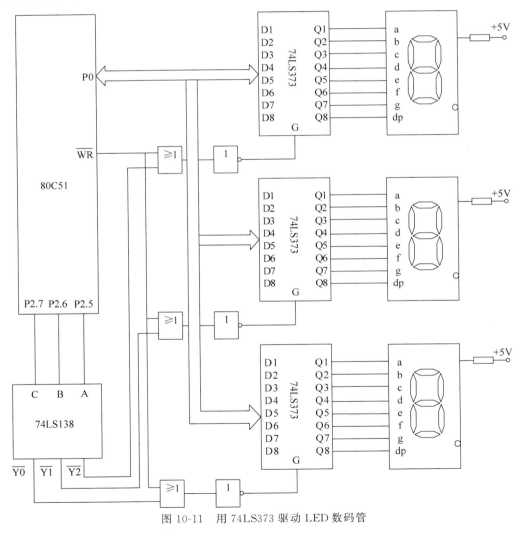

图 10-11 用 74LS373 驱动 LED 数码管

另外,还要注意接口的驱动能力。74LS373 的低电平驱动能力为 24mA。LED 数码管的公共限流电阻可以采用 68Ω 以使 LED 获得较好的亮度。

10.3 键盘和数码管

在单片机应用系统中,显示设备是非常重要的输出设备。目前广泛使用的显示器件主要有 LED(数码管显示器)和 LCD(液晶显示器),其中 LED 数码管显示器虽然显示信息简单,只能显示十六进制数和少数字符,但它具有显示清晰、亮度高、使用电压低、寿命长、与单片机接口方便等特点,所以在单片机应用系统中经常用到。

10.3.1 LED 显示器与 51 单片机接口

1. LED 显示器的基本结构和原理

LED 数码管显示器是由发光二极管按一定的结构组合起来的显示器件。在单片机应用系统中,通常使用的是 7 段式或 8 段式 LED 数码管显示器,8 段式比 7 段式多一个小数点。这里以 8 段式来介绍,单个 8 段式 LED 数码管显示器的外观与引脚如图 10-12(a)所示,其中 a、b、c、d、e、f、g 和小数点 dp 为 8 段发光二极管。

8 段发光二极管的连接有两种结构:共阴极和共阳极。图 10-12(b)为共阴极结构,8 段发光二极管的阴极端连接在一起,阳极端分开控制,使用时公共端接地,要使哪个发光二极管亮,则对应的阳极端接高电平。图 10-12(c)为共阳极结构,8 段发光二极管的阳极端连接在一起,阴极端分开控制,使用时公共端接电源,要使哪个发光二极管亮,则对应的阴极端接地。

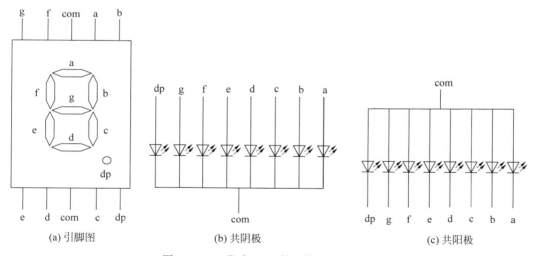

图 10-12 8 段式 LED 数码管引脚与结构

LED 数码管显示器显示时,公共端首先要保证有效,即共阴极结构公共端接低电平,共阳极结构公共端接高电平,这个过程称为选通数码管;再在另外一端发送要显示数字的编码,这个编码称为字段码,8 位数码管字段码为 8 位,从高位到低位的顺序依次为 dp、g、f、e、d、c、b、a,如共阴极数码管数字"0"的字段码为 00111111B(3FH),共阳极数码管数字 1 的字段码为 11111001B(F9H),不同数字或字符的字段码不一样,对于同一个数字或字符,共阴极结构和共阳极结构的字段码也不一样,共阴极和共阳极的字段码互为反码。常见的数字和字符的共阴极和共阳极的字段码如表 10-4 所示。

表 10-4 常见的数字和字符的共阴极和共阳极的字段码

显示字符	共阴极字段码	共阳极字段码	显示字符	共阴极字段码	共阳极字段码
0	3FH	C0H	C	39H	C6H
1	06H	F9H	D	5EH	A1H
2	5BH	A4H	E	79H	86H
3	4FH	B0H	F	71H	8EH
4	66H	99H	P	73H	8CH
5	6DH	92H	U	3EH	C1H
6	7DH	82H	T	31H	CEH
7	07H	F8H	Y	6EH	91H
8	7FH	80H	L	38H	C7H
9	6FH	90H	8.	FFH	00H
A	77H	88H	"灭"	00H	FFH
B	7CH	83H	…	…	…

2. LED 数码管显示器显示方式

1) 译码方式

译码方式是指由显示字符转换得到对应的字段码的方式。对于 LED 数码管显示器,通常的译码方式有硬件译码方式和软件译码方式两种。

硬件译码方式是指利用专门的硬件电路来实现显示字符到字段码的转换,这样的硬件电路有很多,比如摩托罗拉公司生产的 MC14495 芯片就是其中的一种。MC14495 是共阴极 1 位十六进制数-字段码转换芯片,能够输出用 4 位二进制数表示的 1 位十六进制数的 7 位字段码,不带小数点。它的内部结构如图 10-13 所示。

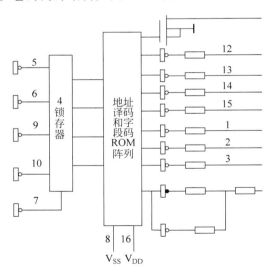

图 10-13 MC14495 的内部结构

MC14495 内部由内部锁存器和译码驱动电路两部分组成,在译码驱动电路部分还包含一个字段码 ROM 阵列。内部锁存器用于锁存输入的 4 位二进制数以便提供给译码电路译码。译码驱动电路对锁存器的 4 位二进制数进行译码,产生送往 LED 数码管的 7 位字段码。引脚信号 $\overline{\text{LE}}$ 是数据锁存控制端,当 $\overline{\text{LE}}=0$ 时,输入数据;当 $\overline{\text{LE}}=1$ 时,数据锁存于锁存器中。A、B、C、D 为 4 位二进制数输入端。a~g 为 7 位字段码输出端,h+i 引脚为大于或等于 10 的指示端,当输入数据大于或等于 10 时,h+i 引脚为高电平。$\overline{\text{VCR}}$ 是输入为 15 的指示端,当输入数据为 15 时,$\overline{\text{VCR}}$ 为低电平。

　　硬件译码时,要显示一个数字,只需送出这个数字的 4 位二进制编码即可,软件开销较小,但硬件线路复杂,需要增加硬件译码芯片,因而硬件造价相对较高。

　　软件译码就是编写软件译码程序,通过译码程序来得到要显示的字符的字段码。译码程序通常为查表程序,软件开销较大,但硬件线路简单,因而在实际系统中经常用到。

　　2）LED 数码管的显示方式

　　LED 数码管在显示时,通常有静态显示方式和动态显示方式两种。

　　（1）静态显示方式。

　　静态显示是指显示器显示某一字符时,相应段的发光二极管恒定地导通或截止。静态显示有并行输出和串行输出两种方式。

　　图 10-14 所示为并行输出的 3 位共阳极 LED 静态显示接口电路。

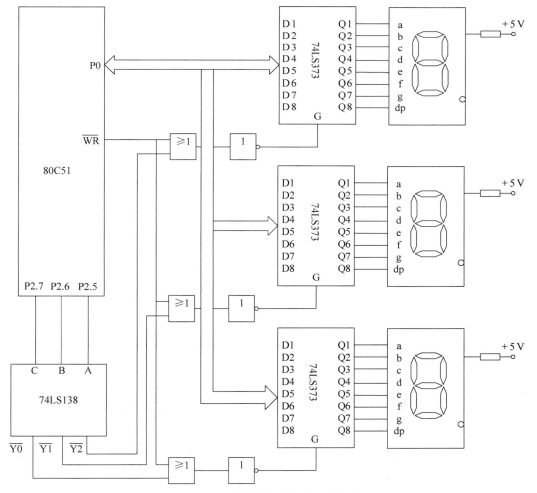

图 10-14　并行输出的静态显示电路

　　7 段 LED 显示器的 a、b、c、d、e、f 段导通,g 段截止,则显示口。并行显示方式每个十进制位都需要有一个 8 位输出接口控制,图 10-14 中采用 3 片 74LS373 扩展并行 I/O 接口,接口地址是由 74LS138 译码器的输出决定的。74LS138 的 A、B、C 分别接 80C51 的 P2.5、P2.6 和 P2.7,所以 3 片 74LS373 的地址分别为 1FFFH、3FFFH、5FFFH。译码输出信号与单片机的写信号一起控制对各 74LS373 的数据的写入。

　　对于静态显示方式,LED 显示器由接口芯片直接驱动,采用较小的驱动电流就可以得到较高的显示亮度。但是,并行输出显示的十进制位数较多时需要并行 I/O 接口的芯片数量较多。

　　采用串行输出可以大大节省单片机的内部资源。图 10-15 为串行输出 3 位共阳极 LED 显示器接口电路。串并转换器采用 74LS164,低电平时允许通过 8mA 电流,无须添加其他驱动电路。TXD 为移位时钟输出,RXD 为移位数据输出,P1.0 作为显示器允许控制输出线。每次串行输出 24 位(3 字节)的段码数据。

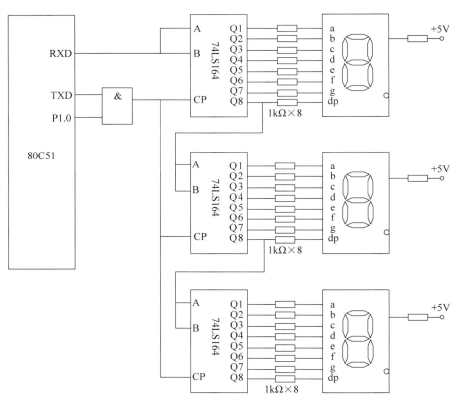

图 10-15　串行输出的静态显示电路

（2）动态显示方式。

　　当显示器位数较多时,可以采用动态显示。所谓动态显示就是一位一位地轮流点亮显示器的各个位(扫描)。对于显示器的每一位而言,每隔一段时间点亮一次。虽然在同一时刻只有显示器的一位在工作(点亮),但由于人眼的视觉暂留效应和发光二极管熄灭时的余晖,我们看到的却是多个字符同时显示。显示器亮度既与点亮时的导通电流有关,也与点亮时间长短和间隔时间有关。调整电流和时间参数,即可实现亮度较高较稳定的显示。

　　若显示器的位数不大于 8 位,则控制显示器公共极电位只需一个 I/O 接口(称为扫描口或字位口),控制 LED 显示器各位所显示的字型也需要一个 8 位接口(称为段数据口或字型口)。图 10-16 为 6 位共阴极显示器与 8155 的接口逻辑图。8155 的端口 PA 作为扫描口(字位口),经反相驱动器 7404 接显示器公共极。端口 PB 作为段数据口(字型口),经同相驱动器 7407 接显示器的各个极。

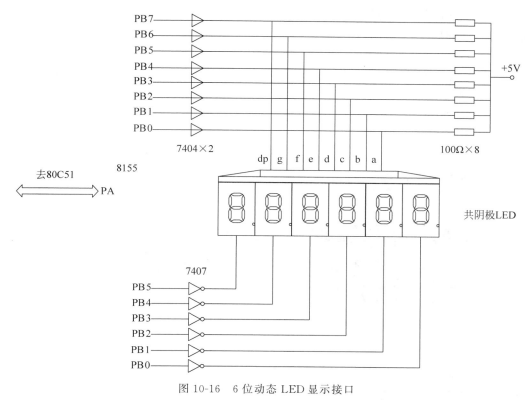

图 10-16　6 位动态 LED 显示接口

　　对应图中的 6 位 LED 显示器,MCS-51 单片机内部 RAM 中设置了 6 个显示缓冲单元 79H~7EH,存放 6 位要显示的字符数据。8155 的端口 PA 扫描输出总是有一位为高电平,以选中相应的字位。端口 PB 输出相应位的显示字符段数据使该位显示出相应字符,其他位为暗。依次改变端口 PA 输出为高电平的位及端口 PB 输出对应的段数据,6 位 LED 显示器就可以显示出缓冲器中字符数据所确定的字符。

　　对于动态显示,计算机通常把显示一遍的处理过程编成子程序,每隔一段时间调用一次。可以在主程序的循环中调用,每循环一次调用一次;也可以放在定时/计数器中断服务程序中,定时/计数器每隔一段时间中断一次,执行一次中断服务程序,相应地也执行一次显示子程序。

　　动态显示要注意两方面的问题:闪烁和亮度。如果每秒显示的次数少,频率低,则显示的信息是闪烁的,这时应该增加显示的频率。如果每个数码管在每秒钟显示的总时间太短,则显示的亮度低,显示信息不清楚,这时应该增加显示的时间,一般通过在每一位显示时加延时,每一位显示时加延时会使显示一遍的时间变长,但可能会影响显示的频率,所以一般都要经过调试,适当地增加延时时间,使显示的亮度足够而又不会造成闪烁。

动态显示所用的 I/O 接口信号线少,线路简单,但软件开销大,需要 CPU 周期性地对它刷新,因此会占用 CPU 大量的时间。一般在市场上买的 4 个或 8 个连接在一起的数码管,都是按动态方式连接的。

10.3.2　LCD 接口及其扩展

液晶显示器简称 LCD 显示器,是单片机应用系统的一种常用的人机接口形式,它是利用液晶经过处理后能改变光线传输方向的特性来实现显示信息的。它具有体积小,重量轻,功耗低的特点,因此在单片机系统得到了广泛的应用。液晶显示器按其功能可分为三类,笔段式液晶显示器、字符点阵式液晶显示器和图形点阵式液晶显示器。前两种可显示数字、字符和符号等,而第三种还可以显示汉字和任意图形。这里仅介绍单片机应用系统中广泛使用的字符点阵式液晶显示模块 LCD1602 的使用方法。

1. LCD1602 模块的外观与引脚

1)外观

字符点阵式液晶显示器,根据显示容量可分为 1×16 字、2×16 字和 2×20 字等形式,如图 10-17 所示。

图 10-17　字符点阵式液晶显示器

2)引脚

LCD1602 为标准的 16 引脚接线:引脚 1(V_{SS}):电源地;引脚 2(V_{DD}):+5V 电源;引脚 3(V_L):液晶显示对比度调整输入端,一般都接地,此时对比度最高;引脚 4(RS):数据/命令寄存器选择端,高电平选择数据寄存器,低电平选择命令寄存器;引脚 5(R/$\overline{W}$):读/写选择端,高电平为读,低电平为写;引脚 6(E):使能端;引脚 7～14:D0～D7 为 8 位双向数据总线;引脚 15:BLA,背光正极,电源 V_{CC};引脚 16:BLK,背光负极,地 GND。

2. LCD1602 模块的组成

LCD1602 模块的组成如图 10-18 所示。

控制器采用 HD44780,驱动器采用 HD44100。HD44780 集控制器、驱动器于一体,专用于字符显示控制驱动的集成电路。HD44100 是作扩展显示字符位的。HD471 是字符型液晶显示控制器的代表电路。HD44780 集成电路的特点如下:

(1)可选择 5×7 或 5×10 点阵字符。

(2)HD44780 不仅可作为控制器,而且还具有驱动 16×40 点阵液晶像素的能力,且 HD44780 的驱动能力可通过外接驱动器扩展 360 列驱动。

HD44780 可控制的字符高达每行 80 字,也就是 $5\times80=400$ 点,HD44780 内藏有 16 路行驱动器和 40 路列驱动器,所以 HD44780 本身就具有驱动 16×40 点阵 LCD 的能力(单行 16 个字符或两行 8 个字符)。如果在外部加一个 HD44100 再扩展 40 路/列驱动,则可驱动

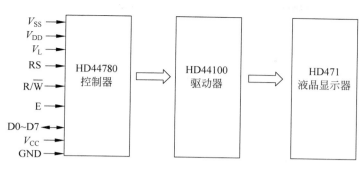

图 10-18 LCD1602 模块的组成

16×2LCD。

（3）HD44780 的显示缓冲区（DDRAM）、字符发生存储器（ROM）及用户自定义的字符发生器（CGRAM）全部藏在芯片内。

（4）HD44780 具有 4 位数据传输和 8 位数据传输方式，可与 4/8 位 CPU 相连。

（5）具有简单并且功能强的指令集。

3．LCD 模块的命令

LCD 模块的控制是通过操作命令来完成的，共有 11 条命令，如表 10-5 所示。

表 10-5 LCD 模块的控制操作命令

	指　　令	RS	R/$\overline{\text{W}}$	D7	D6	D5	D4	D3	D2	D1	D0
1	清屏	0	0	0	0	0	0	0	0	0	1
2	光标归位	0	0	0	0	0	0	0	0	1	*
3	输入模式设置	0	0	0	0	0	0	0	1	I/D	S
4	显示与不显示设置	0	0	0	0	0	0	1	D	C	B
5	光标或屏幕内容移位选择	0	0	0	0	0	1	S/C	R/L	*	*
6	功能设置	0	0	0	0	1	DL	N	F	*	*
7	CGRAM 地址设置	0	0	0	1	CGRAM 地址					
8	DDRAM 地址设置	0	0	1	DDRAM 地址						
9	读忙标志和计数器地址设置	0	1	BF	计数器地址						
10	写 DDRAM 或 CGROM	1	0	要写的数据							
11	读 DDRAM 或 CGROM	1	1	读出的数据							

命令说明如下。

命令 1：清屏。光标回到屏幕左上角，计数器地址设置为 0。

命令 2：光标归位。

命令 3：输入模式设置，用于设置每写入一个数据字节后，光标的移动方向及字符是否移动；I/D 表示光标移动方向，S 表示全部屏幕。若 I/D＝0，S＝0 时，光标左移一格且地址计数器减 1；若 I/D＝1，S＝0，光标右移一格且地址计数器加 1；若 I/D＝0，S＝1，屏幕内容全部右移一格，光标不动；若都等于 1 时，屏幕内容全部左移一格且光标不动。

命令 4：显示与不显示设置。D：显示开与关，为 1 表示开显示，为 0 表示关显示。C：光标的开与关，为 1 表示有光标，为 0 表示无光标。B：光标是否闪烁，为 1 表示闪烁，为 0

表示不闪烁。

命令 5：光标或屏幕内容移位选择。S/C：为 1 时移动屏幕内容，为 0 时移动光标。R/L：为 1 时右移，为 0 时左移。

命令 6：功能设置。DL：为 0 时设为 4 位数据接口，为 1 时设为 8 位数据接口。N：为 0 时单行显示，为 1 时双行显示。F：为 0 时显示 5×7 点阵，为 1 时显示 5×10 点阵。

命令 7：CGRAM 地址设置，地址为 00H～3FH。

命令 8：DDRAM 地址设置，地址为 00H～7FH。

命令 9：读忙标志和计数器地址设置。BF：忙标志，为 1 表示忙，此时模块不能接收命令或者数据，为 0 表示不忙。计数器地址为 00H～7FH。

命令 10：写 DDRAM 或 CGROM。要配合地址设置命令。

命令 11：读 DDRAM 或 CGROM。要配合地址设置命令。

LCD1602 模块应先初始化：清屏、功能显示、显示与不显示功能、输入模式的设置。

4. MCS-51 单片机和 LCD1602 模块的接口示例

单片机与 LCD1602 模块的接口电路如图 10-19 所示，实物仿真图如图 10-20 所示。

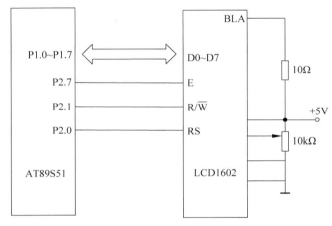

图 10-19　单片机与 LCD 模块的接口电路

若要在第一行显示"WELCOME"，第二行显示"TO YOU"，实现程序如下：

```c
#include <reg51.h>
#define uchar unsigned char
sbit RS = P1^7;
sbit RW = P1^6;
sbit E = P1^5;
void init (void);
void wc51r(uchar i);
void wc51ddr (uchar i);
void fbusy (void);
//主函数
void main()
{
    SP = 0x50;
    init();
    wc51r(0x80);                 //写入显示缓冲区起始地址为第 1 行第 1 列
```

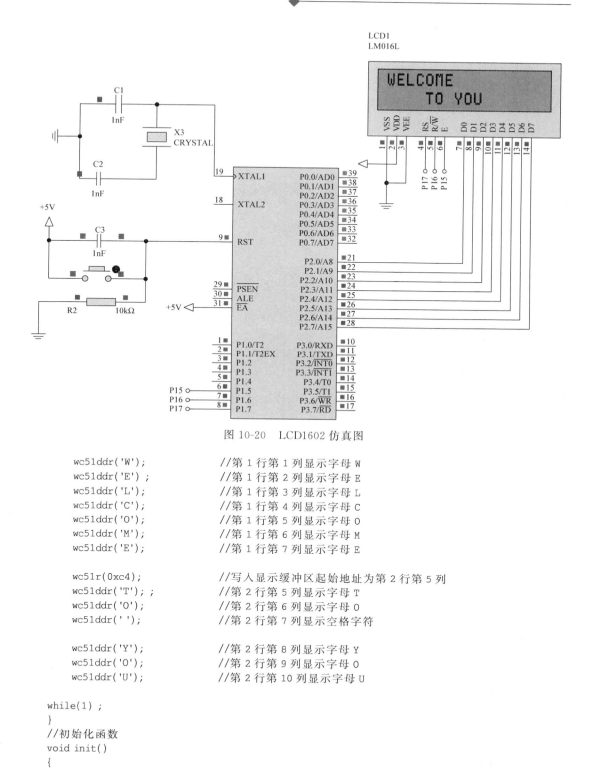

图 10-20　LCD1602 仿真图

```
wc51ddr('W');                    //第 1 行第 1 列显示字母 W
wc51ddr('E') ;                   //第 1 行第 2 列显示字母 E
wc51ddr('L');                    //第 1 行第 3 列显示字母 L
wc51ddr('C');                    //第 1 行第 4 列显示字母 C
wc51ddr('O');                    //第 1 行第 5 列显示字母 O
wc51ddr('M');                    //第 1 行第 6 列显示字母 M
wc51ddr('E');                    //第 1 行第 7 列显示字母 E

wc51r(0xc4);                     //写入显示缓冲区起始地址为第 2 行第 5 列
wc51ddr('T'); ;                  //第 2 行第 5 列显示字母 T
wc51ddr('O');                    //第 2 行第 6 列显示字母 O
wc51ddr(' ');                    //第 2 行第 7 列显示空格字符

wc51ddr('Y');                    //第 2 行第 8 列显示字母 Y
wc51ddr('O');                    //第 2 行第 9 列显示字母 O
wc51ddr('U');                    //第 2 行第 10 列显示字母 U

while(1) ;
}
//初始化函数
void init()
{

wc51r(0x01) ;
```

```
wc51r(0x38);

wc51r(0x0c) ;

wc51r(0x06);

}
void fbusy()
{
    P2 = 0Xff;
    RS = 0; RW = 1;
    E = 0; E = 1;
    while (P2&0x80)
    {
        E = 0; E = 1;
    }
}

void wc51r(uchar j)
{
  fbusy();
  E = 0; RS = 0; RW = 0;
    E = 1;
    P2 = j;
    E = 0;
}
//写数据函数
void wc51ddr(uchar j)
{
    fbusy();
    E = 0; RS = 1; RW = 0;
    E = 1;
    P2 = j;
    E = 0;
}
```

10.4　键盘与 51 单片机接口

　　键盘是单片机应用系统中最常用的输入设备,在单片机应用系统中,操作人员一般都是通过键盘向单片机系统输入指令、地址和数据,实现简单的人机通信。

10.4.1　键盘概述

1. 键盘的基本原理

　　键盘实际上是一组按键开关的集合,平时按键开关总是处于断开状态,当按下键时,它才闭合,向计算机产生脉冲波。按键开关的结构和产生的波形如图 10-21 所示。

　　在图 10-21 中,当按键开关未按下时,开关处于断开状态,向 P1.1 输入高电平,当按键开关按下时,开关处于闭合状态,向 P1.1 输入低电平。因此可通过读入 P1.1 的高低电平

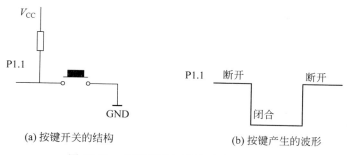

(a) 按键开关的结构　　　　　　　(b) 按键产生的波形

图 10-21　按键开关的结构及产生的波形

状态来判断按键开关是否按下。

2. 抖动的消除

在单片机应用系统中,通常按键开关为机械式开关,由于机械触点的弹性作用,一个按键开关在闭合时往往不会马上稳定地接通,断开时也不会马上断开,因而在闭合和断开的瞬间都会伴随着一串的抖动,波形如图 10-22 所示。按下键位时产生的抖动称为前沿抖动,松开键位时产生的抖动称为后沿抖动。如果对抖动不做处理,会出现按一次键而输入多次的问题。为确保按一次键只确认一次,必须消除按键抖动。消除按键抖动通常有硬件消抖和软件消抖两种方法。

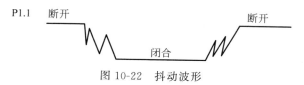

图 10-22　抖动波形

硬件消抖是通过在按键输出电路上添加一定的硬件线路来消除抖动,一般采用 R-S 触发器或单稳态电路,图 10-23 是由两个与非门组成的 R-S 触发器消抖电路。平时,没有按键时,开关倒向下方,上面的与非门输入高电平,下面的与非门输入低电平,输出端输出高电平。当按下按键时,开关倒向上方,上面的与非门输入低电平,下面的与非门输入高电平,由于 R-S 触发器的反馈作用,使输出端迅速变为低电平,而不会产生抖动波形;而当按键松开时,开关回到下方时也一样,输出端迅速回到高电平而不会产生抖动波形。经过 R-S 触发器消抖后,输出端的信号就变为标准的矩形波。

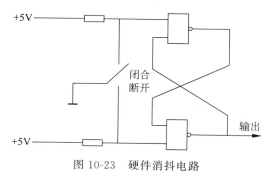

图 10-23　硬件消抖电路

软件消抖是利用延时程序消除抖动。由于抖动时间都比较短,因此可以这样处理:当检测到有键按下时,执行一段延时程序跳过抖动,再去检测,通过两次检测来识别一次按键,这样就可以消除前沿抖动的影响。对于后沿抖动,由于在接收一个键位后,一般都要经过一定时间再去检测有无按键,这样就自然跳过后沿抖动时间而消除后沿抖动了。当然在第二次检测时,有可能发现又没有键按下,这是怎么回事呢? 这种情况一般是线路受到外部电路干扰,使输入端产生干扰脉冲,这时就认为没有键输入。在单片机应用系统中,一般都采用软件消抖。

3. 键盘的分类

一般来说,单片机应用系统的键盘可分为两类: 独立式键盘和行列键盘。

独立式键盘就是各按键相互独立,每个按键各接一根 I/O 接口线,每根 I/O 接口线上的按键都不会影响其他的 I/O 接口线,因此,通过检测各 I/O 接口线的电平状态就可以很容易地判断出哪个按键被按下了。独立式键盘如图 10-24 所示,独立式键盘的电路配置灵活、软件简单。但每个按键要占用一根 I/O 接口线,在按键数量较多时,I/O 接口线浪费很大。故在按键数量不多时,经常采用这种形式。

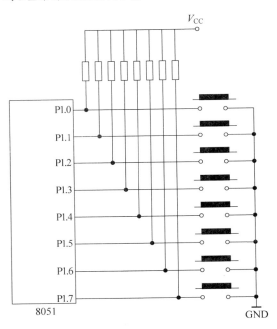

图 10-24　独立式键盘结构

行列键盘往往又叫矩阵键盘。用两组 I/O 接口线排列成行、列结构,一组设定为输入,一组设定为输出,键位设置在行、列线的交点上,按键的一端接行线,一端接列线。例如,图 10-25 是由 4 根行线和 4 根列线组成的 4×4 矩阵键盘,行线为输入,列线为输出,可管理 4×4=16 个键。矩阵键盘占用的 I/O 接口线数目少,图 4×4 矩阵键盘总共用了 8 根 I/O 接口线,比独立式键盘少了一半的 I/O 接口线,而且键位越多,情况越明显。因此,在按键数量较多时,往往采用矩阵键盘。矩阵键盘的处理一般要注意两方面: 键位的编码和键位的识别。

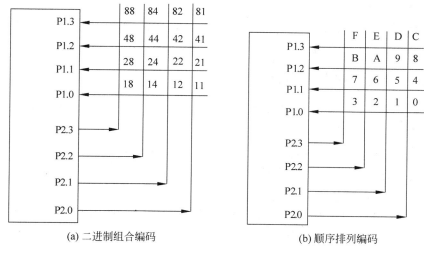

(a) 二进制组合编码　　　　　　　　　(b) 顺序排列编码

图 10-25　矩阵键盘的结构

1）键位的编码

矩阵键盘的编码通常有两种：二进制组合编码和顺序排列编码。

（1）二进制组合编码如图 10-25(a)所示，每一根行线有一个编码，每一根列线也有一个编码，行线的编码从下到上分别为 1、2、4、8，列线的编码从右到左分别为 1、2、4、8，每个键位的编码直接用该键位的行线编码和列线编码组合得到。图 10-25(a)中，4×4 键盘从右到左、从下到上的键位编码分别是十六进制数 11、12、14、18、21、22、24、28、41、42、44、48、81、82、84、88。这种编码过程简单，但得到的编码复杂，不连续，处理起来不方便。

（2）顺序排列编码如图 10-25(b)所示，每一行有一个行首码，每一列有一个列号，4 行的行首码从下到上分别为 0、4、8、12。4 列的列号从右到左分别是 0、1、2、3。每个键位的编码用行首码加列号得到，即：编码＝行首码＋列号。图 10-25(b)中，4×4 键盘从右到左、从下到上的键位编码分别是十六进制数 0、1、2、3、4、5、6、7、8、9、A、B、C、D、E、F。这种编码虽然编码过程复杂，但得到的编码简单、连续，处理起来方便，现在矩阵键盘一般都采用顺序编码的方法。

2）键位的识别

矩阵键盘键位的识别可分为两步：第一步首先检测键盘上是否有键按下，第二步识别哪个键按下。

（1）检测键盘上是否有键按下的处理方法是：将列线送入全扫描字，读入行线的状态来判别。以图 10-25(b)为例，具体过程如下：P2 口低 4 位输出都为低电平，然后读连接行线的 P1 口低 4 位，如果读入的内容都是高电平，说明没有键按下，则不用做下一步；如果读入的内容不全为 1，则说明有键按下，再做第二步，识别是哪个键按下。

（2）识别键盘中哪一个键按下的处理方法是：将列线逐列置成低电平，检查行输入状态，称为逐列扫描。具体过程如下：从 P2.0 开始，依次输出 0，置对应的列线为低电平，其他列为高电平，然后从低 4 位读入行线状态。在扫描某列时，如果读入的行线全为 1，则说明按下的键不在此列；如果读入的行线不全为 1，则按下的键必在此列，而且是该列与 0 电平行线相交的交点上的那个键。

为求取编码,在逐列扫描时,可用计数器记录下当前扫描列的列号,检测到第几行有键按下,就用该行的行首码加列号得到当前按键的编码。

10.4.2　独立式键盘与单片机的接口

独立式键盘每一个键用一根 I/O 接口线管理,电路简单,通常用于键位较少的情况下。对某个键位的识别通过检测对应 I/O 线的高低电平来判断,根据判断结果直接进行相应的处理。在 51 单片机系统中,独立式键盘可直接用 P0～P3 四个并行口中的 I/O 线来连接。连接时,如果用的是 P1～P3 口,因为内部带上拉电阻,则外部可省略上拉电阻;如用的是 P0 口,则须外部带上拉电阻。图 10-26 是 Proteus 中通过 P1 口低 4 位接 4 个独立式按键(BUTTON)的电路图,直接判断 P1 口低 4 位是否为低电平,即可判断相应键是否按下。为了便于测试,在 P2 口低 4 位增加了发光二极管(LED-RED),当按键按下时,相应的发光二极管变亮。

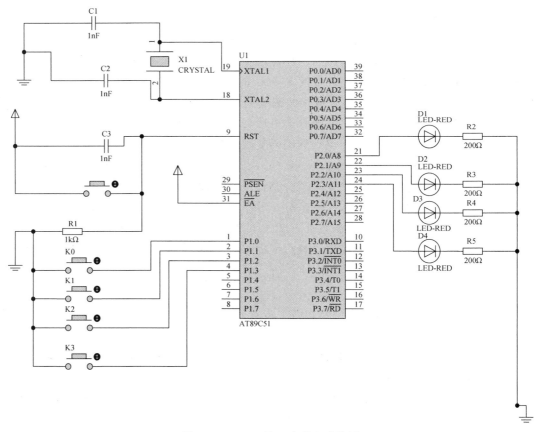

图 10-26　P1 口接 4 个独立式按键

C 语言程序:

```
#include <reg51.h>
#define uchar unsigned char
sbit K0 = P1^0;                      //定义位变量
sbit K1 = P1^1 ;
sbit K2 = P1^2;
sbit K3 = P1^3;
sbit D0 = P2^0;
sbit D1 = P2^1;
sbit D2 = P2^2;
sbit D3 = P2^3;
void delay(uchar k)
{
uchar i, j;
for(i = 0; i < k; i++)
for(j = 0; j < 250; j++) ;
}
void main(void)
{
if (K0 == 0) {delay(10); if (K0 == 0) D0 = 0; }    //K0 按下,进行相应的处理
if (K1 == 0) {delay(10); if (K1 == 0) D1 = 0; }    //K1 按下,进行相应的处理
if (K2 == 0) {delay(10); if (K2 == 0) D2 = 0; }    //K2 按下,进行相应的处理
if (K3 == 0) {delay(10); if (K3 == 0) D3 = 0; }    //K3 按下,进行相应的处理
}
```

10.4.3 矩阵键盘与单片机的接口

矩阵键盘的连接方法有多种,可直接连接于单片机的 I/O 接口线,可利用扩展的并行 I/O 接口连接,也可利用可编程的键盘、显示接口芯片(如 8279)进行连接。其中,利用扩展的并行 I/O 接口连接方便灵活,在单片机应用系统中比较常用。

图 10-27 是 Proteus 中通过 8255A 芯片扩展并行口连接 2×8 的矩阵键盘的电路图。8255A 的 PA 口接 8 根列线,PC 口低 2 位接行线,PA 口为输出,PC 口低 2 位为输入。

在图 10-27 中,为了便于测试键盘是否正确,还添加了 8 个共阴极数码管,通过数码管显示按下的键,按下的键在 8 个数码管的最右边显示,而原来的内容依次左移。根据图 10-27 中 8255A 与 MCS-51 单片机的连接,8255A 的 A 口、B 口、C 口和控制口的地址可分别取为 7F00H、7F01H、7F02H 和 7F03H(高 8 位地址线未用的取 1,低 8 位地址线未用的取 0)。

该矩阵键盘的处理过程如下:首先,通过 8255A 的 PA 口送全扫描字 00H,使所有的列为低电平,读入 PC 口低 2 位,判断是否有键按下;其次,如果有键按下,通过 PA 口依次送列扫描字,将列线逐列置成低电平。读入 PC 口行线状态,判断按下的键是在哪一列的哪一行上面,然后通过行首码加列号得到之前按键的编码。该矩阵键盘的扫描子程序流程如图 10-28 所示。

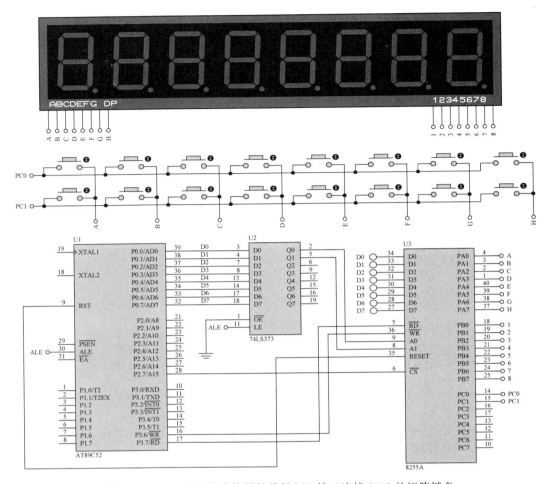

图 10-27　8255A 芯片出扩展的并行 I/O 接口连接 2×8 的矩阵键盘

8255A 在主程序中初始化。设定为 A 口方式 0 输出,B 口方式 0 输出,C 口的低 4 位方式 0 输入。C 语言键盘扫描子程序如下:

```c
# include <reg51.h>
# include <absacc.h>                    //定义绝对地址访问
# define uchar unsigned char
# define uint unsigned int
void delay(uint);                       //声明延时函数
void display(void);                     //声明显示函数
uchar checkkey();
uchar keyscan (void);
uchar disbuffer[8] = {0,1,2,3,4,5,6,7}; //定义显示缓冲区
void main(void)
{
uchar key;
XBYTE[0x7f03] = 0x81;                   //8255A初始化
while(1)
{
```

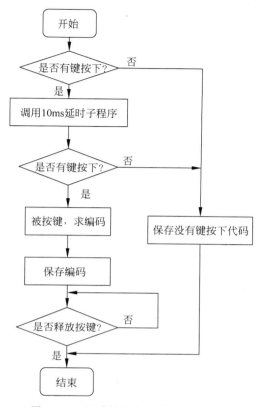

图 10-28　矩阵键盘扫描子程序的流程

```
key = keyscan();
if(key != 0xff)
{
disbuffer[0] = disbuffer[1];
disbuffer[1] = disbuffer[2];
disbuffer[2] = disbuffer[3];
disbuffer[3] = disbuffer[4];
disbuffer[4] = disbuffer[5];
disbuffer[5] = disbuffer[6] ;
disbuffer[6] = disbuffer[7];
disbuffer[7] = key;
}
display();                              //设显示函数
}
}
// ************* 延时函数 *************
void delay(uint i)                      //延时函数
{
uint j;
for(j = 0; j < i; j++) {}
}
// ********** 显示函数
void display (void)                     //定义显示函数
```

```
{
uchare codevalue[161 = (0x3f,0x06, 0x5b, 0x4f, 0x66, 0x6d, 0x7d, 0x7f,0x6f, 0x77,0x7c, 0x39,
                        0x5e, 0x79,0x71};        //0～F 的字段码
uchar chocode [8] = (0xfe, 0xfd, 0xfb, 0xf7, 0xef, 0xdf , 0xbf, 0x7f};        //位选码表
uchar i, P, temp;
for (i = 0; i < 8; i++)
{
XBYTE[0x7f01] = 0xff;
P = disbuffer[i] ;                      //取当前显示的字符
temp = codevalue[p] ;                   //查得显示字符的字段码
XBYTE[0x7f00] = temp;                   //送出字段码
temp = chocode[i] ;                     //取当前的位选码
XBYTE[0x7f01] = temp;                   //送出位选码
delay(20) ;                            //延时 1ms
}
}
 ****** 检测有无键按下的函数 *******
uchar checkkey()                        //检测有无键按下函数,有返回 0,无返回 0xff
{
uchar i;
XBYTE [0x7f00] = 0x00;
i = XBYTE[0x7f02];
i = i&0x0f;
if (i == 0x0f) return (0xff);
else return(0) ;
}
// ********** 键盘扫描函数 *********
uchar keyscan()
//键盘扫描函数,如果有键按下,则返回该键的编码;如果无键按下,则返回 0xff
{
uchar scancode;                         //定义列扫描码变量
uchar codevalue;                        //定义返回的编码变量
uchar m;                                //定义行首编码变量
uchar k;                                //定义行检测码
uchar i, j;
if (checkkey() == 0xff) return(0xff);   //检测有无键按下,无则返回 0xff
Else
{
delay(20) ;                             //延时
if (checkkey() == 0xff) return(0xff);   //检测有无键按下,无则返回 0xff
Else
{
scancode = 0xfe;                        //列扫描码,行首码赋初值
for (i = 0; i < 8; i++)
{
K = 0x01;
XBYTE [0x7f00 ] = scancode ;            //送列扫描码到 0x7f00 地址
m = 0x00;
for (j = 0; j < 2; j++)
{
if (XBYTE[0x7f02]&k) == 0)              //检测当前行是否有键按下
```

```
{
codevalue = m + i;                    //按下,求编码
while (checkkey() != 0xff);           //等待键位释放
}
else
(k << 1;m = m + 8;)                   //行检测码左移一位,计算下一行的行首编码
}
Scancode = scancode << l;            //列扫描码左移一位,扫描下一列
}
}
return (codevalue);                   //返回编码
}
}
```

10.5　本章小结

　　虽然单片机芯片内部集成了计算机的基本功能部件,但对于一些应用系统,往往还需要扩展一些外围芯片,以增加单片机的硬件资源。单片机的地址总线为 16 位,所以,外扩片外 ROM 的最大容量为 64KB,外扩片外 RAM 的最大容量也为 64KB。液晶显示模块 LCD1602 由控制器 HD44780、驱动器 HD44100 和液晶板组成,优点是体积小、重量轻、功耗低。广泛使用的点阵字符式 HD44780 由显示缓冲区(DDRAM)、字符发生存储器(CGOM) 和自定义字符发生存储器(CGRAM)组成。8279 是英特尔公司为 8 位微处理器设计的通用键盘/显示器接口芯片,接收来自键盘的输入数据并做预处理,用于数据显示的管理和数据显示器的控制。单片机采用 8279 管理键盘和显示器,软件编程变得简单,减少了主机负担,且显示稳定。

习题

　　1. 以 80C31 为主机,用 2 片 27C256 扩展 64KB EPROM,试画出接口电路。

　　2. 以 80C31 为主机,用 1 片 27C512 扩展 64KB EPROM,试画出接口电路。

　　3. 以 80C31 为主机,用 1 片 27C256 扩展 32KB RAM,同时要扩展 8KB 的 RAM,试画出接口电路。

　　4. 当单片机应用系统中数据存储器 RAM 地址和 EPROM 地址重叠时,它们的内容会不会冲突?

　　5. 简述 LCD1602 模块的基本组成。

　　6. 利用 LCD1602 显示信息时,若要在第 2 行第 8 列显示"GJCBS",地址命令字节应为何值?

　　7. 何为键盘抖动?键盘抖动对键位识别有什么影响?怎样消除键盘抖动?

　　8. 简述 LED 数码管显示的编码方式,简述 LED 动态显示过程。

9. 用 8255A 扩展并行 I/O,实现把 8 个开关的状态通过 8 个二极管显示出来,用 C 语言编写相应的程序。

10. 用 C 语言编写出定时扫描方式下矩阵键盘的处理方式,试编写 4×4 的键盘扫描程序。

第11章

MCS-51的串行总线扩展

近年来,由于半导体芯片技术发展迅速,单片机应用系统很多都采用串行外设接口。采用串行外设接口时连接线根数比较少,可以使得系统的硬件设计简化、体积减小、可靠性提高。另外,系统可以很容易进行扩充。单片机应用系统中常用的串行扩展总线是 I^2C 总线 (Inter IC BUS)和 SPI 总线(Serial Peripheral Interface)。I^2C 总线是通过软件寻址来选通扩展器件,与 I^2C 总线不同,SPI 则是通过并行口线来选通扩展器件。

11.1 I^2C 总线接口及其扩展

标准型 MCS-51 单片机没有配置 I^2C 总线接口,不过可以利用其并行口线模拟 I^2C 总线接口时序,这样可以广泛地利用 I^2C 总线串行接口芯片资源。

11.1.1 I^2C 总线基础

1. I^2C 总线的架构

I^2C 总线是 Philips 公司推出的一种串行总线,可以用于连接微控制器及其外设。目前很多接口器件采用 I^2C 总线接口,如 LED 驱动器 T24C 系列、E^2PROM 器件等。

I^2C 总线共有两根双向信号线。一根是时钟线 SCL,另一根是数据线 SDA。各器件的时钟线均接到 SCL 线上,所有连接到 I^2C 总线上的器件的数据线都接在 SDA 线上。I^2C 总线的基本结构如图 11-1 所示。

2. I^2C 总线的特点

因为采用的是 2 线制,器件引脚较少,器件间连接简单,电路板体积减小,可靠性提高;标准模式的传输速率为 100kb/s,快速模式的为 400kb/s,高速模式的为 3.4Mb/s,传输速率高;支持主/从和多主两种工作方式:多主方式时,要求单片机配备 I^2C 总线接口。标准型 MCS-51 单片机没有 I^2C 总线接口,只能工作于单主方式(扩展外围从器件),这里仅对这种

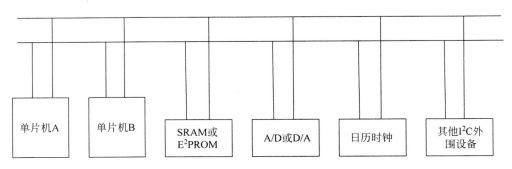

图 11-1 I²C 总线的基本结构

方式进行介绍,并将 MCS-51 单片机称为主机,扩展的接口器件称为从器件。

3. I²C 总线的数据传输

在 I²C 总线上,每一位数据位的传输都与时钟脉冲相对应。逻辑"0"与逻辑"1"信号的电平取决于相对应的电源电压 V_{CC}。I²C 总线可以适合于不同的半导体制造工艺,如 CMOS、NMOS 等各种类型的电路。数据传输时,在 SCL 为低电平期间,SDA 上的电平状态才允许变化;在 SCL 为高电平期间,SDA 上的数据必须保持稳定。数据传输时序如图 11-2 所示。

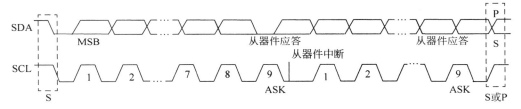

图 11-2 数据传输时序

1) 起始与终止信号

I²C 总线规定,在 SCL 线为高电平期间,SDA 线由低电平向高电平的变化表示终止信号;在 SCL 线为高电平期间,SDA 线由高电平向低电平的变化表示起始信号。起始和终止信号如图 11-3 所示。

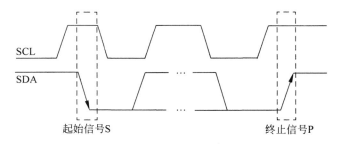

图 11-3 起始和终止信号

起始信号和终止信号都由主机发出。在起始信号发出后,总线就会处于被占用的状态;在终止信号发出后,总线就会处于空闲状态。从器件中检测起始和终止信号。从器件中收到一个数据字节后,若可以马上接收下一字节,则需要发出应答信号。如果无法立刻接收下一个字节,可以将 SCL 线拉成低电平,使主机处于等待状态,直到准备好接收下一个字节时,再释放 SCL 线使之成为高电平。

2）字节传送与应答

数据传输是没有字节数限制的。不过每个字节必须达到 8 位长度。先传输最高位（MSB）,每个被传输的字节后面都要跟着应答位（即一帧共有 9 位）,应答时序如图 11-4所示。

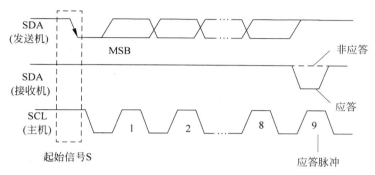

图 11-4　应答时序

如果从器件进行了应答,但是在数据传输一段时间后无法继续接收更多的数据,从器件就能够通过对无法接收的第一个数据字节的"非应答"通知主机,主机则应该发出终止信号以结束数据的继续传输。当主机接收到数据时,它收到最后一个数据字节后,必须向从器件发出一个结束传输的"非应答"信号,然后从器件就会释放 SDA 线,从而允许主机产生终止信号。

3）寻址字节

在主机发出起始信号后还要再传输 1 个寻址字节：7 位从器件地址,1 位传输方向控制位（用 0 表示主机发送数据,1 表示主机接收数据）,如下所示。

位： D7	D6	D5	D4	D3	D2	D1	D0
从器件地址				R/$\overline{\text{W}}$			

D7～D1 位组成从器件的地址。D0 位是数据的传送方向位。当主机发送地址时,总线上的每个从器件都将这 7 位地址码与自己的地址进行比较,若相同,则认为自己正在被主机寻址。从器件地址是由可编程和固定部分两部分组成的。AT24C 系列器件地址表如表 11-1所示。

由表 11-1 可见,AT24C02 器件地址的固定部分为 1010,器件引脚 A2、A1 与 A0 的不同连接可以选择 8 个相同的器件,片内 256 字节则可以由单字节寻址,页面写字节数为 8。

表 11-1　AT24C 系列器件地址表

器件型号	字节容量/B	寻 址 字 节						内部地址字节数/B	页面写字节数/B	最多可挂器件数/个
		固定标识		片选			R/$\overline{W}$			
AT24C01A	128			A2	A1	A0	1/0		8	8
AT24C02	256			A2	A1	A0	1/0		8	8
AT24C04	512			A2	A1	P0	1/0	1	16	4
AT24C08A	1K			A2	P1	P0	1/0		16	2
AT24C16A	2K	1　0　1　0		P2	P1	P0	1/0		16	1
AT24C32A	4K			A2	A1	A0	1/0		32	8
AT24C64A	8K			A2	A1	A0	1/0		32	8
AT24C128B	16K			A2	A1	A0	1/0	2	64	8
AT24C256B	32K			A2	A1	A0	1/0		64	8
AT24C512B	64K			A2	A1	A0	1/0		128	8

11.1.2　MCS-51 的 I^2C 总线时序模拟

对于没有配置 I^2C 总线接口的单片机,如 AT89S51 等,可利用通用并行 I/O 口线模拟 I^2C 总线接口的时序。

1. I^2C 总线典型信号

I^2C 总线的数据传输有着严格的时序要求。I^2C 总线的起始信号、终止信号、发送应答 0 和发送非应答 1 的时序如图 11-5 所示。

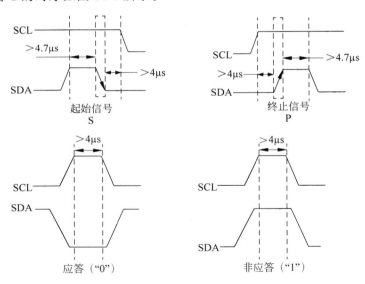

图 11-5　I^2C 总线典型信号的时序

2. I^2C 总线典型信号模拟程序

设主机采用 MCS-51 单片机,晶振频率为 6MHz,即机器周期为 2μs,则几个典型信号的模拟子程序如下:

1）起始信号

```
Void Start_I2C()
{
    SDA = 1;          //将 SDA 置 1
    SCL = 1;          //将 SCL 置 1
    _nop_();          //延时
    _nop_();
    SDA = 0;          //将 SDA 置 0
    _nop_();          //延时
    _nop_();
    SCL = 0;          //将 SCL 置 0
}
```

2）终止信号

```
Void Stop_I2C()
{
    SDA = 0;          //将 SDA 置 0
    SCL = 1;          //将 SCL 置 1
    _nop_();
    _nop_();
    SDA = 1;          //将 SDA 置 1
    _nop_();
    _nop_();
    SDA = 0;          //将 SDA 置 0
    SCL = 0;          //将 SCL 置 0
}
```

3）发送应答 0

```
void slave_0(void)
{
    SDA = 0;
    SCL = 1;
    _nop_();
    _nop_();
    SCL = 0;
    SDA = 1;
}
```

4）发送非应答 1

```
void slave_1(void)
{
    SDA = 1;
    SCL = 1;
    _nop_();
    _nop_();
    SCL = 0;
    SDA = 0;
}
```

注：使用这些子程序时，在主程序中应设置如下语句。

```
sbit SDA = P1^7;        //定义时钟线
sbit SCL = P1^6;        //定义数据线
```

11.1.3　MCS-51 与 AT24C02 的接口

串行 E^2PROM 的优点是功耗低、体积小、占用 I/O 口线少，性能价格较高。典型产品如 Atmel 公司的 AT24C02，其引脚定义及与 MCS-51 系列单片机的连接如图 11-6 所示。

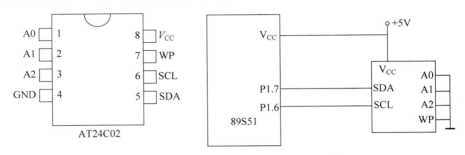

图 11-6　AT24C02 的引脚及与单片机的接口

AT24C02 内含 256B(2Kb)，擦写次数大于 1 万次，写入时间小于 10ms。图 11-6 中仅扩展了一个器件，所以将 A0、A1、A2 这 3 条地址线接地。WP 为写保护控制端，接地时才允许写入。SDA 是数据输入输出线。SCL 为串行时钟线。

1. 写操作过程

对 AT24C02 进行写入操作时，单片机在发出起始信号之后再发送的是控制字节，然后释放 SDA 线并在 SCL 线上产生第 9 个时钟信号。被选中的存储器器件在确认是自己的地址后，会在 SDA 线上产生一个应答信号，单片机收到应答后就可以传送数据了。

传送数据时，单片机首先发送一个字节的预写入存储单元的首地址，收到正确的应答后，单片机就会逐个发送各数据字节，但是每发送一个字节后都要等待应答。单片机发出终止信号 P 后，会启动 AT24C02 的内部写周期，完成数据写入工作（约 10ms 内结束）。

AT24C02 片内地址指针在接收到每一个数据字节后都会自动加 1，在芯片的一次装载字节数、页面字节数限度内，只需输入首地址。装载字节数超过芯片的一次装载字节数时，数据地址将上卷，前面的数据将被覆盖。当要写入的数据传送完后，单片机应发出终止信号，从而结束写入操作。写入 N 字节的数据格式如图 11-7 所示。

图 11-7　写入 N 字节的数据格式

2. 读操作过程

对 AT24C02 进行读出操作时，单片机也要发送该器件的控制字节（伪写），发送完后释放 SDA 线并在 SCL 线上产生第 9 个时钟信号，被选中的存储器在确认是自己的地址后，在 SDA 线上会产生一个应答信号作为响应。

然后，单片机再发送一个字节的读出器件的存储区的首地址，收到器件的应答后，单片机要重复一次起始信号并发出器件地址和读方向位 1,收到器件应答后就可以读出数据字节,每读出 1 字节,单片机都要回复应答信号。当最后 1 字节数据读完后,单片机就返回"非应答"(高电平),并发出终止信号 P 以结束读出操作。

读取 N 字节的数据格式如图 11-8 所示。

S	伪写控制字节	A	读出首地址	A	S	读控制字节	A	Data 1	A	…	Data N	$\overline{A}$	P

图 11-8 读取 N 字节的数据格式

3. 基本操作子程序

1) 应答位检查 0

```
void check_ASK(void)
{
    SDA = 1;
    SCL = 1;
    ack = 0;
    if(SDA == 0) ack = 1;
    SCL = 0;
}
```

2) 发送 1 字节

```
void WByte(uchar c)
{
    uchar BitCnt;
    for(BitCnt = 0 ;BitCnt < 8; Bitcnt++)       //循环传送 8 位
    {
    If((c << BitCnt)&0x80) SDA = 1;             //取当前发送位
    else SDA = 0;
    _nop_();
    SCL = 1;                                     //发送到数据线上
    _nop_();;_nop_();_nop_();_nop_();_nop_();
    SCL = 0;
    }

}
```

3) 从 E^2PROM 读取 1 字节

```
uchar RByte()
{
    uchar retc;
    uchar BitCnt;
    retc = 0;
    SDA = 1;                                     //置数据线为输入方式
    for(BitCnt = 0 ;BitCnt < 8; Bitcnt++)
    {
    _nop_();
    SCL = 0;                                     //置时钟线为低电平,准备接收数据
    _nop_();;_nop_();_nop_();_nop_();_nop_();
```

```
            SCL = 1;
            _nop_();_nop_();
            retc = retc << 1;
            If(SDA == 1) retc = retc + 1;                    //接收当前数据位,接收内容放在 retc 中
            _nop_(); _nop();
        }
        SCL = 0;
        _nop_();
        _nop_();
        return(retc);
    }
```

4) 向 E^2PROM 发送 N 字节

```
bit WNByte(uchar sla,uchar suba,uchar * s,uchar no)
{
    uchar i;
    Start_I2C();
    WByte(sla);
    Check_ACK();
    if(!ack) return 0;
    WByte(suba);
    check_ACK();
    if(!ack) return 0;
    for(i = 0;i < no;i++)
    {
        WByte( * s);
        checkACK();
        if(!ack) return 0;
        s++;
    }
    Stop_I2C();
    return 1;
}
```

5) 从 E^2PROM 读取 N 字节

```
bit RNByte (uchar sla, uchar suba, uchar * s, uchar no)
{
    uchar i;
    Start_ I2C() ;                          //发送开始信号,启动 I²C 总线
    WByte(sla) ;                            //发送器件地址码
    check ACK() ;
    if(!ack) return(0);                     //无应答,返回 0
    WByte (suba) ;                          //有应答,发送器件单元地址
    check ACK() ;
    if(!ack) return(0) ;                    //无应答,返回 0
    Start_I2C() ;                           //有应答,重新送开始信号,启动 I²C 总线
    WByte (sla + 1) ;                       //发送器件地址码
    check_ACK() ;
    if(!ack) return(0) ;                    //无应答,返回 0
```

```
    for(i = 0; i < no - 1; i++)                    //连续读入字节数据
    {
        * s = RByte();                             //读当前字节送入的位置
        slave_0();                                 //送应答信号 0
        s++;
    }
    * s = RByte();
    slave_1();                                     //送非应答信号 1
    Stop_I2C();                                     //正常结束,返回 1
    return (1);
}
```

4. 应用程序示例

【例 11-1】 接口电路如图 11-6 所示。编程实现向 AT24C02 的 50H ～57H 单元写入
00H、11H、22H、33H、44H、55H、66H、77H 共 8 个数据。由题意及电路图可知,SLAW =
A0H。AT24C02 接收数据区首地址 50H 及 8 个数据先放在单片机内部 RAM 的 30H～
38H 单元。程序如下:

```
# include < reg51. h >

void main()
{
    unsigned char i, j, k;
    k = 00H;
    P1 = 0X50H;
    j = P1;
    for(i = 0; i < 8; i++, k + 11H)
    {
        j + i = k;
        j++;
    }

    return 0;
}
```

【例 11-2】 接口电路如图 11-6 所示。编程实现从 AT24C02 的 50H～57H 单元读出
8 字节数据,并将它们存放在单片机内部 RAM 的 40H～47H 单元。

由题意可知,SLAW = A0H,SLAR = A1H,AT24C02 读数据区首地址 50H。程序
如下:

```
# include < reg51. h >

void main()
{
    unsigned char i, j;
    P1 = 0X50H;
    P2 = 0X40H;
    for(i = 0; i < 8; i++)
    {
        j = * P1;
```

```
            * P2 = j;
            P1++;
            P2++;
        }

        return 0;
}
```

11.2　SPI 总线接口及其扩展

SPI 总线是一种同步串行外设接口技术,由摩托罗拉公司最先提出。SPI 总线允许 MCU(称为主设备、主机或主器件)与外围设备(称为从设备、从机或从器件)以串行方式进行通信和数据交换。SPI 总线支持的外围设备包括如串行 E^2PROM、串行 A/D 或 D/A 转换器、串行日历/时钟、串行 UART 控制器和串行 LED 显示驱动器等。

11.2.1　单片机扩展 SPI 总线的系统结构

对于 MCS-51 单片机,通常采用主 MCU+多个从器件的主从模式,如图 11-9 所示。

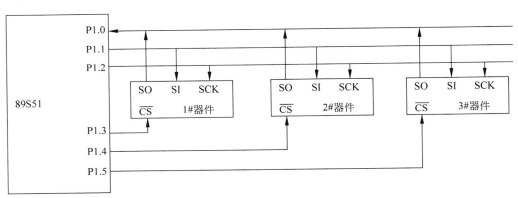

图 11-9　单片机扩展 SPI 总线从器件的系统结构

实际的 SPI 总线器件种类繁复,时序也有可能不同,但通常都配有 4 个 SPI 总线引脚,如下:
SCK: 时钟端。
SI (或 MOSI):从器件串行数据输入端。
SO(或 MISO):从器件串行数据输出端。
$\overline{CS}$(或 SS):从器件片选端。

11.2.2　单片机 SPI 总线的时序模拟

SPI 总线传输的数据为 8 位。单片机发出从器件片选信号,并产生移位脉冲。传输时低位在后,高位在前,如图 11-10 所示。
单片机写(从器件输入)操作时,在 $\overline{CS}$ 有效的情况下,SCK 在下降沿时单片机将数据放在 MOSI 线上,从器件经过延时后采样 MOSI 线,并将相应的数据位移入,在 SCK 的上升

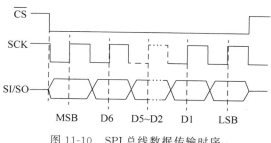

图 11-10 SPI 总线数据传输时序

沿数据被锁存。

单片机读(从器件输出)操作时,在 $\overline{CS}$ 有效的情况下,SCK 在下降沿时从器件将数据放在 MISO 线上,单片机经过延时采样 MISO 线,并将相应数据位读入,然后将 SCK 置为高电平形成上升沿,数据就被锁存。

11.3 串行时钟日历芯片 DS1302 及其接口

达拉斯半导体公司推出的涓流充电时钟芯片 DS1302,含有实时时钟/日历和 31 字节静态 RAM,与单片机之间采用 3 线同步串行方式进行通信,广泛用于各种便携式仪器以及电池供电的仪器仪表等产品领域。

11.3.1 DS1302 的性能与引脚

1. 主要性能

DS1302 具有计算 2100 年之前的秒、分、时、日、星期、月和年的能力,能够进行闰年调整;拥有 31 字节数据 RAM;引脚与 TTL 兼容;工作电流小于 300nA,有涓流充电和备份电源的能力。

2. 引脚定义

DS1302 的引脚如图 11-11 所示。其中:

X1、X2:晶振接入引脚。晶振频率为 32.768kHz。

$\overline{RST}$:复位引脚。高电平启动输入输出,低电平结束输入输出。

I/O:数据输入输出引脚。

SCLK:串行时钟输入引脚。

GND:接地引脚。

V_{CC1}、V_{CC2}:工作电源、备份电源引脚。

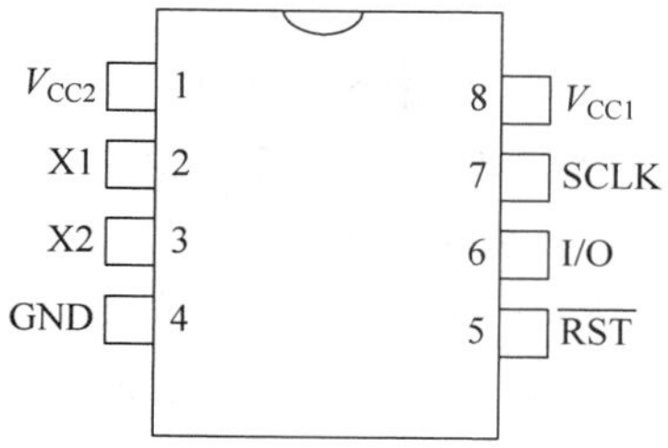

图 11-11 DS1302 引脚图

11.3.2 DS1302 的操作

1. 命令字节格式

对 DS1302 的各种操作由命令字节实现。命令字节的格式如表 11-2 所示。

表 11-2　DS1302 的命令字节

D7	D6	D5	D4	D3	D2	D1	D0
1	R/$\overline{\text{C}}$	A4	A3	A2	A1	A0	R/$\overline{\text{W}}$

D7 位：固定为 1。R/$\overline{\text{C}}$ 位：为 0 时选择操作时钟数据，为 1 时选择操作 RAM 数据。A4、A3、A2、A1、A0：操作地址。R/$\overline{\text{W}}$ 位：为 0 时进行写操作，为 1 时进行读操作。

2. 单字节操作

1）写操作

每次写 1 字节数据的操作时序如图 11-12 所示。数据在 SCLK 上升沿写入 DS1302。

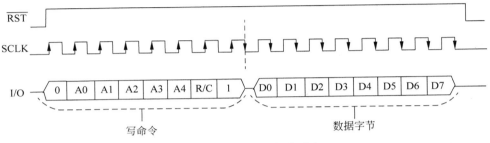

图 11-12　单字节写操作时序

2）读操作

每次读 1 字节数据的操作时序如图 11-13 所示。

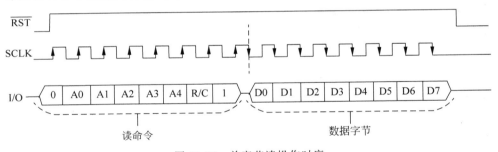

图 11-13　单字节读操作时序

跟随读命令字节之后，数据字节将在 8 个 SCLK 的下降沿由 DS1302 送出。第一个数据位会在命令字节后的第一个下降沿时产生，数据传送从 D0 开始。

3. 多字节操作

每次写入或读出 8 字节时钟日历数据或 31 字节 RAM 数据的操作称为多字节操作（或称突发模式）。多字节操作的操作命令与单字节操作相似，只是将"A0～A4"换成"11111"。

11.3.3　DS1302 的寄存器及 RAM

1. 日历时钟相关寄存器

DS1302 有 7 个与日历时钟相关的寄存器，数据以 BCD 码格式存放，如表 11-3 所示。

表 11-3 DS1302 日历时钟寄存器

寄存器名	命令字节		范 围	位 内 容							
	读	写		D7	D6	D5	D4	D3	D2	D1	D0
秒	80H	81H	00～59	CH	秒的十位			秒的个位			
分	82H	83H	00～59	0	分的十位			分的个位			
时	84H	85H	01～12 或 00～23	12/24	0	A/P	HR	时的个位			
日	86H	87H	01～31	0	0	日的十位		日的个位			
月	88H	89H	01～12	0	0	0	0/1	月的个位			
星期	8AH	8BH	01～07	0	0	0	0	0	星期几		
年	8CH	8DH	00～99	年的十位				年的个位			

注：① 秒寄存器的 CH 位：为 1 时，时钟停振，进入低功耗态；为 0 时，时钟工作。

② 小时寄存器的 D7 位：为 1 时，12 小时制（此时 D5 为 1 表示上午，为 0 表示下午）；为 0 时，24 小时制（此时 D5、D4 组成小时的十位）。

2. 其他寄存器及 RAM

其他寄存器及 RAM 如表 11-4 所示。

表 11-4 其他寄存器及 RAM

寄存器名	命令字节		范 围	位 内 容							
	读	写		D7	D6	D5	D4	D3	D2	D1	D0
写保护	8EH	8FH	00H～80H	WP	0						
涓流充电	90H	91H	—		TCS				DS		RS
时钟突变	BEH	BFH	—	—							
RAM 突变	FEH	FFH	—	—							
RAM0	C0H	C1H	00H～FFH	RAM 数据							
...	...	...	00H～FFH								
RAM30	FCH	FDH	00H～FFH								

11.3.4 DS1302 与单片机的接口

DS1302 与单片机的接口电路如图 11-14 所示。

```
# include < reg52.h >
# define uchar unsigned char
uchar data chuzhi[3];
uchar data dis1[6];
uchar code table[] = {0x3f,0x06,0x5b,0x4f,0x66,0x6d,0x7d,0x07,0x7f,0x6f};//0～9 的字形码
                                                                        //(共阴)
/ * DS1302 地址定义 * /
# define WRITE_SECOND 0x80
# define WRITE_MINUTE 0x82
# define WRITE_HOUR 0x84
# define READ_SECOND 0x81
# define READ_MINUTE 0x83
```

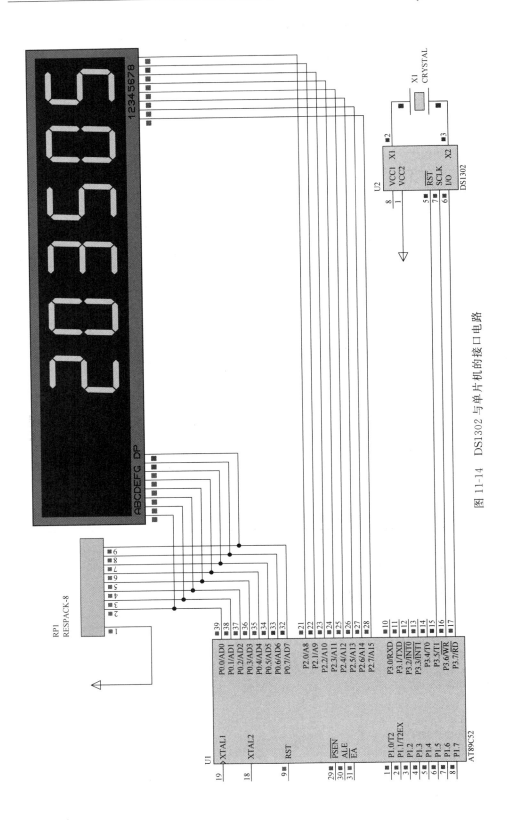

图 11-14 DS1302 与单片机的接口电路

```c
#define READ_HOUR 0x85
#define WRITE_PROTECT 0x8E
/* 位寻址寄存器定义 */
sbit ACC_7 = ACC^7;                   //引脚定义
sbit CE = P3^5;                       // DS1302 片选 5 脚
sbit SCLK = P3^6;                     // DS1302 时钟信号 7 脚
sbit DIO = P3^7;                      // DS1302 数据信号 6 脚
/* 地址、数据发送子程序 */
void Write1302(unsigned char addr,dat)
{
    unsigned char i,temp;
    CE = 0;                           //CE 引脚为低,数据传送中止
    SCLK = 0;                         //清零时钟总线
    CE = 1;                           //CE 引脚为高,逻辑控制有效
    /* 发送地址 */
    for ( i = 8; i > 0; i-- )         //循环 8 次移位
    {
        SCLK = 0;
        temp = addr;
        DIO = (bit)(temp&0x01);       //每次传输低字节
        addr >>= 1;                   //右移一位
        SCLK = 1;
    }
    /* 发送数据 */
    for ( i = 8; i > 0; i-- )
{
        SCLK = 0;
        temp = dat;
        DIO = (bit)(temp&0x01);
        dat >>= 1;
        SCLK = 1;
    }
    CE = 0;
}
/* 数据读取子程序 */
unsigned char Read1302 (unsigned char addr)
{
    unsigned char i,temp,dat1,dat2;
    CE = 0;
    SCLK = 0;
    CE = 1;
/* 发送地址 */
for ( i = 8; i > 0; i-- )             //循环 8 次移位
{
    SCLK = 0;
    temp = addr;
    DIO = (bit)(temp&0x01);           //每次传输低字节
    addr >>= 1;                       //右移一位
    SCLK = 1;
}
```

```
/* 读取数据 */
for ( i = 8; i > 0; i-- )
{
    ACC_7 = DIO;
    SCLK = 1;
    ACC >> = 1;
    SCLK = 0;
}
    SCLK = 1;
    CE = 0;
    dat1 = ACC;
    dat2 = dat1/16;                      //数据进制转换
    dat1 = dat1 % 16;                    //十六进制转十进制
    dat1 = dat1 + dat2 * 10;
    return (dat1);
}
/* 初始化 DS1302 */
void ds1302_init(void)
{
    Write1302 (WRITE_PROTECT, 0X00);     //禁止写保护
    Write1302 (WRITE_SECOND, 0x00);      //秒位初始化
    Write1302 (WRITE_MINUTE, 0x35);      //分钟初始化
    Write1302 (WRITE_HOUR, 0x20);        //小时初始化
    Write1302 (WRITE_PROTECT, 0x80);     //允许写保护
}
void delay( int y)
{
    int x, z;
    for(x = 0; x < y; x++)
    for(z = 0; z <= 40; z++);
}
void time()
{
    uchar sel, i, tmp;
    chuzhi[2] = Read1302(READ_HOUR);
    chuzhi[1] = Read1302(READ_MINUTE);
    chuzhi[0] = Read1302(READ_SECOND);
    dis1[5] = chuzhi[2]/10;
    dis1[4] = chuzhi[2] % 10;
    dis1[3] = chuzhi[1]/10;
    dis1[2] = chuzhi[1] % 10;
    dis1[1] = chuzhi[0]/10;
    dis1[0] = chuzhi[0] % 10;
    P2 = 0xff;
    sel = 0x01;
    for(i = 0; i < 6; i++)
    {
        tmp = dis1[i];
        P2 = (sel^0xff);
        P0 = table[tmp];
        delay(10);
```

```
            P2 = 0xff;
            sel << = 1;
        }
    }
    void main()
    {
        ds1302_init();
        while(1)
        {
            time();
        }
    }
```

11.4　数字温度传感器 DS18B20 的应用

DS18B20 是达拉斯半导体公司的数字化温度传感器。DS18B20 通过一个单线接口发送或接收信息，因此在 CPU 和 DS18B20 之间仅需一条连接线。它的测温范围为 $-55 \sim +125\,℃$，并且在 $-10 \sim +85\,℃$ 时，精度为 $\pm 0.5\,℃$。DS18B20 还能直接从单线通信线上汲取能量，除去了对外部电源的需求。每个 DS18B20 都有一个独特的 64 位序列号，从而允许多只 DS18B20 同时连在一根单线总线上，因此，就可以用一个微控制器去控制很多覆盖在一大片区域的 DS18B20。这一特性在 HVAC 环境控制、过程监测和控制、仪器或机器的温度以及探测建筑物等方面非常有用。

11.4.1　DS18B20 结构

图 11-15 为 DS18B20 的引脚图，其中，GND 为地端，DQ 为数据 I/O 总线，V_{DD} 为可选电源电压。图 11-16 为 DS18B20 结构图。

64 位只读存储器储存器件的唯一片序列号。高速暂存器含有 2 字节的温度寄存器，这两个寄存器用来存储温度传感器输出的数据。此外，高速暂存器提供一个直接的温度报警寄存器（TH 和 TL）和一个字节的配置寄存器。配置寄存器允许用户将温度的精度设定为 9、10、11 或 12 位。TH、TL 和配置寄存器是非易失性的可擦除程序寄存器（E^2PROM），所有存储的数据在器件掉电时不会消失。

图 11-15　DS18B20 的引脚图

DS18B20 通过达拉斯半导体公司独有的单总线协议，依靠一个单线端口通信。当全部器件经由一个 3 态端口或者漏极开路端口（DQ 引脚在 DS18B20 上的情况下）与总线连接时，控制线需要连接一个弱上拉电阻。在这个总线系统中，微控制器（主器件）依靠每个器件独有的 64 位片序列号辨认总线上的器件和记录总线上的器件地址。由于每个装置有一个独特的片序列号，总线可以连接的器件数目事实上是无限的。

DS18B20 的存储结构有以下几种：

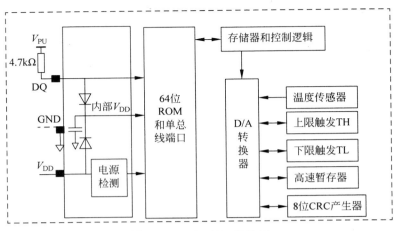

图 11-16　DS18B20 结构图

1. 光刻 ROM 存储器

光刻 ROM 中的 64 位序列号是出厂前被光刻好的,它可以看作该 DS18B20 的地址序列码。64 位光刻 ROM 的排列是:开始 8 位(地址:28H)是产品类型标号,接着的 48 位是该 DS18B20 自身的序列号,并且每个 DS18B20 的序列号都不相同,最后 8 位是前面 56 位的循环冗余校验码。光刻 ROM 的作用是使每一个 DS18B20 都各不相同,这样就可以实现线上挂接多个 DS18B20 的目的。

2. 高速暂存器

高速暂存器由 9 字节组成,各字节如表 11-5 所示。第 0 和第 1 字节存放转换所得的温度值;第 2 和第 3 字节分别为高温度触发器(TH)和低温度触发器(TL);第 4 字节为配置寄存器;第 5、6、7 字节保留;第 8 字节为 CRC 校验寄存器。

表 11-5　高速暂存器字节表

字 节 序 号	功　　能
0	温度转换后的低字节
1	温度转换后的高字节
2	高温度触发器 TH
3	低温度触发器 TL
4	配置寄存器
5	保留
6	保留
7	保留
8	CRC 校验寄存器

DS18B20 中的温度传感器可完成对温度的测量,当温度转换命令发布后,转换后的温度以补码形式存放在高速暂存器的第 0 和第 1 字节中。以 12 位转化为例:用 16 位符号扩展的二进制补码数形式提供,以 0.0625℃/LSB 形式表示,其中,S 为符号位。

表 11-6 列出了 DS18B20 部分温度值与采样数据的对应关系。高温度触发器和低温度触发器分别存放温度报警的上限值和下限值;DS18B20 完成温度转换后,就把转换后的温

度值进行比较,若 $T>$TH 或 $T<$TL,则把该器件的告警标志置位。

表 11-6 温度的字节转化表

温度/℃	16 位二进制编码	十六进制表示
+125	0000 0111 1101 0000	07D0H
+85	0000 0101 0101 0000	0550H
+25.0625	0000 0001 1001 0001	0191H
+10.125	0000 0000 1010 0010	00A2H
+0.2	0000 0000 0000 1000	0008H
0	0000 0000 0000 0000	0000H
−0.5	1111 1111 1111 1000	FFF8H
−10.125	1111 1111 0101 1110	FF5EH
−25.0625	1111 1110 0110 1111	FE6FH
−55	1111 1100 1001 0000	FC90H

配置寄存器用于确定温度值的数字转换分辨率,字节的意义如图 11-17 所示。

D7	D6	D5	D4	D3	D2	D1	D0
TM	R1	R0	1	1	1	1	1

图 11-17 配置寄存器字节图

图 11-8 中,低 5 位一直都是 1;TM 是测试模式位,用于设置 DS18B20 是在工作模式还是在测试模式,在 DS18B20 出厂时该位被设置为 0,用户不要去改动。R1 和 R0 用来设置分辨率,如表 11-7 所示。

表 11-7 DS18B20 分辨率设置表

R1	R0	分辨率/位	温度最大转换时间/ms
0	0	9	93.75
0	1	10	187.50
1	0	11	275.00
1	1	12	750.00

11.4.2 DS18B20 工作原理

DS18B20 的核心功能是用作直接读数字的温度传感器。温度传感器的精度为用户可编程的 9、10、11 或 12 位,分别以 0.5℃、0.25℃、0.125℃和 0.0625℃增量递增。在上电状态下默认的精度为 12 位。DS18B20 启动后保持低功耗等待状态。当需要执行温度测量和 A/D 转换时,总线控制器必须发出命令。执行命令之后,产生的温度数据以 2 字节的形式被存储到高速暂存器的温度寄存器中,DS18B20 继续保持等待状态。当 DS18B20 由外部电源供电时,总线控制器在温度转换指令之后发起"读时序",DS18B20 如果正在温度转换中返回 0,如果转换结束返回 1。

单总线系统包括一个总线控制器和一只或多只从器件。DS18B20 总是充当从器件。当只有一只从器件挂在总线上时,系统被称为"单点"系统;如果有多只从器件挂在总线上,系统被称为"多点"。所有的数据和指令的传递都是从最低有效位开始通过单总线。DS18B20 有 6 条控制命令,如表 11-8 所示。

表 11-8　DS18B20 控制命令

命　　令	约定代码	命令功能说明
温度转换	44H	启动 DS18B20 进行温度转换
读暂存器	BEH	读暂存器 9 字节内容
写暂存器	4EH	将数据写入暂存器的 TH、TL 字节
复制暂存器	48H	把暂存器的 TH、TL 字节写入 E^{2}PROM 中
重新调 EEPRAM	B8H	把 E^{2}PROM 中的内容写入暂存器 RAM 字节中
读电源供电方式	B4H	启动 DS18B20 发送电源供电方式的信号给主 CPU

通过单总线端口访问 DS18B20 的步骤如下。

步骤 1:初始化。通过单总线的所有执行操作处理都从一个初始化序列开始。初始化序列包括一个由总线控制器发出的复位脉冲和之后由从器件发出的存在脉冲。存在脉冲让总线控制器知道 DS18B20 在总线上且已准备好操作。

步骤 2:ROM 操作指令。一旦总线控制器探测到一个存在脉冲,它就发出一条 ROM 指令。如果总线上挂有多只 DS18B20,这些指令将基于器件独有的 64 位 ROM 片序列码,使得总线控制器选出特定要进行操作的器件。这些指令同样也可以使总线控制器识别有多少只、什么型号的器件挂在总线上;同样,它们也可以识别哪些器件已经符合报警条件。ROM 指令有 5 条,都是 8 位长度。总线控制器在发起一条 DS18B20 功能指令之前必须先发出一条 ROM 指令。

步骤 3:DS18B20 功能指令。在总线控制器发给要连接的 DS18B20 一条 ROM 命令后,接着可以发送一条 DS18B20 功能指令。这些命令允许总线控制器读写 DS18B20 的暂存器,发起温度转换和识别电源模式。

11.4.3　DS18B20 的温度转换过程

根据 DS18B20 的通信协议,主机控制 DS18B20 完成转换必须经过三个步骤:每一次读写之前都要对 DS18B20 进行复位;复位成功后发送一条 ROM 指令;最后发送 RAM 指令。通过这三个步骤对温度传感器进行预定的操作。ROM 和 RAM 指令表分别如表 11-9 和表 11-10 所示。

表 11-9　ROM 指令表

指　　令	约定代码	功　　能
读 ROM	33H	读 DS18B20 温度传感器 ROM 中的编码
匹配 ROM	55H	发出此命令后接着发出 64 位 ROM 编码,访问单总线上与该编码相对应的 DS18B20,使之做出响应,准备下一步读写
搜索 ROM	0F0H	用于确定挂接在同一总线上 DS18B20 的个数和识别 64 位 ROM 地址,为操作各器件做好准备

续表

指　　令	约定代码	功　　能
跳过 ROM	0CCH	忽略 64 位 ROM 地址,直接向 DS18B20 发温度转换命令,适用于单片机工作
告警搜索命令	0ECH	执行后只有温度超过设定值上限或下限的片子才做出响应

表 11-10　RAM 指令表

指　　令	约定代码	功　　能
温度转换	44H	启动温度传感器进行温度转换,12 位转换时长最长为 750ms
读暂存器	0BEH	读内部 RAM 9 字节的内容
写暂存器	4EH	发出向内部 RAM 的 3、4 字节写上、下限温度数据命令,紧跟该命令后,传送 2 字节的数据
复制暂存器	48H	将 RAM 中第 3、4 字节的内容复制到 E^2PROM 中
重调 E^2PROM	0B8H	将 E^2PROM 中的内容复制到 RAM 的第 3、4 字节
读供电方式	0B4H	读 DS18B20 的供电模式

　　DS18B20 虽然具有测温系统简单、测温精度高、连接方便等优点,但在实际应用中也应该注意,每一步都有严格的时序要求,所有时序都是将主机作为主设备,单总线器件作为从设备。而每一次命令和数据的传输都是从主机主动启动写时序开始,如果要求单总线器件回送数据,在进行写命令后,主机需启动读时序完成数据接收。数据和命令的传输都是低位在前。时序可分为初始化时序、读时序和写时序。每一次读写之前都要对 DS18B20 进行复位,复位成功后发送一条 ROM 指令,最后发送 RAM 指令,这样才能对 DS18B20 进行预定的操作。要求主 CPU 将数据线下拉 500μs,然后释放,DS18B20 收到信号后等待 15～60μs,然后发出 60～240μs 的低电平,主 CPU 收到此信号则表示复位成功。对于 DS18B20 的写时序,仍然分为写"0"时序和写"1"时序两个过程。DS18B20 写"0"时序和写"1"时序的要求不同,当要写"0"时,单总线要被拉低至少 60μs,以保证 DS18B20 能够在 15～45μs 内正确地采样 I/O 总线上的"0"电平;当要写"1"时,单总线被拉低之后,在 l5μs 之内就得释放单总线。

11.4.4　DS18B20 与 51 单片机接口

温度传感器仿真代码:

```
# include < REG51.H >
# define uchar unsigned char
# define uint unsigned int
sbit DQ = P1^0;
sbit RS = P1^7;
sbit RW = P1^6;
sbit EN = P1^5;
union{
    uchar c[2];
    uint x;
```

```
} temp;
uint cc,cc2;
//uchar flag;
float cc1;
uchar buff1[13] = {"temperature:"};
uchar buff2[6] = {" + 00.0"};
uchar f;
void fbusy()
{
P2  = 0xff;
RS = 0;
RW = 1;
EN = 1;
EN = 0;
while((P2 & 0x80))
{
    EN = 0;
    EN = 1;
}
}
void wc51r(uchar j)
{
fbusy();
EN = 0;
RS = 0;
RW = 0;
EN = 1;
P2 = j;
EN = 0;
}
void wc51ddr(uchar j)
{
fbusy();
EN = 0;
RS = 1;
RW = 0;
EN = 1;
P2 = j;
EN = 0;
}
void init()
{
wc51r(0x01);
wc51r(0x38);
wc51r(0x0c);
wc51r(0x06);
}
```

```c
void delay (uint useconds)
{
for(; useconds > 0;useconds -- );
}


uchar ow_reset(void)
{
uchar presences;
DQ = 0;
delay(50);
DQ = 1;
delay(3);
presences = DQ;
delay(25);
return(presences);
}
uchar read_byte()
{
uchar i;
uchar value = 0;
for(i = 8;i > 0;i-- )
{
    value >> = 1;
    DQ = 0;
    DQ = 1;
    delay(1);
    if(DQ) value | = 0x80;
    delay(6);
}
return (value);
}
void write_byte(uchar val)
{
uchar i;
for(i = 8;i > 0;i-- )
{
    DQ = 0;
    DQ = val&0x01;
    delay(5);
    DQ = 1;
    val = val/2;
}
delay(5);
}
void Read_Temperature()
{
ow_reset();
```

```
write_byte(0xCC);
write_byte(0xBE);
temp.c[1] = read_byte() ;
temp.c[0] = read_byte() ;
ow_reset();
write_byte(0xCC) ;
write_byte(0x44) ;
return;
}
void main()
{
uchar k;
delay(10);
EA = 0;
f = 0;
init();
wc51r(0x80);
for(k = 0;k < 13;k++)
{
    wc51ddr(buff1[k]);
}
while (1)
{
    delay(10000);

    Read_Temperature();
    cc = temp.c[0] * 256.0 + temp.c[1];
    if(temp.c[0]> 0xf8){f = 1; cc = ～cc + 1;} else f = 0;
    cc1 = cc * 0.0625;
    cc2 = cc1 * 100;
    buff2[1] = cc2/1000 + 0x30;
    if (buff2[1] == 0x30)
        buff2[1] = 0x20;
        buff2[2] = cc2/100 - (cc2/1000) * 10 + 0x30;
        buff2[4] = cc2/10 - (cc2/100) * 10 + 0x30;
    if (f == 1)
        buff2[0] = '-';
    else
        buff2[0] = '+';
    wc51r(0xc5);
    for (k = 0; k < 6; k++)
        { wc51ddr (buff2[k]); }
    }
    }
```

DS18B20 仿真图如图 11-18 所示。

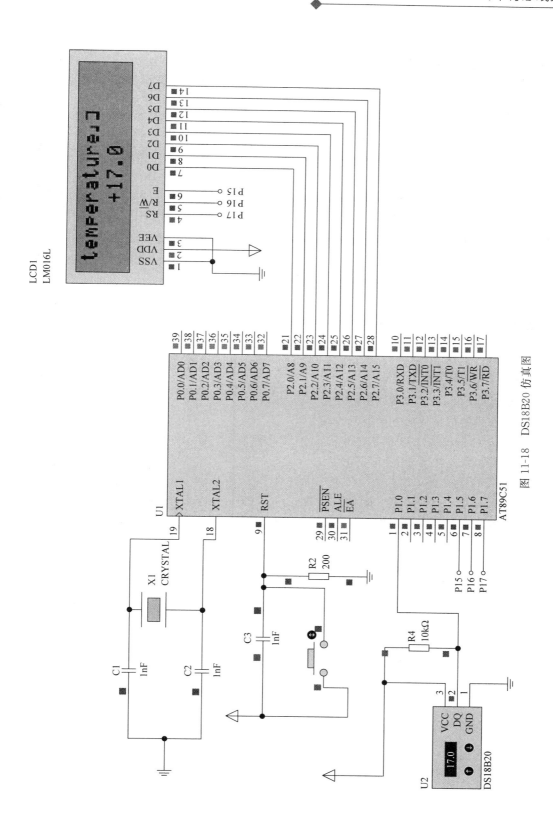

图 11-18 DS18B20 仿真图

11.5　本章小结

标准型 MCS-51 单片机没有配置 SPI 总线接口,但是可以利用其并行口线模拟 SPI 串行总线时序,这样就可以广泛地利用 SPI 串行接口芯片资源。SPI 是一种高速、全双工、同步通信总线,广泛用于 $E^2 PROM$、实时时钟、A/D 转换器、D/A 转换器等器件,用于各种便携式仪器以及电池供电的仪器仪表等产品领域。I^2C 总线是具备多主机系统所需的包括总线裁决和高低速器件同步功能的高性能串行总线。它只有两根信号线,一根是双向的数据线 SDA,另一根是双向的时钟线 SCL。所有连接到 I^2C 总线上的器件的串行数据都接到总线的 SDA 线上,而各器件的时钟均接到总线的 SCL 线上。I^2C 总线数据传送的模式大大地扩展了 I^2C 总线器件的适用范围,使这些器件的使用不受系统中的单片机必须带有 I^2C 总线接口的限制。

习题

1. I^2C 总线的特点是什么?
2. I^2C 总线的起始信号和终止信号是如何定义的?
3. I^2C 总线的数据传送方向如何控制?
4. 具备 I^2C 总线接口的 $E^2 PROM$ 芯片有哪几种型号? 容量如何?
5. SPI 接口线有哪几个? 作用如何?
6. 以 80C31 为主机,用 2 片 27C256 扩展 64KB EPROM,试画出接口电路。
7. 以 80C31 为主机,用 1 片 27C512 扩展 64KB EPROM,试画出接口电路。
8. 以 80C31 为主机,用 1 片 27C256 扩展 32KB RAM,同时要扩展 8KB 的 RAM,试画出接口电路。
9. 从 $E^2 PROM$ 读 1 字节。
10. 向 $E^2 PROM$ 发送 N 字节。
11. 从 $E^2 PROM$ 读取 N 字节。

第12章

电子密码锁设计与实现

随着科学技术的发展,人们的生活水平不断提高,楼宇自动化、电子门防盗系统越来越受到重视。传统的机械锁由于结构简单,安全性能比较低,无法满足人们的需要,电子密码锁在安全防盗方面显得尤为重要。

本设计使用 51 单片机控制电子密码锁,系统由单片机与存储器 AT24C02 作为主控芯片与数据存储器单元组成,结合外围的键盘输入模块、LCD 液晶显示模块、报警模块、开锁模块等电路模块。它能实现以下功能:密码输入正确时,开锁;密码输入错误时,报警并锁定键盘,但可以按切换键切换;用户可以根据需要更改密码。设计方法具有设计合理,简单易行,成本低,安全实用等特点。通过本案例的学习,能够掌握 I^2C 总线的应用,对 AT24C02 的编程及使用,以及对掌握单片机对继电器的控制及驱动方面都有很大的帮助。

12.1 设计任务及关键问题

12.1.1 设计任务

(1)设计一个电子密码锁装置,为了防止密码被窃取,要求输入密码时在 LCD 屏幕上显示 * 号,开锁密码为 6 位密码。

(2)输入密码时显示 INPUT PASSWORD 提示,输入密码正确时显示 PASSWORD OK,输入密码错误时显示 PASSWORD ERROR 并报警。

(3)实现输入密码错误超过限定的 3 次,则系统进入锁定状态。

(4)修改密码功能,密码可以由用户自行修改,修改密码之前必须再次输入旧的密码验证,在输入新密码时需要二次确认,以防止误操作。

(5)4×4 的矩阵键盘,其中包括 0~9 的数字键和 A~F 的功能键。

(6)系统支持掉电保护密码功能,以及复位保存功能。

12.1.2　关键问题

（1）I^2C 总线的应用技术，单片机与 AT24C02 的通信问题。

（2）单片机与继电器的连接问题。

12.2　以51单片机为控制器的设计方案

选用 STC89C52RC 单片机作为系统的核心部件，实现控制和处理的功能。单片机具有容易编程、引脚资源丰富、处理速度快等优点。利用单片机内部的随机存储器（RAM）和只读存储器（ROM）及其引脚资源，外接 LCD 液晶显示、4×4 键盘等实现数据的处理传输和显示功能，能实现设计的工作要求。其中 4×4 键盘用于输入密码和实现相应功能。由用户通过 4×4 键盘输入密码，经过单片机对用户输入的密码与自己保存的密码进行比较，来判断密码是否正确，然后控制引脚的高低电平输送到开锁电路或报警电路，控制开锁或者报警。

在单片机的外围电路外接输入键盘用于密码的输入和一些功能的控制，外接 AT24C02 芯片用于密码的存储，外接 LCD12864 显示屏。当用户需要开锁时，先按键盘的数字键 0～9 和功能键 A～D 输入密码。如果密码输入正确则开锁，不正确则显示密码错误，重新输入密码，若输入的密码错误 3 次则发出报警；当用户需要修改密码时，先按下键盘设置键然后输入原来的密码，只有当输入的原密码正确后才能设置新密码。新密码需要输入两次，只有两次输入的新密码相同才能成功修改密码并存储。系统整体结构框图如图 12-1 所示。

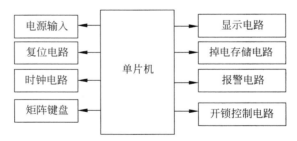

图 12-1　系统整体结构框图

可以看出，此设计方案准确性好且保密性强还具有扩展功能，可根据现实生活的需要，采用电磁式的电子锁或电机式的电子锁。

12.3　系统硬件设计

12.3.1　电路总体构成

本设计的外围电路包括键盘输入电路、复位电路、晶振电路、显示电路、报警电路等。结合本设计的原定目标，键盘输入电路选择 4×4 矩阵键盘，显示电路选择 LCD12864 显示屏。总体电路图如图 12-2 所示。

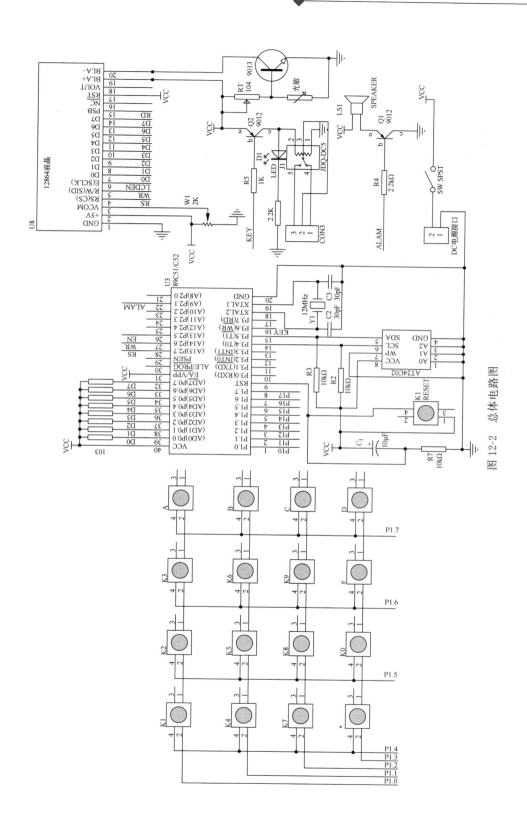

图 12-2 总体电路图

12.3.2 矩阵键盘

键盘是一组按键的组合,按键通常是一种常开型按钮开关,平时键的两个触点处于断开状态,按下键时它们才闭合。从键盘的结构来分类,键盘可以分为独立式和矩阵式,每一类按识别方法又可以分为编码键盘和未编码键盘。键盘上闭合键的识别由专门的硬件译码器实现并产生编号或键值的称为编码键盘,由软件识别的称为未编码键盘。在由单片机组成的测控系统及智能化仪器中,用得较多的是未编码键盘。未编码键盘又分为独立式键盘和矩阵键盘。

由于本设计所用到的按键数量较多,不适合用独立式键盘,因此采用矩阵按键键盘。矩阵按键键盘由行线和列线组成,也称行列式键盘,按键位于行列的交叉点上,密码锁的密码由键盘输入完成,与独立式按键键盘相比,能够节省I/O口。

每一条水平(行线)与垂直线(列线)的交叉处不相通,而是通过一个按键来连通,利用这种行列式矩阵结构只需要 M 条行线和 N 条列线,即可组成具有 $M \times N$ 个按键的键盘。由于本设计中要求使用 $4 \times 4 = 16$ 个按键输入,为减少键盘与单片机接口时所占用的I/O线的数目,故使用矩阵键盘。本设计中,矩阵键盘行线和单片机 P1.4~P1.7 相连,列线与单片机 P1.0~P1.3 相连。键盘扫描采用行扫描法,即依次置行线中的每一行为低电平,其余均为高电平,扫描列线电平状态,为低电平时即表示该键按下。矩阵键盘设计电路图如图 12-3 所示。

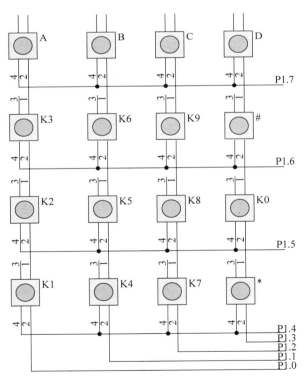

图 12-3　矩阵键盘设计电路

12.3.3 开锁控制电路

开锁控制电路的功能是当输入正确的密码后将锁打开。系统使用单片机其中一个引脚线发出信号,经三极管放大后,由继电器驱动电磁阀动作将锁打开。电磁继电器一般由铁芯、线圈、衔铁、触点簧片等组成。只要在线圈两端加上一定的电压,线圈中就会流过一定的电流,从而产生电磁效应,衔铁就会在电磁力吸引的作用下克服返回弹簧的拉力吸向铁芯,从而带动衔铁的动触点与静触点(常开触点)吸合。当线圈断电后,电磁的吸力也随之消失,衔铁就会在弹簧的反作用力作用下返回到原来的位置,使动触点与原来的静触点(常闭触点)释放。这样吸合、释放,从而达到了在电路中的导通、切断的目的。对于继电器的"常开""常闭"触点,可以这样来区分:继电器线圈未通电时处于断开状态的静触点,称为常开触点;处于接通状态的静触点称为常闭触点。继电器一般有两股电路:低压控制电路和高压工作电路。

开锁控制电路如图 12-4 和图 12-5 所示。用户通过键盘任意设置密码,并储存在 E^2PROM 中作为锁码指令。只有用户操作键盘时,单片机的电源端才能得到 5V 电源;否则,单片机处于节电工作模式。开锁步骤如下:首先按下键盘上的开锁按键,然后利用键盘上的数字键 0~9 输入密码,最后按确认键。当用户输入密码后,单片机自动识码,如果识码不符,则报警。只有当密码正确时,单片机才能控制电子锁内的微型继电器吸合。当继电器吸合以后带动锁杆伸缩,这时,锁钩在弹簧的作用下弹起,完成本次开锁。开锁以后,单片机自动清除用户此次输入的密码。

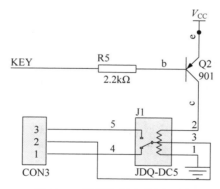

图 12-4 开锁控制电路原理图

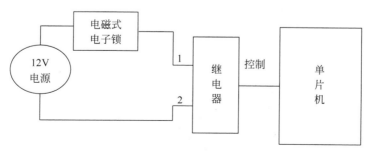

图 12-5 继电器连接示意图

12.3.4　报警电路

报警部分由陶瓷压电发声装置及外围电路组成。加电后不发声,当有键按下时,发出"叮"声提示,每按一下,发声一次。当密码输入正确时,不发出声音提示,直接开锁。当密码输入错误时,单片机的 P2.1 引脚为低电平,三极管 Q1 导通时轰鸣器发出噪鸣声报警,如图 12-6 所示。

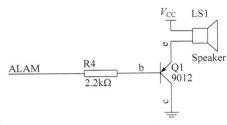

图 12-6　报警电路原理图

12.3.5　密码存储电路

1. 存储芯片 AT24C02

AT24C02 是美国 Atmel 公司制造的低功耗 CMOS 型 E^2PROM 数据存储器,内含 256B 单元,具有工作电压宽(1.8～5.5V)、多次电可擦写、写入速度快,小于 10ms、抗干扰能力强、数据不易丢失、体积小等特点。而且它采用了 I^2C 总线进行数据读写的串行器件,占用很少的 I/O 资源和线,支持在线编程,因此进行数据实时的存取十分方便。AT24C02 中带有片内地址寄存器,当写入或读出一个数据字节完成时,该地址寄存器自动加 1,以实现对下一个存储单元的读写。所有字节均以单一操作方式读取。有一个专门的写保护功能(WP=1 时即为写保护)。为降低总的写入时间,一次操作可写入多达 8 字节的数据。

I^2C(Inter-Integrated Circuit)总线是 Philips 公司开发的两线式串行总线,用于连接微控制器及其外围设备,是微电子通信控制领域广泛采用的一种总线标准。它是同步通信的一种特殊形式,具有接口线少、控制方式简单、器件封装形式小、通信速率较高等优点。通过串行数据(SDA)线和串行时钟(SCL)线在连接到总线的器件间传递信息。每个器件都有唯一的地址,既可以作为发送器使用,又可以作为接收器使用。

AT24C02 的引脚(见图 12-7)功能如下:A0～A2 为器件地址输入端,在本设计中,A0～A2 都接地,故它们的值都为 0;V_{CC} 是 +1.8～6.0V 工作电压;GNB 为地或电源负极;SCL 为串行时钟输入端,数据发送或者接收的时钟从此引脚输入;SDA 是串行/数据地址线,用于传送地址和发送或者接收数据,是双向传送端口;WP 是写保护端,WP=1 时,只能读出,不能写入,WP=0 时,允许正常的读写操作。

存储电路连接图如图 12-8 所示。WP 接地写保护是打开状态,A0、A1、A2 接地为全 0 的状态,该电路只有 1 片 AT24C02 作为从机设备,地址译码端 A0、A1、A2 全为低电平。

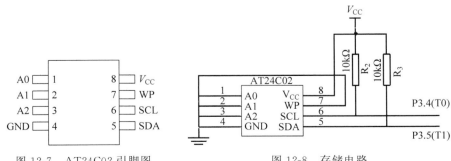

图 12-7　AT24C02 引脚图　　　　图 12-8　存储电路

2. I^2C 总线的起止信号

I^2C 时序图如图 12-9 所示。一条串行数据线 SDA，一条串行时钟线 SCL。当 SCL 线是高电平时，SDA 线从高电平向低电平切换，这个情况表示起始条件；当 SCL 线是高电平时，SDA 线由低电平向高电平切换，这个情况表示停止条件。起始和停止条件一般由主机产生，总线在起始条件后被认为处于忙的状态，在停止条件的某段时间后，总线被认为再次处于空闲状态。开始和停止的程序如下，可以看出程序的编写应该按照时序节奏来完成。

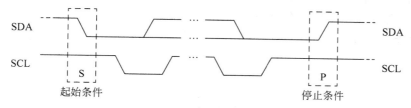

图 12-9 I^2C 总线的起始和停止信号

```
/** 24C02 程序参照 24C02 时序图 ****/
/* 开始信号 */
//启动 I²C 总线,即发送 I²C 开始信号
void Start(void)
{    Sda = 1;
     Scl = 1;
     Nop();   //延时,建立时间应大于 4μs
     Sda = 0; //发送开始信号
     Nop();
}
```

```
/* 停止条件 */
//结束 I²C 总线,即发送 I²C 结束信号
void Stop(void)
{
     Sda = 0;
     Scl = 1;
     Nop();   //结束信号建立时间大于 4μs
     Sda = 1; //发送 I²C 总线结束信号
     Nop();
}
```

3. I^2C 总线的应答信号

I^2C 总线应用有严格的时序要求，每次读写数据都要有相应的应答信号。应答的时序如图 12-10 所示。

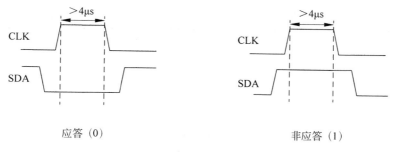

图 12-10 I^2C 总线的应答时序

```
/* 应答位 */
//主机答 0 程序,主机接收一个字节数据应答 0
void Ack(void)
{
     Sda = 0;
```

```
/* 反向应答位 */
//主机答 1 程序,主机接收最后一个字节数据应答 1
void NoAck(void)
{
     Sda = 1;
```

```
    Nop();                              Nop();
    Scl = 1;                            Scl = 1;
    Nop();                              Nop();
    Scl = 0;                            Scl = 0;
}                                   }
```

4. AT24C02 的读写过程

I^2C 总线是以串行方式传输数据,从数据字节的最高位开始传送,每一个数据位在 SCL 上都有一个时钟脉冲相对应。在时钟线高电平期间数据线上必须保持稳定的逻辑电平状态,高电平为数据 1,低电平为数据 0。只有在时钟线为低电平时,才允许数据线上的电平状态发生变化,如图 12-11 所示。

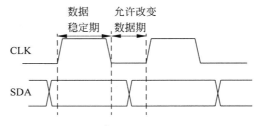

图 12-11 I^2C 总线的数据有效期

一般情况下,一个标准的 I^2C 通信由四部分组成:开始信号、从机地址传输、数据传输和停止信号。由主机发送一个开始信号,启动一次 I^2C 通信,在主机对从机寻址后,再在总线上传输数据。I^2C 总线上传送的每个字节均为 8 位,首先发送的数据位为最高位,每传送一个字节后都必须跟随一个应答位,每次通信的数据字节数是没有限制的,在全部数据传送结束后,由主机发送停止信号,结束通信。由表 12-1 可知,写命令为 10100000(0xa0),读命令为 10100001(0xa1)。读、写 n 字节数据的格式,分别如图 12-12 和图 12-13 所示。

表 12-1 对 AT24C02 的读写控制字的规定

	高 4 位为固定标示				片选 A2,A1,A0	读/写
写命令	1	0	1	0	都接地了,因此 000	0
读命令	1	0	1	0	都接地了,因此 000	1

起始	伪写命令	应答	读首地址	应答	起始	读命令	应答	数据1	应答	…	数据n	非应答	结束

图 12-12 读出 n 字节数据的格式

起始	写命令字	应答	写首地址	应答	数据1	应答	数据2	应答	…	数据n	应答	结束

图 12-13 写入 n 字节数据的格式

程序如下:程序中的 Nop 函数是延时 $4\mu s$ 的子函数。程序应该遵守如上命令格式。

```
/* 发送一字节数据,Data 为要求发送的数据 */
void Send(uchar Data)
{    uchar BitCounter = 8;         //一字节 8 位
```

```
        uchar temp;
        do
        {temp = Data;
//将待发送数据暂存 temp
            Scl = 0;
            Nop();
        if((temp&0x80) == 0x80)
        //判断最高位是 0 还是 1
            Sda = 1;
            else
            Sda = 0;
            Scl = 1;
            temp = Data << 1;
//将 Data 中的数据左移一位
            Data = temp;
//数据左移后重新赋值 Data
            BitCounter -- ;
//该变量减到 0 时,数据也就传送完成了 }
        while(BitCounter);
//判断是否传送完成
    Scl = 0; }
/ * 接收一字节的数据,并返回该字节值 * /
uchar Read(void)
{   uchar temp = 0;
    uchar temp1 = 0;
    uchar BitCounter = 8;
    Sda = 1;                        //置数据线为输入方式
    do
    {Scl = 0;                       //置时钟线为低电平,准备接收数据
        Nop();
        Scl = 1;                    //置时钟线为高电平,数据线上数据有效
        Nop();
        if(Sda)                     //数据位是否为 1
            temp = temp|0x01;       //如果为 1,temp 的最低位为 1(|0x01,就是将最低位变为 1)
        else                        //如果为 0
            temp = temp&0xfe;       //temp 最低位为 0[&0xfe(11111110)最低位就是 0]
        if(BitCounter - 1)          //BitCounter 减 1 后是否为真
        {
            temp1 = temp << 1;      //temp 左移
            temp = temp1;
        }
        BitCounter -- ;             //BitCounter 减到 0 时,数据就接收完了
    }
    while(BitCounter);              //判断是否接收完成
    return(temp);                   //返回接收的 8 位数据
}
//向器件指定地址按页写函数,参照写入 n 字节的数据格式
Void WrToROM(uchar Data[ ],uchar Address,uchar Num)
{
  uchar i;
  uchar * PData;
  PData = Data;
  for(i = 0;i < Num;i++)
//连续传送数据字节
```

```
    {  Start();
//开始发送信号,启动 I²C 总线
    Send(0xa0);
//发送器件地址码
    Ack();                          //应答
    Send(Address + i);
//发送器件单元地址
    Ack();                          //应答
    Send( * (PData + i));
//发送数据字节
    Ack();                          //应答
    Stop();                         //结束
    mDelay(20);
    }
}


//从器件指定地址读出多字节,参考读出 n 字节的数据格式
void RdFromROM(uchar Data[],uchar Address,uchar Num)
{
    uchar i;
    uchar * PData;
    PData = Data;
    for(i = 0;i < Num;i++)
//连续读入字节数据
    {  Start();
//开始发送信号,启动 I²C 总线
    Send(0xa0);
//发送器件地址码
    Ack();                          //应答
    Send(Address + i);
//发送器件单元地址
    Ack();                          //应答
    Start();
//重新发送开始信号,启动 I²C 总线
    Send(0xa1);
//发送器件地址码
    Ack();                          //应答
    * (PData + i) = Read();
//读入字节数据
    Scl = 0;
    NoAck();                        //非应答
    Stop();                         //结束
    }
}
```

12.4　系统软件设计

12.4.1　系统程序设计流程图

　　主程序流程图、键盘扫描流程图、密码设置流程图、开锁流程图分别如图 12-14～图 12-17 所示。

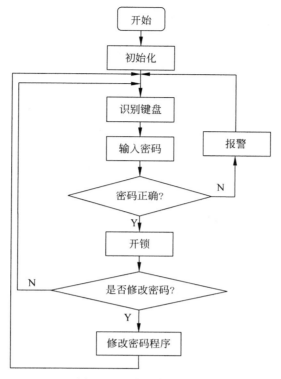

图 12-14 主程序流程图

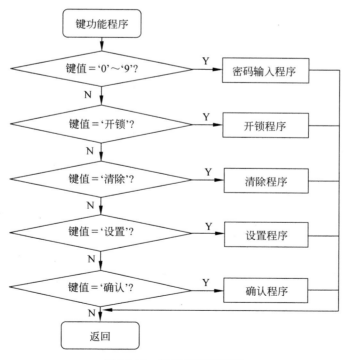

图 12-15 键盘扫描流程图

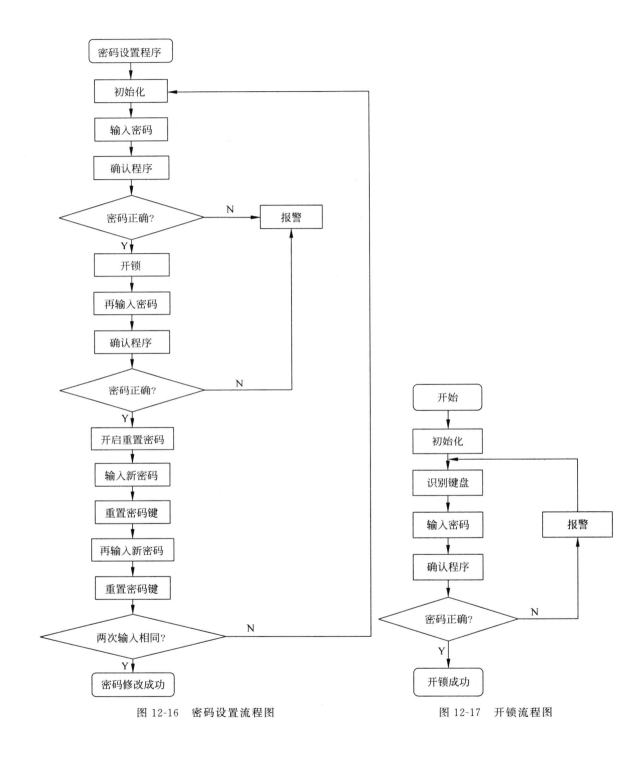

图 12-16 密码设置流程图

图 12-17 开锁流程图

12.4.2　系统程序设计

程序软件包括显示部分、键盘部分、存储部分、开锁逻辑判断部分。主要程序段如下：

```
//包含头文件
# include < REG51.h >
# include < intrins.h >                          //宏定义
# define LCM_Data P0                            //将 P0 口定义为 LCM_Data
# define uchar unsigned char
# define uint unsigned int
sbit lcd12864_rs = P2^7;                        //LCD12864 的控制脚
sbit lcd12864_rw = P2^6;
sbit lcd12864_en = P2^5;
sbit lcd12864_psb = P3^7;

sbit Scl = P3^4;                                //AT24C02 串行时钟
sbit Sda = P3^5;                                //AT24C02 串行数据

sbit ALAM = P2^1;                               //报警
sbit KEY = P3^6;                                //开锁

sbit Mz = P3^0;                                 //电机控制
sbit Mf = P3^1;

bit pass = 0;                                   //密码正确标志
bit ReInputEn = 0;                              //重置输入允许标志
bit s3_keydown = 0;                             //3s 按键标志位
bit key_disable = 0;                            //锁定键盘标志
unsigned char countt0,second;                   //t0 中断计数器,秒计数器
void Delay5Ms(void);                            //声明延时函数
void just();
void turn();
void motorstop();

unsigned char code a[ ] = {0xFE,0xFD,0xFB,0xF7};    //键盘扫描控制表
//液晶显示数据数组

unsigned char code start_line[ ]   = {"请输入密码：          "};
unsigned char code name[ ]         = {"猫猫密码锁 * ^__^ * " };    //显示名称
unsigned char code Correct[ ]      = {" 正确              "};     //输入正确
unsigned char code Error[ ]        = {"密码错误 T.T        "};    //输入错误
unsigned char code codepass[ ]     = {" 通过              "};
unsigned char code LockOpen[ ]     = {"开锁成功 ^_^        "};    //OPEN
unsigned char code SetNew[ ]       = {"重置密码允许         "};
unsigned char code Input[ ]        = {"                  "};     //INPUT
unsigned char code ResetOK[ ]      = {"重置密码成功!        "};
unsigned char code initword[ ]     = {"恢复出厂设置         "};
unsigned char code Er_try[ ]       = {"错误,请重新输入       "};
unsigned char code again[ ]        = {"请重新输入!          "};
```

```c
unsigned char InputData[6];                          //输入密码暂存区
unsigned char CurrentPassword[6] = {1,3,1,4,2,0};    //管理员密码(只可在程序中修改)
unsigned char TempPassword[6];
unsigned char N = 0;                                 //密码输入位数计数
unsigned char ErrorCont;                             //错误次数计数
unsigned char CorrectCont;                           //正确输入计数
unsigned char ReInputCont;                           //重新输入计数
unsigned char code initpassword[6] = {0,0,0,0,0,0};  //输入管理员密码后将密码初始为 000000

// ==================== 5ms 延时 ========================
void Delay5Ms(void)
{
    unsigned int TempCyc = 5552;
    while(TempCyc -- );
}

// =================== 400ms 延时 ========================
void Delay400Ms(void)
{
  unsigned char TempCycA = 5;
  unsigned int TempCycB;
  while(TempCycA -- )
  {
    TempCycB = 7269;
    while(TempCycB -- );
  }
}
//100ms 延时
void Delay100Ms(void)
{
unsigned char i,j,k;
for(i = 5;i > 0;i -- )
  for(j = 132;j > 0;j -- )
    for(k = 75;k > 0;k -- );
}

// ============================== AT24C02 ============================
void mDelay(uint t)                                  //延时
{
    uchar i;
    while(t -- )
    {
        for(i = 0;i < 125;i++)
        {;}
    }
}

void Nop(void)                                       //空操作
{
    _nop_();                                         //仅作延时用一条语句大约 1 μs
```

```
        _nop_();
        _nop_();
        _nop_();
    }

    /***** AT24C02 程序参照 AT24C02 时序图 *****/
    /* 起始条件 */

    void Start(void)
    {
        Sda = 1;
        Scl = 1;
        Nop();
        Sda = 0;
        Nop();
    }

    /* 停止条件 */
    void Stop(void)
    {
        Sda = 0;
        Scl = 1;
        Nop();
        Sda = 1;
        Nop();
    }

    /* 应答位 */
    void Ack(void)
    {
        Sda = 0;
        Nop();
        Scl = 1;
        Nop();
        Scl = 0;
    }

    /* 反向应答位 */
    void NoAck(void)
    {
        Sda = 1;
        Nop();
        Scl = 1;
        Nop();
        Scl = 0;
    }

    /* 发送数据子程序,Data 为要求发送的数据 */
    void Send(uchar Data)
    {
        uchar BitCounter = 8;
```

```
    uchar temp;
    do
    {
      temp = Data;                              //将待发送数据暂存 temp
      Scl = 0;
      Nop();
      if((temp&0x80) == 0x80)                   //将读到的数据 &0x80
      Sda = 1;
      else
      Sda = 0;
      Scl = 1;
      temp = Data << 1;                         //数据左移
      Data = temp;                              //数据左移后重新赋值 Data
      BitCounter -- ;                           //该变量减到 0 时,数据也就传送完成了
    }
    while(BitCounter);                          //判断是否传送完成
    Scl = 0;
}

/* 读一字节的数据,并返回该字节值 */
uchar Read(void)
{
    uchar temp = 0;
    uchar temp1 = 0;
    uchar BitCounter = 8;
    Sda = 1;
    do
    {
        Scl = 0;
        Nop();
        Scl = 1;
        Nop();
        if(Sda)                    //数据位是否为 1
            temp = temp|0x01;      //为 1,temp 的最低位为 1(|0x01,就是将最低位变为 1)
        else                       //如果为 0
            temp = temp&0xfe;      //temp 最低位为 0(&0xfe(11111110)最低位就是 0)
        if(BitCounter - 1)         //BitCounter 减 1 后是否为真
        {
            temp1 = temp << 1;     //temp 左移
            temp = temp1;
        }
        BitCounter -- ;            //BitCounter 减到 0 时,数据就接收完了
    }
    while(BitCounter);             //判断是否接收完成
    return(temp);
}

void WrToROM(uchar Data[],uchar Address,uchar Num)
{
    uchar i;
    uchar * PData;
```

```
        PData = Data;
        for(i = 0;i < Num;i++)
        {
        Start();
        Send(0xa0);
        Ack();
        Send(Address + i);
        Ack();
        Send( * (PData + i));
        Ack();
        Stop();
        mDelay(20);
        }
    }

    void RdFromROM(uchar Data[ ],uchar Address,uchar Num)
    {
        uchar i;
        uchar * PData;
        PData = Data;
        for(i = 0;i < Num;i++)
        {
        Start();
        Send(0xa0);
        Ack();
        Send(Address + i);
        Ack();
        Start();
        Send(0xa1);
        Ack();
        * (PData + i) = Read();
        Scl = 0;
        NoAck();
        Stop();
        }
    }


// ============================= LCD12864 =============================
# define yi 0x80                       //LCD 第一行的初始位置
# define er 0x90                       //LCD 第二行初始位置
// --------------- 延时函数,后面经常调用 ---------------------
void delay(uint xms)                   //延时函数,有参函数
{
    uint x,y;
    for(x = xms;x > 0;x -- )
     for(y = 110;y > 0;y -- );
}
// ----------------------- 写指令 ---------------------------
void write_12864com(uchar com)      // **** 液晶写入指令函数 ****
{
    lcd12864_rs = 0;                   //数据/指令选择置为指令
```

```
    lcd12864_rw = 0;                        //读写选择置为写
    lcd12864_en = 0;
    P0 = com;                               //送入数据
    delay(1);
    lcd12864_en = 1;                        //拉高使能端,为制造有效的下降沿做准备
    delay(1);
    lcd12864_en = 0;                        //en由高变低,产生下降沿,液晶执行命令
}
// -------------------------- 写数据 --------------------------
void write_12864dat(uchar dat)             // *** 液晶写入数据函数 ****
{
    lcd12864_rs = 1;                        //数据/指令选择置为数据
    lcd12864_rw = 0;                        //读写选择置为写
    lcd12864_en = 0;
    P0 = dat;                               //送入数据
    delay(1);
    lcd12864_en = 1;                        //en置高电平,为制造下降沿做准备
    delay(1);
    lcd12864_en = 0;                        //en由高变低,产生下降沿,液晶执行命令
}
// -------------------------- 初始化 --------------------------
void lcd_init(void)
{
    lcd12864_psb = 1;
    write_12864com(0x30);                   //设置液晶工作模式
    write_12864com(0x0c);                   //开显示不显示光标
    write_12864com(0x06);                   //整屏不移动,光标自动右移
    write_12864com(0x01);                   //清显示
}
// ============= 将按键值编码为数值 =========================
unsigned char coding(unsigned char m)
{
    unsigned char k;
        switch(m)
    {
        case (0x11): k = 1;break;
        case (0x21): k = 2;break;
        case (0x41): k = 3;break;
        case (0x81): k = 'A';break;
        case (0x12): k = 4;break;
        case (0x22): k = 5;break;
        case (0x42): k = 6;break;
        case (0x82): k = 'B';break;
        case (0x14): k = 7;break;
        case (0x24): k = 8;break;
        case (0x44): k = 9;break;
        case (0x84): k = 'C';break;
        case (0x18): k = ' * ';break;
        case (0x28): k = 0;break;
        case (0x48): k = ' # ';break;
        case (0x88): k = 'D';break;
```

```
    }
        return(k);
    }
// ==================== 按键检测并返回按键值 ===========================
unsigned char keynum(void)
{
    unsigned char row,col,i;
    P1 = 0xf0;
    if((P1&0xf0)!= 0xf0)
    {
        Delay5Ms();
        Delay5Ms();
        if((P1&0xf0)!= 0xf0)
        {
            row = P1^0xf0;                    //确定行线
            i = 0;
            P1 = a[i];                        //精确定位
            while(i < 4)
            {
                if((P1&0xf0)!= 0xf0)
                {
                    col = ~(P1&0xff);         //确定列线
                    break;                    //已定位后提前退出
                }
                else
                {
                    i++;
                    P1 = a[i];
                }
            }
        }
        else
        {
            return 0;
        }
        while((P1&0xf0)!= 0xf0);
        return (row|col);                     //行线与列线组合后返回
    }
    else return 0;                            //无键按下时返回 0
}
// ==================== 一声提示音,表示有效输入 =====================
void OneAlam(void)
{
    ALAM = 0;
    Delay5Ms();
    ALAM = 1;
}
// ==================== 二声提示音,表示操作成功 =====================
void TwoAlam(void)
{
    ALAM = 0;
```

```
        Delay5Ms();
        ALAM = 1;
        Delay5Ms();
        ALAM = 0;
        Delay5Ms();
        ALAM = 1;
}
// ===================== 三声提示音,表示错误 =====================
void ThreeAlam(void)
{
        ALAM = 0;
        Delay5Ms();
        ALAM = 1;
        Delay5Ms();
        ALAM = 0;
        Delay5Ms();
        ALAM = 1;
        Delay5Ms();
        ALAM = 0;
        Delay5Ms();
        ALAM = 1;
}
// ===================== 显示提示输入 =====================
void DisplayChar(void)
{
        unsigned char i;
        if(pass == 1)
        {
            //DisplayListChar(0,1,LockOpen);
            write_12864com(er);                 //在第 2 行开始显示
            for(i = 0;i < 16;i++)
            {
                write_12864dat(LockOpen[i]);   //显示 open,开锁成功
            }
        }
        else
        {
            if(N == 0)
            {
                //DisplayListChar(0,1,Error);
                write_12864com(er);
                for(i = 0;i < 16;i++)
                {
                    write_12864dat(Error[i]);  //显示错误
                }
            }
            else
            {
                //DisplayListChar(0,1,start_line);
                write_12864com(er);
                for(i = 0;i < 16;i++)
```

```
            {
                write_12864dat(start_line[i]);    //显示开始输入
            }
        }
    }
}


// ===================== 重置密码 ==========
void ResetPassword(void)
{
    unsigned char i;
    unsigned char j;
    if(pass == 0)
    {
        pass = 0;
        DisplayChar();                         //显示错误
        ThreeAlam();                           //没开锁时,按下重置密码,报警3声
    }
    else                                       //开锁状态下才能进行密码重置
    {
        if(ReInputEn == 1)                     //开锁状态下,ReInputEn 置 1,重置密码允许
        {
            if(N == 6)                         //输入 6 位密码
            {
                ReInputCont++;                 //密码次数计数
                if(ReInputCont == 2)           //输入两次密码
                {
                    for(i = 0;i < 6;)
                    {
                        if(TempPassword[i] == InputData[i])//将两次输入的新密码作对比
                            i++;
                        else                   //如果两次的密码不同
                        {
                            //DisplayListChar(0,1,Error);
                            write_12864com(er);
                            for(j = 0;j < 16;j++)
                            {
                                write_12864dat(Error[j]); //显示错误 Error
                            }
                            ThreeAlam();            //错误提示
                            pass = 0;               //关锁
                            ReInputEn = 0;          //关闭重置功能
                            ReInputCont = 0;
                            DisplayChar();
                            break;
                        }
                    }
                    if(i == 6)
                    {
                        //DisplayListChar(0,1,ResetOK);
                        write_12864com(er);
```

```
                    for(j = 0;j < 16;j++)
                    {
                        write_12864dat(ResetOK[j]);        //密码修改成功,显示
                    }
                    TwoAlam();                             //操作成功提示
                    WrToROM(TempPassword,0,6);             //将新密码写入 AT24C02 存储
                    ReInputEn = 0;
                }
                ReInputCont = 0;
                CorrectCont = 0;
            }
            else                                           //输入一次密码时
            {
                OneAlam();
                //DisplayListChar(0, 1, again);            //显示再输入一次
                write_12864com(er);
                for(j = 0;j < 16;j++)
                {
                    write_12864dat(again[j]);              //显示再输入一次
                }
                for(i = 0;i < 6;i++)
                {
                    TempPassword[i] = InputData[i];        //将第一次输入的数据暂存起来
                }
            }

            N = 0;                                         //输入数据位数计数器清零
        }
    }
}


}
// ============== 输入密码错误超过三次,报警并锁死键盘 =====================
void Alam_KeyUnable(void)
{
    P1 = 0x00;
    {
        ALAM = ~ALAM;                                      //蜂鸣器一直闪烁鸣响
        Delay5Ms();
    }
}
// ================= 取消所有操作 ============================================
void Cancel(void)
{
    unsigned char i;
    unsigned char j;
    //DisplayListChar(0, 1, start_line);
    write_12864com(er);
    for(j = 0;j < 16;j++)
    {
        write_12864dat(start_line[j]);                     //显示开机,输入密码界面
```

```
    }
    TwoAlam();                                          //提示音
    for(i = 0;i < 6;i++)
    {
        InputData[i] = 0;                               //将输入密码清零
    }
    KEY = 1;                                            //关闭锁
    ALAM = 1;                                           //报警关
    pass = 0;                                           //密码正确,标志清零
    ReInputEn = 0;                                      //重置输入允许标志清零
    ErrorCont = 0;                                      //密码错误,输入次数清零
    CorrectCont = 0;                                    //密码正确,输入次数清零
    ReInputCont = 0;                                    //重置密码,输入次数清零
    s3_keydown = 0;
    key_disable = 0;                                    //锁定键盘标志清零
    N = 0;                                              //输入位数计数器清零
}


// =============== 确认键,并通过相应标志位执行相应功能 ============
void Ensure(void)
{
    unsigned char i,j;
    RdFromROM(CurrentPassword,0,6);                     //从 AT24C02 中读出存储密码
    if(N == 6)
    {
     if(ReInputEn == 0)                                 //重置密码功能未开启
      {
        for(i = 0;i < 6;)
        {
            if(CurrentPassword[i] == InputData[i])      //判断输入密码和 AT24C02 中的密码是否
                                                        //相同
            {
                i++;                                    //相同一位  i 就 + 1
            }
            else                                        //如果有密码不同
            {
                ErrorCont++;                            //错误次数 + 1
                if(ErrorCont == 3)                      //错误输入计数达 3 次时,报警并锁定
                                                        //键盘
                {
                    write_12864com(er);
                    for(i = 0;i < 16;i++)
                    {
                        write_12864dat(Error[i]);
                    }
                    do
                    Alam_KeyUnable();
                    while(1);
                }
                else                //错误次数小于 3 时,锁死键盘 3s,然后重新可以输入
```

```
                            {
                                TR0 = 1;                    //开启定时
                                key_disable = 1;            //锁定键盘
                                pass = 0;                   //pass 位清零
                                break;                      //跳出
                            }
                        }
                    }

                    if(i == 6)                              //密码输入正确时
                    {
                        CorrectCont++;                      //输入正确变量 + 1
                        if(CorrectCont == 1)                //正确输入计数,当只有一次正确输入时,开锁
                        {
                            //DisplayListChar(0,1,LockOpen);
                            write_12864com(er);
                            for(j = 0;j < 16;j++)
                            {
                                write_12864dat(LockOpen[j]);    //显示 open 开锁画面
                            }
                            TwoAlam();                      //操作成功提示音
                            KEY = 0;                        //开锁
                            pass = 1;                       //置正确标志位
                            just();                         //电机正转
                            TR0 = 1;                        //开启定时
                            for(j = 0;j < 6;j++)            //将输入清除
                            {
                                InputData[i] = 0;           //开锁后将输入位清零
                            }
                        }
                        else                                //当两次正确输入时,开启重置密码功能
                        {
                            //DisplayListChar(0,1,SetNew);
                            write_12864com(er);
                            for(j = 0;j < 16;j++)
                            {
                                write_12864dat(SetNew[j]);      //显示重置密码界面
                            }
                            TwoAlam();                      //操作成功提示
                            ReInputEn = 1;                  //允许重置密码输入
                            CorrectCont = 0;                //正确计数器清零
                        }
                    }

                    else
// ========= 当第一次使用或忘记密码时,可以用 131420 对密码初始化 =============
                    {
                        if((InputData[0] == 1)&&(InputData[1] == 3)&&(InputData[2] == 1)&&(InputData[3] ==
4)&&(InputData[4] == 2)&&(InputData[5] == 0))
                        {
                            WrToROM(initpassword,0,6);          //强制将初始密码写入 AT24C02 存储
```

```
                    //DisplayListChar(0,1,initword);        //显示初始化密码
                    write_12864com(er);
                    for(j = 0;j < 16;j++)
                    {
                        write_12864dat(initword[j]);    //显示初始化密码
                    }
                    TwoAlam();                          //成功提示音
                    Delay400Ms();                       //延时 400ms
                    TwoAlam();                          //成功提示音
                    N = 0;                              //输入位数计数器清零
                }
                else                                    //密码输入错误
                {
                    //DisplayListChar(0,1,Error);
                    write_12864com(er);
                    for(j = 0;j < 16;j++)
                    {
                        write_12864dat(Error[j]);       //显示错误信息
                    }
                    ThreeAlam();                        //错误提示音
                    pass = 0;
                    turn();                             //电机反转
                }
            }
        }

        else                                    //当已经开启重置密码功能时,而按下开锁键
        {
            //DisplayListChar(0,1,Er_try);
            write_12864com(er);
            for(j = 0;j < 16;j++)
            {
                write_12864dat(Er_try[j]);   //错误,请重新输入
            }
            ThreeAlam();                        //错误提示音
        }
    }

else                                    //密码没有输入到 6 位就按下确认键时
{
    //DisplayListChar(0,1,Error);
    write_12864com(er);
    for(j = 0;j < 16;j++)
    {
        write_12864dat(Error[j]);       //显示错误
    }

    ThreeAlam();                        //错误提示音
    pass = 0;
}
```

```
        N = 0;                                  //将输入数据计数器清零,为下一次输入做准备
    }


// =========================== 主函数 ===============================
void main(void)
{
    unsigned char KEY,NUM;
    unsigned char i,j;
    P1 = 0xFF;                          //P1 口复位
    TMOD = 0x11;                        //定义工作方式
    TL0 = 0xB0;
    TH0 = 0x3C;                         //定时器赋初值
    EA = 1;                             //打开中断总开关
    ET0 = 1;                            //打开中断允许开关
    TR0 = 0;                            //打开定时器开关
    Delay400Ms();                       //启动等待,等 LCM 进入工作状态
    lcd_init();                         //LCD 初始化
    write_12864com(0x80);               //日历显示固定符号,从第一行第 0 个位置之后开始显示
     for(i = 0;i < 16;i++)
    {
    write_12864dat(name[i]);            //向液晶屏写开机画面
    }
        write_12864com(0x90);
    for(i = 0;i < 16;i++)
    {
        write_12864dat(start_line[i]);//写输入密码等待界面
    }
//write_12864com(er + 9);                 //设置光标位置
    Delay5Ms();                         //延时片刻(可不要)

    N = 0;                              //初始化数据输入位数
    while(1)                            //进入循环
    {
        if(key_disable == 1)            //锁定键盘标志为 1 时
            Alam_KeyUnable();           //报警键盘锁
        else
            ALAM = 1;                   //关报警

        KEY = keynum();                 //读按键的位置码
        if(KEY!= 0)                     //当有按键按下时
        {
            if(key_disable == 1)        //锁定键盘标志为 1 时
            {
                second = 0;             //秒清零
            }
            else                        //没有锁定键盘时
            {
                NUM = coding(KEY);      //根据按键的位置将其编码,编码值赋值给 NUM
                {
                    switch(NUM)         //判断按键值
                    {
```

```
                    case ('A'): ;break;
                    case ('B'): ;break;
                    case ('C'): ;break;                //ABC 是无定义按键
                    case ('D'): ResetPassword();break;  //重新设置密码
                    case ('*'): Cancel();break;         //取消当前输入
                    case ('#'): Ensure(); break;        //确认键
                    default:                            //如果不是功能键按下时,就是数字键按下
                    {
                        //DisplayListChar(0,1,Input);
                        write_12864com(er);
                        for(i = 0;i < 16;i++)
                        {
                            write_12864dat(Input[i]);  //显示输入画面
                        }
            if(N < 6) //当输入的密码少于 6 位时,接收输入并保存,大于 6 位时则无效
                        {
                            OneAlam();                  //按键提示音
                            for(j = 0;j <= N;j++)
                            {
                write_12864com(er + 1 + j);  //显示位数随输入增加而增加
                write_12864dat('*');         //但不显示实际数字,用 * 代替
                            }
                InputData[N] = NUM;          //将数字键的码赋值给 InputData[ ]数组暂存
                            N++;                    //密码位数加
                        }
                        else                        //输入数据位数大于 6 后,忽略输入
                        {
                            N = 6;                  //密码输入大于 6 位时,不接收输入
                            break;
                        }
                    }
                }
            }
        }
    } * /
}


// ***************************** 中断服务函数 ***************************
******
void time0_int(void) interrupt 1                    //定时器 T0
{
    TL0 = 0xB0;
    TH0 = 0x3C;                                     //定时器重新赋初值
    //TR0 = 1;
    countt0++;                                      //计时变量加 1,加 1 次是 50ms
    if(countt0 == 20)                               //加到 20 次就是 1s
    {
        countt0 = 0;                                //变量清零
        second++;                                   //秒加
        if(pass == 1)                               //开锁状态时
```

```
        {
            if(second == 1)                 //秒加到1s时
            {
                TR0 = 0;                    //关定时器
                TL0 = 0xB0;
                TH0 = 0x3C;                 //再次赋初值
                second = 0;                 //秒清零
            }
        }
        else                                //不在开锁状态时
        {
            if(second == 3)                 //秒加到3s时
            {
                TR0 = 0;                    //关闭定时器
                second = 0;                 //秒清零
                key_disable = 0;            //锁定键盘清零
                s3_keydown = 0;
                TL0 = 0xB0;
                TH0 = 0x3C;                 //重新赋初值
            }
            else                            //打开定时器
                TR0 = 1;
        }
    }
}
void motorstop(void)
{
    Mz = 0;
    Mf = 0;
}

void just(void)
{
    Mz = 1;
    Mf = 0;
    Delay100Ms();
    motorstop();
}

void turn(void)
{
    Mz = 0;
    Mf = 1;
    Delay100Ms();
    motorstop();
}
```

12.5 系统测试及结果

用编程器将软件程序烧写到单片机中,将单片机插入电路板,上电进行功能验证。结果如图12-18所示。

图 12-18　重置密码成功显示

12.6　本章小结

本设计从经济实用的角度出发,采用 51 单片机与低功耗 CMOS 型 E^2PROM、AT 24C02 作为主控芯片与数据存储器单元,结合外围的键盘输入、显示、报警、开锁等电路,并编写主控芯片的控制程序,研制了可以更改密码具有报警功能的电子密码锁。使用单片机制作的电子密码锁具有软硬件设计简单、易于开发、成本较低、安全可靠、操作方便等特点,可应用于住宅、办公室的保险箱及档案柜等需要防盗的场所,有一定的实用性。该电路设计还具有按键有效提示、输入错误提示、开锁、修改密码等多种功能,可在意外泄密的情况下随时修改密码,保密性强,灵活性高,特别适用于家庭、办公室、学生宿舍及宾馆等场所。

第13章

智能温度测控系统

温度控制广泛应用于人们的生产和生活中,例如冶金、酿造、纺织等工业过程都需要温度控制,农业和家庭生活也离不开温度控制,例如温室、冰箱、热水器等。温度自动控制系统可节约劳动力,提高安全性。设计采用单片机进行温度控制,具有测量精度高、操作简单、可运行性强、价格低廉等优点。本设计重点掌握两部分内容,测温传感器 DS18B20 和控温模块 WS100T10 使用的实现,利用 PID 控制算法实现的闭环控制。

13.1　设计任务及要求

1. 设计任务

(1) 数字温度测量及控制的闭环系统,每次给定一个设定温度,控制系统都能快速达到预设温度,并且保持这一温度,精度达到 0.1℃。采用 STC89C52 单片机主控芯片。

(2) 使用数字式温度传感器 DS18B20 对灯泡温度进行实时采样,使得采样温度用于实际的控制中,也将采集温度值动态显示在 12864 液晶显示屏上。

(3) 采用 WS100T10 芯片作为可控硅移相触发电路,用可控硅控制发热负载的输出功率。

(4) 设置按键对 12864 显示屏上的设定温度进行加减操作,更方便实时监测温度变化。

(5) 运用 PID 算法控制发热负载的功率,使温度始终保持在设定值,该算法作为智能控制的核心算法,可实现精确快速地达到预设温度。

2. 要求

(1) 掌握可控硅及 WS100T10 芯片的工作原理,温度传感器 DS18B20 的应用。

(2) 掌握 PID 控制算法的原理及应用。

13.2 系统整体方案设计

本设计硬件包括双向可控硅移相触发模块、可控硅模块、按键控制模块、温度检测模块等。系统以 51 单片机作为处理器,通过温度传感器将温度信号传送给控制单元,经过单片机处理,根据 PID 控制算法给出控制信号,信号由可控硅控制器件 WS100T10 完成加热部件的功率控制。系统中的发热负载选定为白炽灯,发热快而且控制安全,实现方便。键盘按键设定的温度和当前温度可以实时地显示在显示屏上。控制总体的硬件设计如图 13-1 所示。

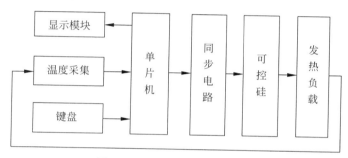

图 13-1 温度控制系统整体图

13.3 系统硬件设计

13.3.1 主控制单元

本设计中要用到如下器件:STC89C52 单片机、WS100T10 移相触发芯片、DS18B20 温度传感器、12864 液晶显示屏、双向可控硅及光耦器等。其中,D1 为电源工作指示灯,电路中的两个按键用于完成温度设定,设定温度值的加和减。根据设计电路的特点,只需要用到 2 个按钮来控制温度,实现的功能也比较简单,所以采用独立式未编码键盘结构,按键"S1""S2"调节设定温度值的加减。1602 显示模块在实际应用中仅使用并口通信模式,可将 PSB 接固定高电平。模块内部接有上电复位电路,因此在不需要经常复位的场合可将该端悬空。如背光和模块共用一个电源,可以将模块上的 BLA+ 和 BLA- 连接到 V_{CC} 及 GND 端口。硬件电路总设计见图 13-2。

13.3.2 温度传感器 DS18B20 的应用

通过单总线端口访问 DS18B20 的协议如下:

步骤 1:初始化。通过单总线的所有执行操作处理都从一个初始化序列开始。初始化序列包括一个由总线控制器发出的复位脉冲和其后由从机发出的存在脉冲。存在脉冲让总线控制器知道 DS18B20 在总线上且已准备好操作。

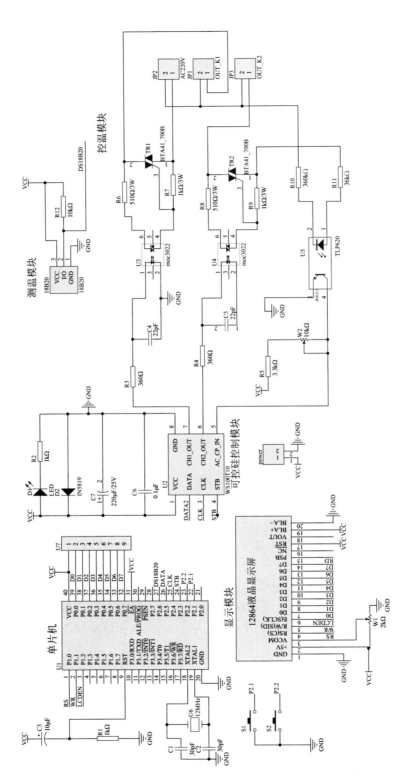

图 13-2　控温系统原理图

步骤 2：ROM 操作指令。一旦总线控制器探测到一个存在脉冲,它就发出一条 ROM 指令。如果总线上挂有多只 DS18B20,这些指令将基于器件独有的 64 位 ROM 片序列码使得总线控制器选出特定要进行操作的器件。这些指令同样也可以使总线控制器识别有多少只、什么型号的器件挂在总线上,同样,它们也可以识别哪些器件已经符合报警条件。ROM 指令有 5 条,都是 8 位长度。总线控制器在发起一条 DS18B20 功能指令之前必须先发出一条 ROM 指令。

步骤 3：DS18B20 功能指令。在总线控制器发给欲连接的 DS18B20 一条 ROM 命令后,随后可以发送一条 DS18B20 功能指令。这些命令允许总线控制器读写 DS18B20 的暂存器,发起温度转换和识别电源模式。

DS18B20 电路的设计如图 13-3 所示,为单点温度监控系统。该电路工作稳定可靠,抗干扰能力强,而且电路也比较简单。同样也可以开发出稳定可靠的多点温度监控系统。使用外部电源供电方式,可以充分发挥 DS18B20 宽电源电压范围的优点,即使电源电压 V_{CC} 降到 3V 时,依然能够保证温度测量的精度。

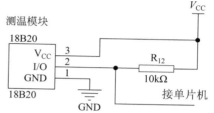

图 13-3　单点温度监控电路

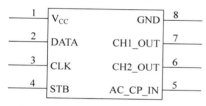

图 13-4　WS100T10 的引脚排列

13.3.3　可控硅移相触发电路

可控硅移相触发模块采用 WS100T10 专用集成电路,该芯片是一块用于工频 50Hz/60Hz 交流控制系统的专用集成电路,采用 CMOS 工艺制造。WS100T10 是与外部交流脉冲同步的全数控精密双通道双向可控硅移相触发电路,每个通道单独控制,并提供多种控制方式以满足用户不同的应用需求。WS100T10 的引脚排列如图 13-4 所示,引脚说明如表 13-1 所示。

表 13-1　是 WS100T10 引脚说明

引 脚 编 号	引 脚 名 称	输 入 输 出	功 能 描 述
1	V_{CC}	—	电源+5V 端
2	DATA*	In	根据型号有不同的意义 *
3	CLK*	In	(同上)
4	STB*	In	(同上)
5	AC_CP_IN	In	交流同步脉冲输入
6	CH2_OUT	Out	通道 2 触发脉冲输出
7	CH1_OUT	Out	通道 1 触发脉冲输出
8	GND	—	电源地

1. WS100T10 工作波形及时序

WS100T10 输出端引脚波形如图 13-5 所示,通信引脚时序如图 13-6 所示。

如图 13-6 所示,当数据端发送的一个字节数据以 0 开头(0XXXXXXX),此时控制的是第 7 引脚输出;当发送的一个字节数据以 1 开头(1XXXXXXX),控制的是第 6 引脚输出,

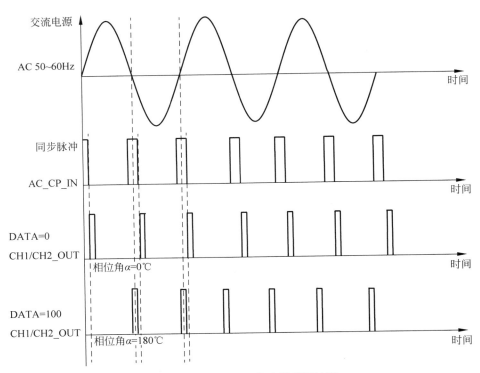

图 13-5 WS100T10 输出端引脚波形

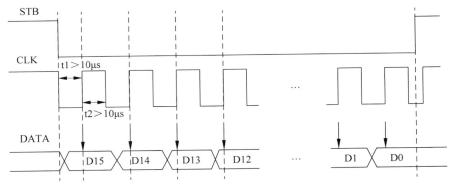

图 13-6 WS100T10 通信引脚时序

因为 WS100T10 是一个双通道的芯片。输出数据的后 7 位为有效数据，后 7 位全 0
（X0000000）为最低功耗输出，即关闭状态；后 7 位全 1（X1111111）为最大的功率输出。当
电源频率为 50Hz 时，输出数据后 7 位 1～80（十进制）的功率从关闭到最大；当电源频率为
60Hz 时，输出数据后 7 位 1～100（十进制）功率从关闭到全功率。

由于 WS100T10 芯片有两路触发脉冲输出，本设计主要采用通道-触发脉冲输出，发送
数据 DATA＝1，全功率输出，仿真波形见图 13-7。

2. 双向可控硅工作原理

本设计选择移相触发作为可控硅的触发控制方式，可控硅选择型号为 BTA41_700B，它
有三个电极，分别为控制极 G、主电极 T1 和 T2。其结构如图 13-8 所示。

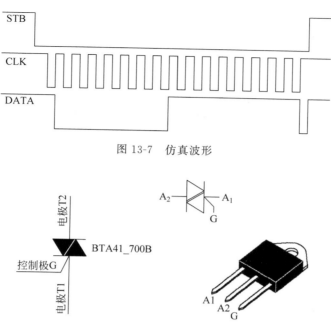

图 13-7　仿真波形

图 13-8　双向可控硅 BTA41_700B 的结构

　　触发脉冲输出的信号加在电源电路可控硅的触发极,使电路导通,并给负载供电,使灯按弱、中、强、关闭 4 个状态动作,达到调功率的目的。移相触发在可控硅的每个正或负周期中都有保持通断的部分,即输出连续可调,故能适应各种负载,但在控制过程中,会对电网产生电磁干扰。应根据负载性质、使用条件和周围环境选择合适的移相触发电路。为了实现整流电路输出电压可控,必须使可控硅在承受正向电压的每半个周期内,触发电路发出第一个触发脉冲的时刻都相同,这种相互配合的工作方式,称为触发脉冲与电源同步。交流同步触发可控硅控制电路,通过调节触发电阻的大小,在交流电压大小变化时,在设定的触发位置达到触发电压的幅度,可控硅导通。移相触发是通过改变导通角来实现调压,图 13-9 所示就是触发脉冲的移相触发角分别为 45°、90°和 135°时的导通情况。

　　3. MOC3022 工作原理

　　MOC3022 是一款光隔离三端双向可控硅驱动器芯片,也称光电隔离器,简称光耦,光耦以光为媒介传输电信号。它对输入、输出电信号有良好的隔离作用,所以,它在各种电路中得到广泛的应用。目前它已成为种类最多、用途最广的光电器件之一。光耦一般由三部分组成:光的发射、光的接收及信号放大。输入的电信号驱动发光二极管(LED)使之发出一定波长的光,被光探测器接收而产生光电流,再经过进一步放大后输出。这就完成了电—光—电的转换,从而起到输入、输出、隔离的作用。由于光耦输入输出间互相隔离,电信号传输具有单向性等特点,因而具有良好的电绝缘能力和抗干扰能力。它包含一个砷化镓红外发光二极管和一个光敏硅双向开关,该开关具备与三端双向可控硅一样的功能。MOC3022设计用于为电子控制装置和电源双向控制装置提供接口,以便对操作电压下的电阻和电感负载进行有效控制。光触发可控硅是用光信号触发,可控硅被光脉冲触发后,即使光信号已经消失,只要可控硅的 T1、T2 之间有电压,可控硅就维持在导通状态。所以 MOC30XX 系列的光触发可控硅只能用于交流电的负载控制。在交流电的半周内一旦触发,电流会维持

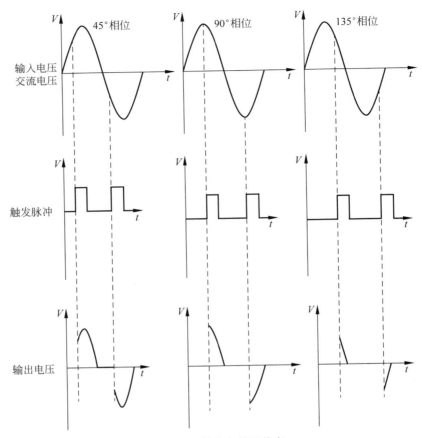

图 13-9　触发角导通状态

到交流电换向过零时才关断。光耦合双向可控硅驱动器是一种单片机输出与双向可控硅之间较理想的接口器件,它由输入和输出两部分组成,输入部分是一砷化镓发光二极管,该二极管在 5～15mA 正向电流作用下发出足够强度的红外线触发输出部分。输出部分是一个硅光敏双向可控硅,在紫外线的作用下可双向导通。

MOC3022 是 DIP-6 封装的光控可控硅,其 1、2 脚分别为二极管的正、负极;4、6 脚为输出回路的两端;3、5 脚不用连接。光耦隔离电路使被隔离的两部分电路之间没有电的直接连接,主要是防止因有电的连接而引起的干扰,特别是低压的控制电路与外部高压电路之间。光耦合双向可控硅驱动器电路见图 13-10。

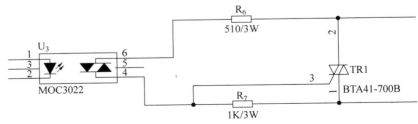

图 13-10　光耦合双向可控硅驱动器电路

13.4　软件设计

13.4.1　主程序流程图

按上述工作原理和硬件结构分析可知系统主程序工作流程图如图 13-11 所示。键盘扫描程序框图如图 13-12 所示。

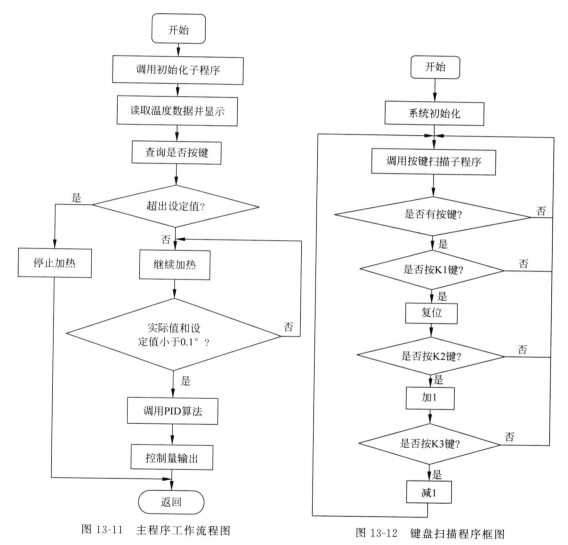

图 13-11　主程序工作流程图　　　　　　图 13-12　键盘扫描程序框图

13.4.2　PID 控制算法

PID 控制器具有结构简单、容易实现、控制效果好、鲁棒性强等特点,是迄今为止最稳定的控制方法。它所涉及的参数物理意义明确,理论分析体系完整,因而在工业过程控制中得到了广泛应用。PID控制由反馈系统偏差的比例(P)、积分(I)和微分(D)的线性组合而成,这3种基本控制规律各具特点。

P比例控制:比例控制器在控制输入信号 $e(t)$ 变化时,只改变信号的幅值而不改变信号的相位,采用比例控制可以提高系统的开环增益。该控制为主要控制部分。

D微分控制:微分控制器对输入信号取微分或差分,微分反映的是系统的变化率,因此微分控制是一种超前预测性调节,可以预测系统的变化,增大系统的阻尼,提高相角裕度,起到改善系统性能的作用。但是,微分对干扰也有很大的放大作用,过大的微分会使系统震荡加剧。

I积分控制:积分是一种累加作用,它记录了系统变化的历史,因此,积分控制反映的是控制中历史对当前系统的作用。积分控制在系统中加入了零极点,可以提高系统的型别(控制系统型别即为开环传递函数的零极点的重数,它表征了系统跟随输入信号的能力),消除静差,提高系统的无差度,但会使系统的震荡加剧,超调增大,动态性能降低,故一般不单独使用,而是与PD控制相结合。

PID的复合控制:综合以上几种控制规律的优点,使系统同时获得很好的动态和稳态性能。PID控制规律的基本输入输出关系可用微分方程表示:

$$v(t) = K_P \left[e(t) + \frac{1}{T_I} \int_0^t e(t) \mathrm{d}t + T_D \frac{\mathrm{d}e(t)}{\mathrm{d}t} \right] \tag{13-1}$$

式中,$e(t)$ 为控制器的输入偏差信号;K_P 为比例控制增益;T_I 为积分时间常数;T_D 为微分时间常数。在计算机控制系统中,使用数字PID控制器,数字PID控制算法通常又分为位置式PID控制算法和增量式PID控制算法。

由于计算机控制是一种采样控制,它只能根据采样时刻的偏差值计算控制量,故对式(13-1)中的积分和微分项不能直接使用,需要进行离散化处理。按模拟PID控制算法的式(13-1),现以一系列的采样时刻点 kT 代表连续时间 t,以和式代替积分,以增量代替微分,则可以作如下的近似变换:

$$\begin{cases} t = kT (k = 0, 1, 2, \cdots) \\ \int_0^t e(t) \mathrm{d}t \approx \sum_{j=0}^{k} e(jT) = T \sum_{j=0}^{k} e(j) \\ \dfrac{\mathrm{d}e(t)}{\mathrm{d}t} \approx \dfrac{e(kT) - e\left[(k-1)T\right]}{T} = \dfrac{e(k) - e(k-1)}{T} \end{cases} \tag{13-2}$$

显然,上述离散化过程中,采样周期 T 必须足够短,才能保证有足够的精度。为了书写方便,将 $e(kT)$ 简化表示成 $e(k)$ 等,即省去 T。离散的PID表达式为

$$u(k) = K_P \left\{ e(k) + \frac{T}{T_I} \sum_{j=0}^{k} e(j) + \frac{T_D}{T} \left[e(k) - e(k-1) \right] \right\} \tag{13-3}$$

式中,k 为采样序列号;$u(k)$ 为第 k 次采样时刻的计算机输出值;$e(k)$ 为第 k 次采样时刻输入的偏差值;$e(k-1)$ 为第 $k-1$ 次采样时刻输入的偏差值;K_I 为积分系数,$K_I = K_P \cdot T/T_I$;K_D 为微分系数,$K_D = K_P \cdot T_D/T$。

我们常称式(13-3)为位置式PID控制算法。位置式PID控制算法示意图如图13-13所示,流程图如图13-14所示。由于全量输出,所以每次输出均与过去的状态有关,计算时要对误差进行累加,所以运算工作量大。而且如果执行器(计算机)出现故障,则会引起执行机

构位置的大幅度变化,这种情况在生产场合是不允许的,因而产生了增量式 PID 控制算法。

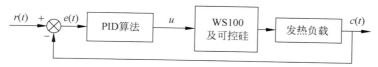

图 13-13　位置式 PID 控制算法示意图

```
# include < reg52.h >           //52 系列单片机头文件
# include < intrins.h >
# include < string.h >
# define uint unsigned int      //宏定义
# define uchar unsigned char
# define _Nop() _nop_()         //延时 1μs
float tt;
uint t;
struct PID {
unsigned int SetPoint;          // 设定目标 Desired Value
unsigned int Proportion;        // 比例常数 Proportional Const
unsigned int Integral;          // 积分常数 Integral Const
unsigned int Derivative;        // 微分常数 Derivative Const
unsigned int LastError;         // Error[ - 1]
unsigned int PrevError;         // Error[ - 2]
unsigned int SumError;          // Sums of Errors
};
struct PID spid;                // PID Control Structure
unsigned int rout;              // PID Response (Output)
unsigned int rin;               // PID Feedback (Input)
sbit DQ = P2^3;                 //DS18B20 定义端口
sbit DATA = P2^0;               //WS100T10 数据端口
sbit CLK = P2^1;                //WS100T10 时钟信号端口
sbit STB = P2^2;                //WS100T10 片选端口
sbit key1 = P2^4;               //按键 1 定义端口
sbit key2 = P2^5;               //按键 2 定义端口
uchar high_time, temper, j = 0, s, light, x_pos, y_pos, lcd_dat;
typedef unsigned char byte;
typedef unsigned int word;
void qudong(unsigned char cmd, unsigned char ch);     //声明子函数
# define lcd_data_port P0
uchar table1[] = {" 设置温度: "};
uchar code table2[] = {" P:10 I:8 D:6 "};
uchar code table3[] = {"当前温度为:Temp "};
uchar code table4[] = {" 摄氏度 "};
float tt;
uint set_temper = 45;
sbit rs = P1^0;                 //12864 控制端口
sbit rw = P1^1;
sbit e = P1^2;                  //12864 使能信号端口
sbit psb = P1^3;
```

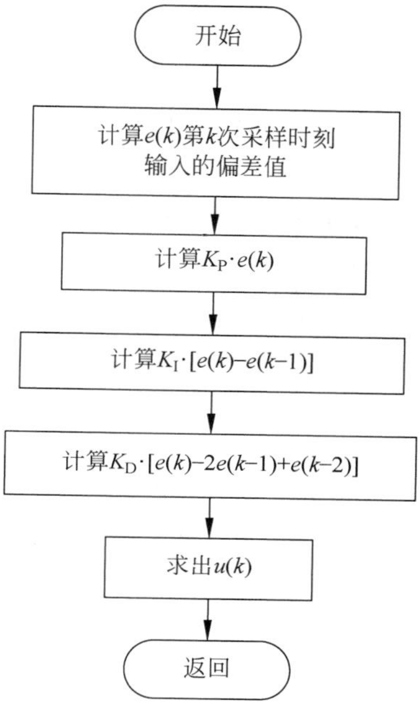

开始

计算 $e(k)$ 第 k 次采样时刻输入的偏差值

计算 $K_P \cdot e(k)$

计算 $K_I \cdot [e(k) - e(k-1)]$

计算 $K_D \cdot [e(k) - 2e(k-1) + e(k-2)]$

求出 $u(k)$

返回

图 13-14　位置式 PID 控制流程图

```
uchar m;
uint temp;
uchar flag_get,num,sign;
uchar st[6];
/* --------------------------------------------------------
延时部分
---------------------------------------------------------- */
void MyDelay(unsigned int time)                    //延时 1μs
{
    while(time -- )
    {
        _nop_();
    }
}
void delay_50us(uint t)                            //延时 50μs
{
    uchar j;
    for(;t > 0;t -- )
    for(j = 19;j > 0;j -- );
}


/* --------------------------------------------------------
18B20 驱动程序部分
---------------------------------------------------------- */
//18B20 初始化函数
Init_DS18B20(void)
{
    unsigned char x = 0;
    DQ = 1;                    //DQ 复位
    MyDelay(2);                //稍做延时
    DQ = 0;                    //单片机将 DQ 拉低
    MyDelay(20);               //精确延时,大于 480μs
    DQ = 1;                    //拉高总线
    MyDelay(10);
    x = DQ;                    //稍做延时后 如果 x = 0 则初始化成功,x = 1 则初始化失败
    MyDelay(20);
}
//读一个字节
ReadOneChar(void)
{
    unsigned char i = 0;
    unsigned char dat = 0;
    for (i = 8;i > 0;i -- )
    {
        DQ = 0;                // 给脉冲信号
        dat >> = 1;
        DQ = 1;                // 给脉冲信号
        if(DQ)
        dat| = 0x80;
        MyDelay(2);
    }
```

```
        return(dat);
    }
//写一个字节
WriteOneChar(unsigned char dat)
{
    unsigned char i = 0;
    for (i = 8; i > 0; i--){
        DQ = 0;
        DQ = dat&0x01;
    MyDelay(1);
        DQ = 1;
        dat >> = 1;
        }
}
//读取温度
ReadTemperature(void)
{
    unsigned int t = 0;
    unsigned char a = 0;
    unsigned char b = 0;
    Init_DS18B20();
    WriteOneChar(0xCC);          // 跳过读序号列号的操作
    WriteOneChar(0x44);          // 启动温度转换
    Init_DS18B20();
    WriteOneChar(0xCC);          //跳过读序号列号的操作
    WriteOneChar(0xBE);          //读取温度寄存器等(共可读 9 个寄存器),前两个就是温度
    a = ReadOneChar();
    b = ReadOneChar();
    s = (unsigned int)(b&0x0f);
    s = (s * 100)/16;
    t = b;
    t << = 8;
    t = t|a;
    tt = t * 0.0625;             //实际温度
    return(t);                   //返回
    }
/* ----------------------------------------------------------------
12864 显示程序部分
---------------------------------------------------------------- */
//写命令
void write_12864_com(uchar com)
{
    rw = 0;
    rs = 0;                      //选择写命令模式
    delay_50us(1);
    P0 = com;                    //将要写的命令字送到数据总线上
    e = 1;                       //使能端给一高脉冲,因为初始化函数中已经将 e 置为 0
    delay_50us(10);
    e = 0;                       //将使能端置 0,以完成高脉冲
    delay_50us(2);
}
```

```c
//写数据
void write_12864_dat(uchar dat)
{
    rw = 0;
    rs = 1;
    delay_50us(1);
    P0 = dat;
    e = 1;
    delay_50us(10);
    e = 0;
    delay_50us(2);
}
//初始化
void init_12864()
{
    MyDelay(100);
    write_12864_com(0x30);    //功能设定
    delay_50us(4);
    write_12864_com(0x30);
    delay_50us(4);
    write_12864_com(0x0c);    //开显示
    delay_50us(4);
    write_12864_com(0x01);    //清屏
    delay_50us(240);
    write_12864_com(0x06);    //进入点设定
    delay_50us(10);
}
/* ------------------------------------------------------------------
PID算法控制函数部分
------------------------------------------------------------------ */

//初始化
void PIDInit (struct PID * pp)
{
memset ( pp,0,sizeof(struct PID));
}
//PID计算部分
unsigned int PIDCalc( struct PID * pp, unsigned int NextPoint )
{
unsigned int dError,Error;
Error = pp->SetPoint - NextPoint;        // 偏差
pp->SumError += Error;                    // 积分
dError = pp->LastError - pp->PrevError;   // 当前微分
pp->PrevError = pp->LastError;
pp->LastError = Error;
return (pp->Proportion * Error           //比例
+ pp->Integral * pp->SumError            //积分项
+ pp->Derivative * dError);              // 微分项
}
/* ------------------------------------------------------------------
温度比较处理子程序
------------------------------------------------------------------ */
```

```
compare_temper()
{
ReadTemperature();                          //读取当前温度
if(set_temper > tt)

{
if(set_temper - tt > 0.1)
{
    high_time = 1;
}
else
{
    rin = s;                                //读取输入量
    rout = PIDCalc ( &spid,rin );           // PID 控制输出
    if (high_time <= 80)
    high_time = (unsigned char)(rout/8000);
}
}
else
{
high_time = 0;
}
return(high_time);                          //返回
}
/ * --------------------------------------------------------------
按键扫描函数部分
---------------------------------------------------------------- * /
void keyscan()
    {
        if(key1 == 0)                       //判断按键 1 是否按下
        {
        MyDelay(10);                        //延时
        if(key1 == 0)                       //去抖延时
        {
            set_temper += 1;                //自加 1
        }
            while(!key1);                   //等待按键释放
        }
        if(key2 == 0)                       //判断按键 2 是否按下

        {
        MyDelay(10); //延时
        if(key2 == 0)                       //去抖延时
        {
            set_temper -= 1;                //自减 1
        }
            while(!key2);                   //等待按键释放
        }
        light = compare_temper();           //赋值变量比较函数值
        qudong(light,0);                    //调用调光控制函数
}
```

```
/* ------------------------------------------------------------------
函数功能：调温控制函数
------------------------------------------------------------------ */
void qudong(unsigned char cmd,unsigned char ch)
{
    unsigned char i,dl,dh;
    unsigned int datas;
    dh = cmd;
    if(ch == 1)dh |= 0x80;

    dl = ~dh;
    datas = dl;
    datas |= dh<<8;              //最终要发送的数据为16位
                                //高8位命令低8位取反校验
    STB = 0;                    //拉低片选
    for(i=0;i<16;i++)
    {
        CLK = 0;
        MyDelay(5);             //约为100μs
        if(datas & 0x8000)
DATA = 1;
        else
        DATA = 0;
        CLK = 1;
        MyDelay(5);             //约为100μs
        datas <<= 1;
    }
        STB = 1;
        CLK = 1;
        DATA = 1;
}
/* ------------------------------------------------------------------
主函数
------------------------------------------------------------------ */
main()
{
uchar TempH,dot,i;
STB = 1;
CLK = 1;
PIDInit ( &spid );              //初始化函数
init_12864();
spid.Proportion = 10;          //PID比例参数值
spid.Integral = 8;             //PID积分参数值
spid.Derivative = 6;           //PID微分参数值
spid.SetPoint = 100;           //PID设定值

write_12864_com(0x80);         //写地址
psb=1;                         // 给一高电平
for(i=0;i<12;i++)              //显示第一行
{
    write_12864_dat(table1[i]);
```

```
        delay_50us(1);
    }
        write_12864_com(0x90);        //写地址
        for(i = 0;i<16;i++)           //显示第二行
        {
            write_12864_dat(table2[i]);
            delay_50us(1);
        }
        write_12864_com(0x88);        //写地址
        for(i = 0;i<16;i++)           //显示第三行
        {
            write_12864_dat(table3[i]);
            delay_50us(1);
        }
        write_12864_com(0x98);        //写地址
        for(i = 0;i<16;i++)           //显示第四行
        {
            write_12864_dat(table4[i]);
            delay_50us(1);
        }
        TMOD = 0x01;                  //设置定时器0为工作方式1
        TH0 = (65536 - 50000)/256;    //装初值
        TL0 = (65536 - 50000) % 256;
        IE = 0x82;

EA = 1;                               //开总中断
ET0 = 1;                              //开定时器0中断
TR0 = 1;                              //启动定时器0
while(1)
    {
        write_12864_com(0x80 + 6);//显示可调设定温度值
        table1[11] = set_temper/10 + 0x30;
        table1[12] = set_temper % 10 + 0x30;
        write_12864_dat(table1[11]);
        write_12864_dat(table1[12]);
        keyscan();                    //按键扫描
        MyDelay(10);
        st[1] = TempH/100 + 0x30;     //动态显示实测温度
        st[2] = (TempH % 100)/10 + 0x30;
        st[3] = (TempH % 100) % 10 + 0x30;
        st[4] = '.';
        st[5] = dot + 0x30;
        write_12864_com(0x98 + 1);
        for(i = 0;i<6;i++)
        {
            write_12864_dat(st[i]);
            delay_50us(1);
        }
        if(flag_get == 1)
        {
            temp = ReadTemperature();         //读取温度
```

```
if(temp&0x80000)
                {
                st[0] = 0x2d;                      //负号
                    temp = ～temp;
                    temp += 1;
                    }
                else
                st[0] = 0x2b;                      //正号
                TempH = temp >> 4;                 //向右移动 4 位
                dot = temp&0x0F;
                dot = dot * 6/10;                  //显示小数部分
                flag_get = 0;
            }
        }
        ET0 = 0;                                   //关定时器 0 中断
        TR0 = 0;                                   //关定时器 0
        write_12864_com(0x01);                     //清屏显示
}
void time0(void) interrupt 1 using 1
{
        TH0 = (65536 - 50000)/256;                 //重装初值
        TL0 = (65536 - 50000) % 256;
        num++;
        if(num == 15)                              //如果到了 15 次,把 num 清零,重新再计 15 次
        {
            num = 0;
            flag_get = 1;
        }

}
```

13.5　系统测试及结果

通过以上的综合分析,进而将各模块硬件电路组合搭建,进行功能调试,以得到理想的结果。对电路进行组合搭建前,需要分别测试各个模块的硬件电路是否工作正常。

测试流程为:使用目测的方法,检查各个模块焊接情况,是否存在虚焊、连焊等不良情况,并核对元器件的型号、规格和安装是否符合要求,并利用万用表检测电路通断情况。

本系统电源部分的设计采用 3 节 5 号干电池 4.5V 供电。将蜂鸣器、LED 分别串联电阻接通电路,检测是否正常工作,并检测液晶显示屏是否正常。对于主控芯片 STC89C52,利用参考书上的一个例程编写程序并下载到单片机开发板以检测器件是否完好;若以上模块正常工作,根据原理图焊接电路并进行调试。在焊接电路板时,应该从最基本、最小的系统开始,分模块、逐个进行焊接测试,对各个硬件模块进行测试时,要保证在软件正确的情况下测试硬件。

软件部分先参照课本例题,然后自己根据硬件电路编写程序,程序编写所采用的环境是

Keil,再编写驱动程序和主程序后进行运行调试,然后将程序下载到单片机进行调试,若运行结果达不到要求,则返回修改代码,再下载程序调试,直至得到理想的结果。通过对本设计系统的分析及各个组件的实验研究,经过调试得到符合本设计要求的结果。系统实物图如图 13-15 所示。

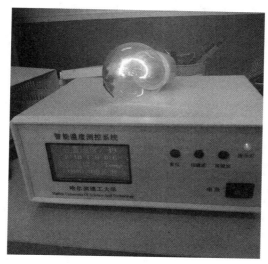

图 13-15　系统实物图

13.6　本章小结

本设计基本实现了基于 STC89C52 温度控制系统的设计,这个设计的完成,培养了读者的创新思维和实践能力。本设计研究了一种基于单片机的 PID 控温系统,该系统具有成本低,控制可靠等优点,经过验证该温度系统达到了预期的设计要求。对于基于单片机的温度控制系统,有着很多独特的优越性:投资少、易维护、编程简单、节约电能、可靠性高,完全可以替代传统成本高、效率低的控制器件,正是这些优越性为我们更好地研究、创造提供了强大的动力。同时本设计还存在着一些不足,例如,系统的硬件设计方面有待完善,可以增加各种保护功能和故障检测功能,还可以用 12864 显示温度曲线,或者用计算机和单片机描出图形,使得 PID 参数更好地调节。

第14章

函数信号发生器设计

信号发生器又称信号源或振荡器,在生产实践和科技领域中有着广泛的应用。各种波形曲线均可以用三角函数方程式来表示。能够产生多种波形,如三角波、锯齿波、矩形波(含方波)、正弦波的电路被称为函数信号发生器。函数信号发生器在电路实验和设备检测中具有十分广泛的用途。例如在通信、广播、电视系统中都需要高频率射频发射,这里的射频波就是高频载波,把低频的音频、视频信号或脉冲信号运载出去,就需要能够产生高频的信号源。在工业、农业、医疗等领域内,如高频感应加热、熔炼、淬火、超声诊断、核磁共振成像等,都需要功率或大或小、频率或高或低的振荡器。

本实例是以单片机为核心,设计了一个低频函数信号发生器。信号发生器采用数模转换器 PCF8591 为核心芯片,可输出正弦波、方波、三角波和锯齿波,波形的频率和幅度在一定范围内可调节。波形和频率及幅度的改变通过单片机按键控制。该信号发生器具有体积小、设计简单、性能稳定、功能齐全的特点。通过本案例的学习,能够全面掌握 D/A 转换器的应用,对 PCF8591 编程输出信号并放大。

14.1 设计任务及要求

1. 任务

(1)利用单片机 STC89C52 采用程序设计方法产生锯齿波、正弦波、方波、三角波几种波形。

(2)通过 D/A 转换器 PCF8591 将数字信号转换成模拟信号,滤波放大输出波形。

(3)通过键盘来选择四种波形的类型、频率变化,通过示波器显示波形,频率在 10～15Hz 范围变化。

(4)通过液晶屏 12864 显示各个波形的类型以及当前频率数值。

2. 要求

（1）掌握 PCF8591 的硬件设计原理，对串行芯片 PCF8591 的编程控制。

（2）运算放大器的设计使用。

14.2 系统整体方案设计

本设计包括硬件和软件设计两部分。模块划分为数据采集、按键控制、液晶显示屏显示等子模块。电路结构可划分为：D/A 转换、运算放大、单片机控制电路。就此设计的核心模块单片机来说，单片机应用系统也是由硬件和软件组成。硬件包括单片机、输入输出设备以及外围应用电路等组成的系统。系统总体的设计方框图如图 14-1 所示。键盘按键选择各个波形，单片机发出波形的数字量通过 PCF8591，转换成模拟量，再经过放大电路放大及滤波输出相应的波形。

PCF8591 是一个单片集成、单独供电、低功耗、8bit CMOS 数据获取器件。PCF8591 具有 4 个模拟输入、1 个模拟输出和 1 个串行 I^2C 总线接口。PCF8591 的 3 个地址引脚 A0、A1 和 A2 可用于硬件地址编程，允许在 1 个 I^2C 总线上接入 8 个 PCF8591 器件，而无需额外的硬件。在 PCF8591 器件上输入输出的地址、控制和数据信号都是通过双线双向 I^2C 总线以串行的方式进行传输。PCF8591 芯片以价格低廉、接口简单、转换控制容易等优点，在单片机应用系统中得到广泛的应用，所以选择此芯片作为数模转换器。

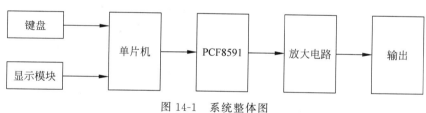

图 14-1　系统整体图

14.3 系统硬件设计

14.3.1 硬件电路总体设计

硬件电路总设计见图 14-2 所示，从 14.2 节可知在本设计中要用到如下器件，STC89C52 作为控制器，PCF8591 作为数模转换单元，LM358 作为运算放大电路，4 个按键可以选择相应的波形，及 12864 液晶显示屏等一些单片机外围应用电路。由单片机编程实现输出三种波形，波形信号通过 D/A 转换模块 PCF8591 输出电压信号，再经过滤波放大之后输出。

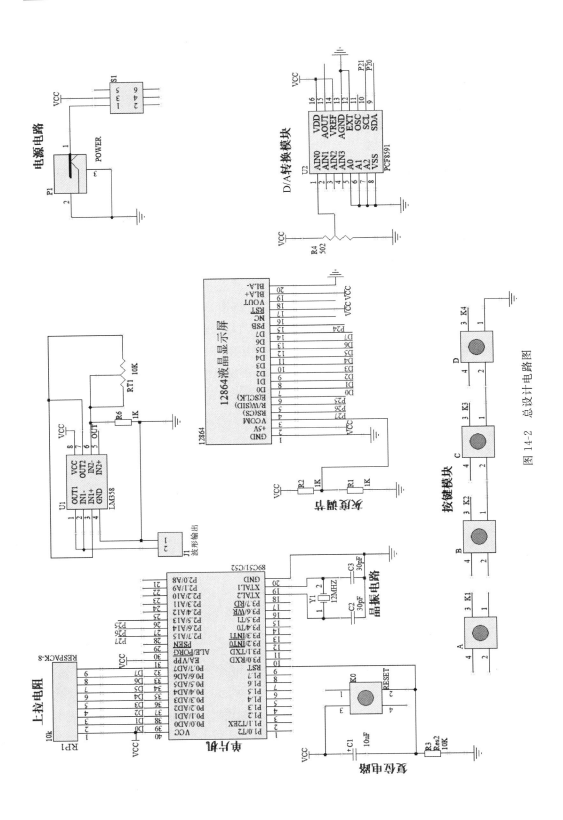

图 14-2 总设计电路图

14.3.2 数模转换器 PCF8591

1. PCF8591 的引脚及结构

PCF8591 是单片、单电源低功耗 8 位 CMOS 数据采集器件，具有 4 个模拟输入、1 个模拟输出和 1 个串行 I^2C 总线接口。3 个地址引脚 A0、A1 和 A2 用于硬件地址编程，允许将最多 8 个器件连接至 I^2C 总线而不需要额外硬件。器件的地址、控制和数据通过双线双向 I^2C 总线传输。器件功能包括多路复用模输入、片上跟踪和保持功能、8 位模数转换和 8 位数模转换。最大转换速率取决于 I^2C 总线的最高速率。引脚如图 14-3 所示。

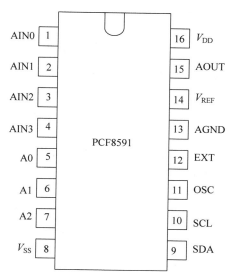

图 14-3 PCF8591 引脚定义

PCF8591 引脚功能说明：

AIN0～AIN3：模拟信号输入端。

A0～A2：引脚地址端。

V_{DD}、V_{SS}：电源端（2.5～6V）。

SDA、SCL：I^2C 总线的数据线、时钟线。

OSC：外部时钟输入端，内部时钟输出端。

EXT：内部、外部时钟选择线，使用内部时钟时 EXT 接地。

AGND：模拟信号地。

AOUT：D/A 转换输出端。

V_{REF}：基准电源端。

图 14-4 为 PCF8591 的结构图。

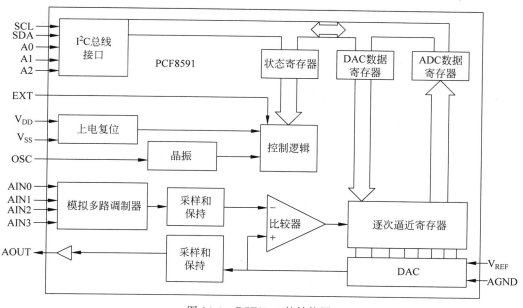

图 14-4 PCF8591 的结构图

2. PCF8591 的工作方式

I^2C 总线系统中的每一片 PCF8591 通过发送有效地址到该器件来激活。该地址包括固定部分和可编程部分。可编程部分必须根据地址引脚 A0、A1 和 A2 来设置。在 I^2C 总线协议中地址必须在起始条件后作为第一个字节发送。地址字节的最后一位是用于设置以后数据传输方向的读/写位。

发送到 PCF8591 的第二个字节将被存储在控制寄存器,用于控制器件功能。控制寄存器的高半字节用于允许模拟输出和将模拟输入编程为单端或差分输入。低半字节选择一个由高半字节定义的模拟输入通道。如果自动增量标志置 1,每次 A/D 转换后通道号将自动增加。如果自动增量模式是使用内部振荡器的应用中所需要的,那么控制字中模拟输出允许标志应置 1。这要求内部振荡器持续运行,因此要防止振荡器启动延时的转换错误结果。模拟输出允许标志可以在其他时候复位以减少静态功耗。选择一个不存在的输入通道将导致分配最高可用的通道号。所以,如果自动增量被置 1,下一个被选择的通道将总是通道 0。两个半字节的最高有效位是留给未来的功能,必须设置为逻辑 0。控制寄存器的所有位在上电复位后被复位为逻辑 0。D/A 转换器和振荡器在节能时被禁止。模拟输出被切换到高阻态。

发送给 PCF8591 的第三个字节被存储到 DAC 数据寄存器,并使用片上 D/A 转换器转换成对应的模拟电压。这个 D/A 转换器由连接至外部参考电压的有 256 个接头的电阻分压电路和选择开关组成。模拟输出电压由自动清零单位增益缓冲放大器。这个缓冲放大器可通过设置控制寄存器的模拟输出允许标志来开启或关闭。在激活状态,输出电压将保持到有新的数据字节被发送。

A/D 转换器采用逐次逼近转换技术。在 A/D 转换周期将临时使用片上 D/A 转换器和高增益比较器。一个 A/D 转换周期总是开始于发送一个有效读模式地址给 PCF8591 之后。A/D 转换周期在应答时钟脉冲的后沿被触发,并在传输前一次转换结果时执行。

片上振荡器产生 A/D 转换周期和刷新自动清零缓冲放大器需要的时钟信号。在使用这个振荡器时 EXT 引脚必须连接到 V_{SS}。在 OSC 引脚振荡频率是可用的。如果 EXT 引脚被连接到 V_{DD},振荡输出 OSC 将切换到高阻态以允许用户连接外部时钟信号至 OSC。

3. PCF8591 的应用

PCF8591 的 1 脚是模拟信号输入端;5,6,7 脚为地址引脚,8 脚为 V_{SS} 电源端,都接GND;9 脚和 10 脚,一个是数据线 SDA,一个是时钟线 SCL,分别接到单片机的 P2.0,P2.1;选择内部时钟,EXT 接 GND;AGND 接地;V_{DD} 和 V_{REF} 接 V_{CC};15 脚为 D/A 转换输出端。该电路的设计如图 14-5 所示。

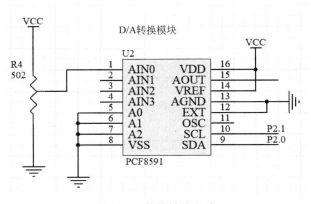

图 14-5　数模转换电路

14.4　放大电路

LM358 是双运算放大器。内部包括有两个独立的、高增益、内部频率补偿的双运算放大器,适合电源电压范围很宽的单电源使用,也适用于双电源工作模式,在推荐的工作条件下,电源电流与电源电压无关。它的使用范围包括传感放大器、直流增益模块和其他所有可用单电源供电的使用运算放大器的场合。图 14-6 为 LM358 的引脚图。

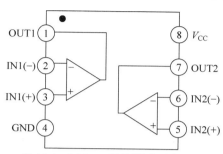

图 14-6　LM358 引脚图及引脚功能

LM358 封装有塑封 8 引线双列直插式和贴片式两种。在本设计当中,利用运放 2 作为前级运放,电位器 RT_1 能够调节放大倍数。运放 1 设计成电压跟随器,增加输入阻抗,减少后级电路对电路电压的影响。电压跟随器的显著特点就是,输入阻抗高,而输出阻抗低,输入阻抗可以达到几兆欧姆,而输出阻抗低,通常只有几欧姆,甚至更低。在电路中,电压跟随器一般作缓冲级(buffer)及隔离级。如果后级的输入阻抗比较小,那么信号就会有相当的部分损耗在前级的输出电阻中。在这个时候,就需要电压跟随器进行缓冲,起到承上启下的作用。图 14-7 和图 14-8 为放大电路及其细节图。

本设计的运算放大倍数计算公式如下:

$$V_{\text{out}} = 2.5 \left(1 + \frac{RT_1}{R_6}\right) \frac{D}{256} \tag{14-1}$$

本系统的硬件供电电压为 5V,那么 OUT1 端的输入分压为 2.5V。具体的设计如图 14-7 所示,内部放大原理如图 14-8 所示。

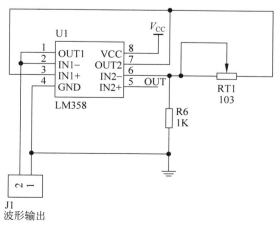

图 14-7　放大电路

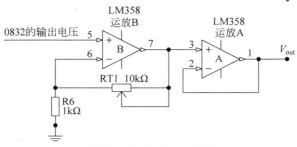

图 14-8　放大电路细节图

14.5　按键及显示模块

按键模块如图 14-9 所示。

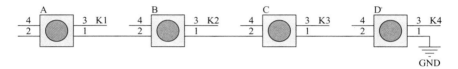

图 14-9　按键模块

根据设计的电路特点,只需要用 4 个按钮来选择波形,实现的功能也比较简单,所以采用独立式未编码键盘结构。其中,按键 K1 用来调节切换波形的输出;按键 K4 用来调节波形频率的步进值;按键 K2、K3 用于调节波形频率。

在实际应用中仅使用并口通信模式,可将 PSB 接固定高电平。本模块内部接有上电复位电路,因此在不需要经常复位的场合可将该端悬空。背光和模块共用一个电源,可以将模块上的 BLA＋、BLA－连接到 V_{CC} 及 GND 引脚。显示模块如图 14-10 所示。

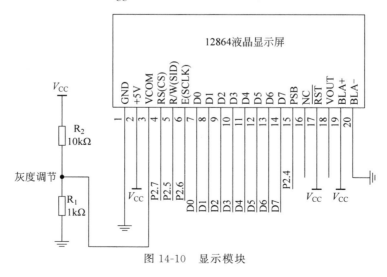

图 14-10　显示模块

最终由 Proteus 软件实现的仿真图,如图 14-11 所示。

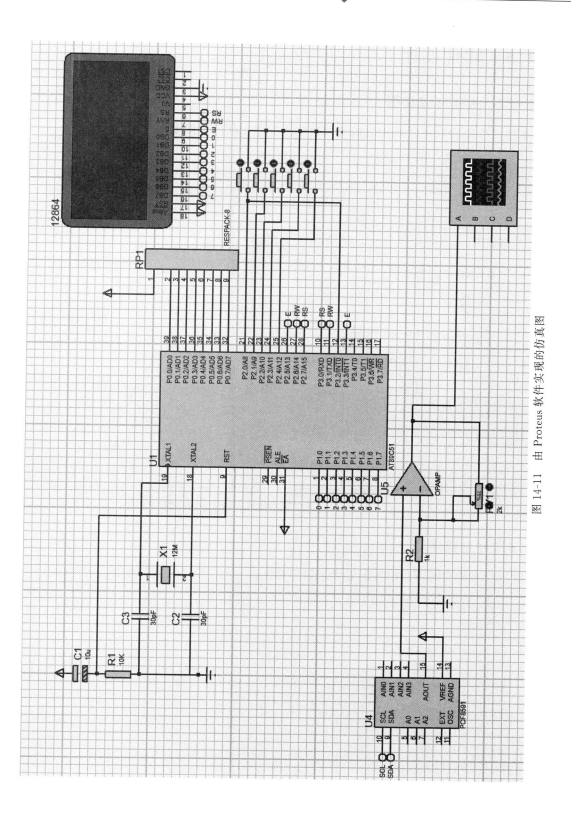

图 14-11 由 Proteus 软件实现的仿真图

14.6 软件设计

14.6.1 主程序流程图

按上述工作原理和硬件结构分析可知系统主程序工作流程图如图 14-12 所示。

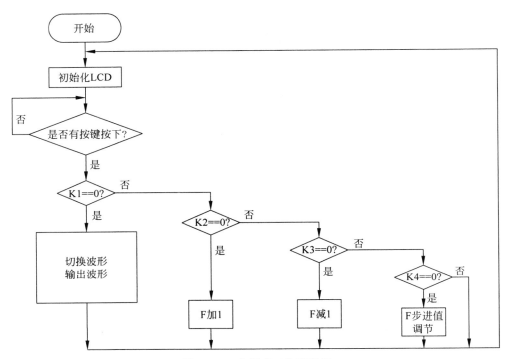

图 14-12 主程序工作流程图

14.6.2 主程序

根据主程序流程图可写出波形发生主程序如下:

```c
# include < reg51.h >
# include < intrins.h >
# include < string.h >
# define uchar unsigned char
# define uint unsigned int
# define Delay4us() {_nop_();_nop_();_nop_();_nop_();}
// -- LCD 控制引脚
sbit RS = P3^0;
sbit RW = P3^1;
sbit EN = P3^3;
sbit PSB = P3^4;
// -- 按键
sbit K1 = P2^0;
```

```c
 sbit K2 = P2^1;
 sbit K3 = P2^2;
 sbit K4 = P2^3;
 sbit K5 = P2^4;
 //-- I2C
 sbit Scl = P2^5;
 sbit Sda = P2^6;
 #define AddWr 0x90                        //写数据地址
 #define AddRd 0x91                        //读数据地址

 uchar WaveChoice = 1, ge1, shi1, bai1;
 uchar ys = 30;
 uchar i, a = 0;
 uchar sqar_num = 128;
 uint m, freq, we, b;

 uchar Recv_Buffer[4];
 uchar code Sin[] = {"sin "};

 uchar code Squ[] = {"squ "};

 uchar code Saw[] = {"saw "};
 uchar code No[] = {"No Signal out "};
 uchar code Wave[] = {"W:"};
 uchar code Fre[] = {"F:"};
////////////////////////////////////I2C//////////////////////////////////////
/* ------------------------------------------------
启动 I²C 总线
------------------------------------------------ */
void Start(void)
{
Sda = 1;
_nop_();
Scl = 1;
_nop_();
Sda = 0;
_nop_();
Scl = 0;
}

/* ------------------------------------------------
停止 I²C 总线
------------------------------------------------ */
void Stop(void)
{
Sda = 0;
_nop_();
Scl = 1;
_nop_();
Sda = 1;
```

```
    _nop_();
    Scl = 0;
}

/* -------------------------------------------------
应答 I²C 总线
---------------------------------------------- */
void Ack(void)
{
    Sda = 0;
    _nop_();
    Scl = 1;
    _nop_();
    Scl = 0;
    _nop_();
}

/* -------------------------------------------------
发送一字节数据
---------------------------------------------- */
void Send(unsigned char Data)
{
    unsigned char BitCounter = 8;
    unsigned char temp;

    do
    {
        temp = Data;
        Scl = 0;
        _nop_();
        if((temp&0x80) == 0x80)
        Sda = 1;
        else
        Sda = 0;

        Scl = 1;
        temp = Data << 1;
        Data = temp;
        BitCounter -- ;
    }
    while(BitCounter);
    Scl = 0;
}

/* -------------------------------------------------
写入 D/A 转换值
---------------------------------------------- */
void DAC(unsigned char Data)
{
    Start();
    Send(AddWr);                          //写入芯片地址
```

```
    Ack();
    Send(0x40);                                    //写入控制位,使能 DAC 输出
    Ack();
    Send(Data);                                    //写数据
    Ack();
    Stop();
  }


////////////////////////////////////////////////////
uchar code tosin[256] =
{0x80,0x83,0x86,0x89,0x8d,0x90,0x93,0x96,0x99,0x9c,0x9f,0xa2,0xa5,0xa8,0xab,
0xae,0xb1,0xb4,0xb7,0xba,0xbc,0xbf,0xc2,0xc5,0xc7,0xca,0xcc,0xcf,0xd1,0xd4,0xd6,0xd8,
0xda,0xdd,0xdf,0xe1,0xe3,0xe5,0xe7,0xe9,0xea,0xec,0xee,0xef,0xf1,0xf2,0xf4,0xf5,0xf6,
0xf7,0xf8,0xf9,0xfa,0xfb,0xfc,0xfd,0xfd,0xfe,0xff,0xff,0xff,0xff,0xff,0xff,0xff,0xff,
0xff,0xff,0xff,0xff,0xfe,0xfd,0xfd,0xfc,0xfb,0xfa,0xf9,0xf8,0xf7,0xf6,0xf5,0xf4,0xf2,
0xf1,0xef,0xee,0xec,0xea,0xe9,0xe7,0xe5,0xe3,0xe1,0xde,0xdd,0xda,0xd8,0xd6,0xd4,0xd1,
0xcf,0xcc,0xca,0xc7,0xc5,0xc2,0xbf,0xbc,0xba,0xb7,0xb4,0xb1,0xae,0xab,0xa8,0xa5,0xa2,
0x9f,0x9c,0x99,0x96,0x93,0x90,0x8d,0x89,0x86,0x83,0x80,
0x80,0x7c,0x79,0x76,0x72,0x6f,0x6c,0x69,0x66,0x63,0x60,0x5d,0x5a,0x57,0x55,
0x51,0x4e,0x4c,0x48,0x45,0x43,0x40,0x3d,0x3a,0x38,0x35,0x33,0x30,0x2e,0x2b,
0x29,0x27,0x25,0x22,0x20,0x1e,0x1c,0x1a,0x18,0x16,0x15,0x13,0x11,0x10,0x0e,
0x0d,0x0b,0x0a,0x09,0x08,0x07,0x06,0x05,0x04,0x03,0x02,0x02,0x01,0x00,0x00,
0x00,0x00,0x00,0x00,0x00,0x00,0x00,0x00,0x00,0x00,0x01,0x02 ,0x02,0x03,0x04,
0x05,0x06,0x07,0x08,0x09,0x0a,0x0b,0x0d,0x0e,0x10,0x11,0x13,0x15,0x16,0x18,
0x1a,0x1c,0x1e,0x20,0x22,0x25,0x27,0x29,0x2b,0x2e,0x30,0x33,0x35,0x38,0x3a,
0x3d,0x40,0x43,0x45,0x48,0x4c,0x4e ,0x51,0x55,0x57,0x5a,0x5d,0x60,0x63,0x66 ,
0x69,0x6c,0x6f,0x72,0x76,0x79,0x7c,0x80 };               //正弦波码

//-- 延时 MS
void DelayMS(uchar ms)
{
    uchar i;
    while(ms -- ) for(i = 0;i < 120;i++);
}
void Delay(uint ms)
{
    uchar i;
    while(ms -- )
    {
        for(i = 0;i < 120;i++);
    }
}
//-- 延时 y * 9us
void Delay1(uint y)
{
    uint i,j;
    for(j = 10;j > 0;j -- )
        for(i = y;i > 0;i -- );
}
//-------------
//忙检查
```

```
//----------------------------
uchar Busy_Check()
{
    uchar LCD_Status;
    RS = 0;                                    //寄存器选择
    RW = 1;                                    //读状态寄存器
    EN = 1;                                    // 开始读
    DelayMS(1);
    LCD_Status = P1;
    EN = 0;
    return LCD_Status;

}
//----------------------------
//写 LCD 命令
//----------------------------
void Write_LCD_Command(uchar cmd)
{
    while((Busy_Check()&0x80) == 0x80);        //忙等待
    RS = 0;                                    //选择命令寄存器
    RW = 0;                                    //写
    EN = 0;
    P1 = cmd;EN = 1;DelayMS(1);EN = 0;
}
//------------------------------------
//发送数据
//------------------------------------
void Write_LCD_Data(uchar dat)
{
    while((Busy_Check()&0x80) == 0x80);        //忙等待
    RS = 1; RW = 0; EN = 0; P1 = dat;EN = 1;DelayMS(1);EN = 0;
}
//----------------------------------
//LCD 初始化
//----------------------------------
void Init_LCD()
{
    PSB = 1;
    Write_LCD_Command(0x38);
    DelayMS(1);
    Write_LCD_Command(0x01);                   //清屏
    DelayMS(1);
    Write_LCD_Command(0x06);                   //字符进入模式:屏幕不动,字符后移
    DelayMS(1);
    Write_LCD_Command(0x0C);                   //显示开关光标
    DelayMS(1);
}

    //-- 向 LCD 写频率值
    void Write_freq(uint k)
    {
```

```
        uchar qian,bai,shi,ge;
        qian = k/1000;
        bai = k/100 % 10;
        shi = k/10 % 10;
        ge = k % 10;
        bai1 = m/100;
        shi1 = m/10 % 10;
        ge1 = m % 10;
        Write_LCD_Command(0x89 + 0x40);          //显示位置
        Write_LCD_Data('F');                     //显示频率
        Write_LCD_Data(':');
        Write_LCD_Data(0x30 + qian);
        Write_LCD_Data(0x30 + bai);
        Write_LCD_Data(0x30 + shi);
        Write_LCD_Data(0x30 + ge);


        Write_LCD_Command(0x91 + 0x40);          //显示位置
        Write_LCD_Data('V');                     //显示电压
        Write_LCD_Data(':');
        Write_LCD_Data(0x30 + bai1);
            Write_LCD_Data('.');
        Write_LCD_Data(0x30 + shi1);
        Write_LCD_Data(0x30 + ge1);

}

// -- LCD 上显示不同波形频率
void Xianshi_f()
{
    if(WaveChoice == 1)
    {
        freq = (10000000/(50000 + 2860 * ys));
        Write_freq(freq);
    }
    if(WaveChoice == 2)
    {
        freq = (10000000/(50000 + 2300 * ys));
        Write_freq(freq);
    }


      if(WaveChoice == 3)
    {
        freq = (10000000/(15000 + 2300 * ys));
        Write_freq(freq);
    }
}
// -- LCD 上写波形类型
void Write_wave(uchar t )
{
        switch(t)
```

```c
    {
        case 0:
                //--  无输出
                Write_LCD_Command(0x83 + 0x40);
                DelayMS(5);
                for (i = 0;i < sizeof(No) - 1;i++)
                    {
                        Write_LCD_Data(No[i]);
                        DelayMS(5);
                    }
                    break;
        case 1:
                //--  正弦波
                //ys = 25;
                Write_LCD_Command(0x83 + 0x40);
                DelayMS(5);
                for (i = 0;i < sizeof(Sin) - 1;i++)
                    {
                        Write_LCD_Data(Sin[i]);
                        DelayMS(5);
                    }
                break;
        case 2:
                //---  矩形波
                //ys = 30;
                Write_LCD_Command(0x83 + 0x40);
                DelayMS(5);
                for (i = 0;i < sizeof(Squ) - 1;i++)
                    {
                        Write_LCD_Data(Squ[i]);
                        DelayMS(5);
                    }

                break;

        case 3:
                //----  锯齿波
                //ys = 30;
                Write_LCD_Command(0x83 + 0x40);        //液晶显示位置
                DelayMS(5);
                for (i = 0;i < sizeof(Saw) - 1;i++)
                    {
                        Write_LCD_Data(Saw[i]);
                        DelayMS(5);
                    }
                break;
    }
}
//---  输出波形
void Out_Wave(uchar i)
{    uchar j;
```

```
        switch(i)
        {
            case 0:DAC(0x00);break;
            case 1:
                    // --- 正弦波
                    for (j = 0;j < 255;j++)
                    {
                        DAC(tosin[j]); Delay1(ys);
                        we = tosin[j];
                        m = we * 1.96;                    //把 0~255 换算为 0~5V 并输出电压
                    }
                     break;
            case 2:
                    // ---- 矩形波
                    {
                        if(a < sqar_num)
                            {
                                b = 255;

                            }
                        else
                            {

                             b = 0;
                            }
                                DAC(b);
                                Delay1(ys);
                                m = b * 1.96;             //把 0~255 换算为 0~5V 并输出电压
                        a++;
                    } break;


            case 3:
                    // ---- 锯齿波
                    {
                        if(a < 255)
                        {
                            DAC(a);
                            Delay1(ys);
                            m = a * 1.96;                 //把 0~255 换算为 0~5V 并输出电压
                        }
                        a++;
                    if(a == 255)
                    {
                        a = 0;
                    } break;
            }
        }
}
// ---- 按键扫描
void keyscanf()
{
```

```
        if(K2 == 0)                                    //减小频率
    {
        DelayMS(5);
        if(K2 == 0)
        {
            while(!K2);
            ys -- ;
            if(ys == 0)
            ys = 20;
        }
    }
        if(K3 == 0)                                    //增大频率
    {
        DelayMS(5);
        if(K3 == 0)
        {
            while(!K3);
            ys++;
            if(ys > 22)
            ys = 1;
        }
    }
        if(K4 == 0)                                    //输出方波时,增大占空比
    {
        DelayMS(5);
        if(K4 == 0)
        {
            while(!K4);
            if(WaveChoice == 2)
            sqar_num = sqar_num + 20;
            if(sqar_num >= 238)
                sqar_num = 128;
        }
    }
        if(K5 == 0)                                    // 输出方波时,减小占空比
    {
        DelayMS(5);
        if(K5 == 0)
        {
            while(!K5);
            if(WaveChoice == 2)
            sqar_num = sqar_num - 20;
            if(sqar_num <= 18)
                sqar_num = 128;
        }
    }
}

//---- 主程序 ---
void main()
{
```

```
        Init_LCD();
        IE = 0X81;
        ITO = 1;
        Write_LCD_Command(0x81 + 0x40);                //显示 wave
        DelayMS(5);
        for (i = 0; i < sizeof(Wave) - 1; i++)
            {
                Write_LCD_Data(Wave[i]);
                DelayMS(5);
            }
        Write_LCD_Command(0x87 + 0x40);                //显示 freq
        DelayMS(5);

        Write_wave(WaveChoice);
    while (1)
    {
        keyscanf();
        Out_Wave(WaveChoice);
        if(!(K1&K2&K3))
        Xianshi_f();
    }
}

// --- INTO 中断
void EX_INTO() interrupt 0
{

        WaveChoice++;
        if(WaveChoice == 5) WaveChoice = 1;
        Write_wave(WaveChoice);
}
```

14.7　系统测试及结果

通过以上的综合分析,进而将各模块硬件电路组合搭建,进行功能调试,以得到理想的结果。

14.7.1　系统硬件测试

对电路进行组合搭建前,需要分别测试各个模块的硬件电路是否工作正常。
测试流程如下:

(1) 使用目测的方法,检查各个模块焊接情况,是否存在虚焊、连焊等不良情况,并核对元器件的型号、规格和安装是否符合要求,并利用万用表检测电路通断情况。

(2) 本系统电源部分的设计采用 3 节 5 号干电池共 4.5V 供电。检测液晶显示屏是否正常。

(3) 对于主控芯片 STC89C52,利用参考书上的一个例程编写程序并下载到单片机开发板以检测器件是否完好。

（4）若以上模块正常工作,根据原理图焊接电路并进行调试。

在焊接电路板的时候,应该从最基本、最小的系统开始,分模块、逐个进行焊接测试,对各个硬件模块进行测试时,要保证在软件正确的情况下测试硬件。

14.7.2　系统软件测试

软件部分先参照课本例题,然后自己根据硬件电路编写程序,程序编写所采用的环境是Keil,编写驱动程序和主程序后进行运行调试,然后将程序下载到单片机进行调试,若运行结果达不到要求,则返回修改代码,再下载程序调试,直至得到理想的结果。如图 14-13～图 14-16 所示,最终实现的波形图由示波器显示效果。

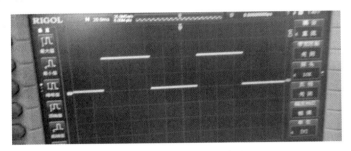

图 14-13　矩形波显示效果

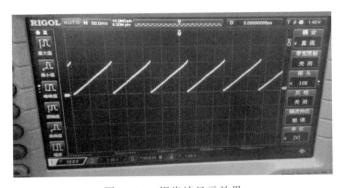

图 14-14　锯齿波显示效果

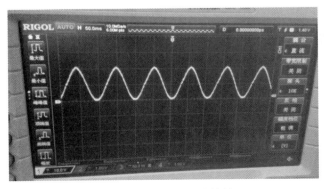

图 14-15　正弦波显示效果

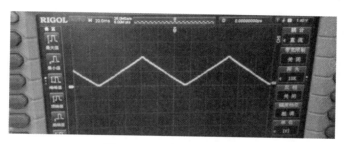

图 14-16　三角波显示效果

14.8　本章小结

本设计实现了一种基于单片机技术的函数信号发生器。该系统通过以 STC89C52 单片机为工作处理器核心,采用数字波形合成技术,由单片机、按键电路、数模转换电路、放大电路、时钟电路以及复位电路组成。通过硬件电路和软件程序相结合,可输出自定义波形,如正弦波、三角波、方波、锯齿波等,波形的频率和幅度在一定范围内可任意改变。波形和频率的改变通过软件控制,幅度的改变通过硬件实现。该系统采用单片机作为数据处理及控制中心,由单片机完成人机界面、系统控制、信号的采集分析以及信号的处理和变换,采用按键输入,利用液晶显示电路输出数字显示。具有实用性强、操作方便、可靠性高的特点。采用软硬件结合,软件控制硬件的方法来实现,使得信号频率的稳定性和精度的准确性得以保证,使用的几种元器件都是常用元器件,容易得到且价格便宜。

图 书 资 源 支 持

感谢您一直以来对清华大学出版社图书的支持和爱护。为了配合本书的使用，本书提供配套的资源，有需求的读者请扫描下方的"书圈"微信公众号二维码，在图书专区下载，也可以拨打电话或发送电子邮件咨询。

如果您在使用本书的过程中遇到了什么问题，或者有相关图书出版计划，也请您发邮件告诉我们，以便我们更好地为您服务。

我们的联系方式：

教学资源·教学样书·新书信息

地　　址：北京市海淀区双清路学研大厦 A 座 714

邮　　编：100084

人工智能科学与技术
人工智能|电子通信|自动控制

电　　话：010-83470236　010-83470237

资源下载：http://www.tup.com.cn

资料下载·样书申请

客服邮箱：tupjsj@vip.163.com

QQ：2301891038（请写明您的单位和姓名）

书圈

用微信扫一扫右边的二维码，即可关注清华大学出版社公众号。